水泥生产工国家职业技能培训教材

水泥生料制备工

中国水泥协会　指导修订
山东硅酸盐学会　编　　著

中国建材工业出版社

图书在版编目（CIP）数据

水泥生料制备工 / 山东硅酸盐学会编著. —北京：中国建材工业出版社，2021. 1

水泥生产工国家职业技能培训教材

ISBN 978-7-5160-2994-7

Ⅰ. ①水… Ⅱ. ①山… Ⅲ. ①水泥-生产工艺-技术培训-教材 Ⅳ. ①TQ172. 6

中国版本图书馆 CIP 数据核字（2020）第 127301 号

水泥生料制备工

Shuini Shengliao Zhibeigong

中国水泥协会　指导修订

山东硅酸盐学会　编　著

出版发行：中国建材工业出版社

地　　址：北京市海淀区三里河路 1 号

邮　　编：100044

经　　销：全国各地新华书店

印　　刷：北京雁林吉兆印刷有限公司

开　　本：710mm×1000mm　1/16

印　　张：15

字　　数：290 千字

版　　次：2021 年 1 月第 1 版

印　　次：2021 年 1 月第 1 次

定　　价：60. 00 元

本社网址：www. jccbs. com，微信公众号：zgjcgycbs

本书如有印装质量问题，由我社市场营销部负责调换，联系电话：（010）88386906

《水泥生产工国家职业技能培训教材》
编　委　会

《水泥生料制备工》

主　　编　孙建成
副 主 编　杜纪俊　刘生瑞

序

《水泥生产工国家职业技能培训教材》编写组邀请我为修订后的丛书写序。盛情难却，特为教材的修订再版谈点自己的看法和愿望。

孔子曰：“工欲善其事，必先利其器。”员工作为企业最基本的单元，是企业发展的基础。优秀企业必须要有优秀的员工，优秀的员工必须要具备优秀的素质和技能。高水平的技能培训教材，是培养高水平员工的前提。为适应我国水泥行业的发展，2006年由中国水泥协会、山东硅酸盐学会共同组织编写，中国建材工业出版社出版了《水泥行业职业技能培训教材》，面向全国发行。教材共4本：《水泥中央控制室操作员》《水泥生产工（上册）》《水泥生产工（下册）》《水泥检验工》，对应国家劳动和社会保障部4个国家职业标准。教材出版后，对水泥行业职业技能培训起到了积极的作用，业内反映良好，教材先后加印了6次。

国家人力资源和社会保障部于2020年初颁布实施新的《水泥生产工国家职业技能标准》。新标准将水泥生产工分为6个工种：水泥生料制备工、水泥熟料煅烧工、水泥制成工、水泥生产中控员、水泥生产巡检工、水泥质检员。原有教材内容已不适应行业职业教育培训和职业技能鉴定工作要求，因此教材修订再版成为当务之急。

山东硅酸盐学会组织中国联合水泥集团有限公司、山东山水水泥集团有限公司、华新水泥股份有限公司、济南大学等单位专家，经8次座谈讨论修改，于2019年12月完成了《水泥生产工国家职业技能培训教材》修订和专家审定工作。本版教材的编委会成员、各册主编、副主编和编写人员来自于各大院校、大企业，从事教学研究、技术管理工作多年，具有雄厚的理论基础和丰富的现场经验，为顺利修订教材奠定坚实基础。修订后的教材亦由原来的4册变为6册，由中国建材工业出版社出版发行。

新修订出版的《水泥生产工国家职业技能培训教材》，必将为水泥行业开展的岗位技能培训、提高职工技术素质起到积极的推动作用，为助力水泥行业的创新发展做出新的更大的贡献，这应该是我和全体参与修订人员的愿望。

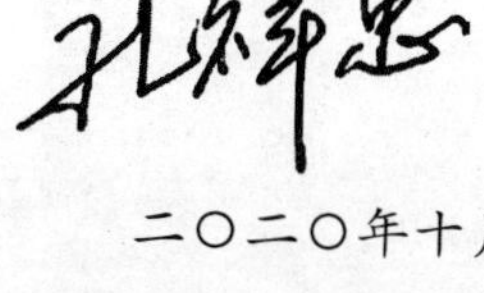

二〇二〇年十月

前　言

为了规范水泥行业职业技能培训和鉴定工作，不断提高职工技术水平，山东硅酸盐学会于2006年组织有关单位编写了《水泥行业职业技能培训教材》。中国建材工业出版社于2006年11月出版，面向全国发行。教材出版后，业内反映良好，多次加印，对水泥行业职业技能培训起到积极的推动作用。

2006年版教材出版至今已逾14年。期间我国水泥行业设备更新换代加快，新技术不断得到采用：水泥窑协同处置废弃物、余热发电、生料采用立式磨（窑磨一体化）等，且部分国家标准、行业标准亦不断调整更新，原有教材内容已不适应行业发展的需要。应中国建材工业出版社的要求，教材修订再版提上日程。

教材修订期间，适逢国家人力资源和社会保障部部署国家职业技能标准制定修订工作。其中，《水泥生产工》国家职业技能标准制定工作由中国水泥协会和山东硅酸盐学会共同承担并完成。为此，制定《水泥生产工》国家职业技能标准与修订水泥培训教材有机结合，同期进行。《水泥生产工》国家职业技能标准由国家人力资源和社会保障部于2020年3月30日颁布执行，修订后的教材亦可即时出版发行。

按照《水泥生产工》国家职业技能标准的规定，教材更名为《水泥生产工国家职业技能培训教材》。在中国水泥协会指导和大力支持下，山东硅酸盐学会具体组织了教材修订工作。中国硅酸盐学会、中国建筑材料联合会培训中心支持并参与教材修订工作。按照工种设置，修订后教材共6册：《水泥生料制备工》《水泥熟料煅烧工》《水泥制成工》《水泥生产中控员》《水泥生产巡检工》《水泥质检员》。

教材以新型干法水泥生产工艺为主，兼顾其他生产工艺，涵盖水泥生产的全过程，采用问答方式，按照水泥从业人员初级（《水泥生产中控员》《水泥质检员》未设初级）、中级、高级、技师、高级技师的不同技能要求，提出问题，给出答案，着重解决生产中的实际问题。教材基本体例不变，仍然采用问答方式，按照水泥从业人员初级、中级、高级、技师、高级技师不同技能要求编排。在内容上，教材注重岗位要求的基本生产技术知识，重点侧重解决实际问题。

教材主要适用于水泥行业开展职业教育培训和职业技能鉴定工作，亦可为从事水泥科研、生产、设计、教学、管理的相关人员阅读和参考。

参加修订的有中国联合水泥集团有限公司、山东山水水泥集团有限公司、金隅冀东（唐山）水泥有限责任公司、济南大学、国家水泥质量监督检验中心、尧柏特种水泥集团、云南祥云县建材（集团）有限责任公司、泰安中意粉体热工研究院等单位。

各册主要修订人员如下：

《水泥生料制备工》：张传行、刘永杰、李保明、吕鹏、李培荣

《水泥熟料煅烧工》：安宝军、孙文博、孙冠枫、党同辉、韩文贤

《水泥制成工》：林道同、孙国良、梁学文、戴爱生

《水泥生产中控员》：刘浩堂、朱先锋、许艳赏、徐相斌

《水泥生产巡检工》：刘洪波、孙绪元、张志奇、仪洪杰、史成新

《水泥质检员》：杨柳、林盼盼、马传杰、周斌

孔祥忠同志对教材修订工作给予指导；王郁涛同志参与了教材修订组织工作；彭建同志具体组织教材修订工作；王郁涛、辛生业、陈绍龙、彭宝利同志对教材修订稿进行审定；刘捷、李江、刘艳、王新路、冯富宁、陆继刚、张庆华、张丽梅、王发印、许林舟、范永斌、肖琼、李永胜、赛同达、王东胜、李继顺等同志参与教材修订相关工作。在此对上述同志付出的辛勤劳动一并表示感谢！

由于编著水平所限，教材难免存在疏漏和错误之处，恳请广大读者提出批评和建议，使教材不断完善。

编著者

2020 年 10 月

目　　录

1 基础知识

1. 在我国水泥如何定义和分类

根据国家标准《水泥的命名原则和术语》（GB/T 4131—2014）的规定，水泥的定义是：一种细磨材料，与水混合成塑性浆体后，能在空气中水化硬化，并能在水中继续硬化保持强度和体积稳定性的无机水硬性胶凝材料。

水泥按其用途和性能分为通用水泥和特种水泥。通用水泥是一般土木建筑工程采用的水泥；特种水泥是具有特殊性能或用途的水泥。

水泥按其水硬性矿物名称主要分为硅酸盐水泥、铝酸盐水泥、硫铝酸盐水泥、铁铝酸盐水泥、氟铝酸盐水泥。

2. 什么是通用硅酸盐水泥

根据国家标准《通用硅酸盐水泥》（GB 175—2007），通用硅酸盐水泥的定义是：以硅酸盐水泥熟料和适量的石膏，及规定的混合材料制成的水硬性胶凝材料。

通用硅酸盐水泥包括硅酸盐水泥、普通硅酸盐水泥、矿渣硅酸盐水泥、火山灰质硅酸盐水泥、粉煤灰硅酸盐水泥和复合硅酸盐水泥六大品种。

3. 我国通用硅酸盐水泥不同品种水泥的强度等级有哪些

国家标准《通用硅酸盐水泥》（GB 175—2007）第 3 号修改单规定，2019 年 10 月 1 日起实施，不同品种水泥的强度等级：硅酸盐水泥为 42.5、42.5R、52.5、52.5R、62.5、62.5R；普通硅酸盐水泥为 42.5、42.5R、52.5、52.5R；矿渣硅酸盐水泥、火山灰质硅酸盐水泥、粉煤灰硅酸盐水泥为 32.5、32.5R、42.5、42.5R、52.5、52.5R；复合硅酸盐水泥为 42.5、42.5R、52.5、52.5R。

4. 国家标准对硅酸盐水泥有什么规定

国家标准《通用硅酸盐水泥》（GB 175—2007）规定：水泥组分中，硅酸盐熟料加石膏的含量占总量的 100%，称其为硅酸盐水泥（P·Ⅰ）；硅酸盐熟料加石膏的含量大于或等于总量的 95%，称其为硅酸盐水泥（P·Ⅱ），其中小于或等于 5%的混合材料只能是矿渣或者是石灰石。

5. 国家标准对普通硅酸盐水泥有什么规定

国家标准《通用硅酸盐水泥》（GB 175—2007）规定：水泥组分中，硅酸盐熟料加石膏的含量小于总量的 95%、大于或等于总量的 80%，称其为普通硅酸盐水泥，简称普硅水泥（P·O）。

6. 国家标准对矿渣硅酸盐水泥有什么规定

国家标准《通用硅酸盐水泥》(GB 175—2007) 规定：水泥组分中，混合材料是粒化高炉矿渣（简称矿渣）；其硅酸盐熟料加石膏的含量小于总量的 80%、大于或等于总量的 50%，即矿渣的掺加量大于 20%、小于或等于 50%，称为 A 型矿渣硅酸盐水泥，简称 A 型矿渣水泥（P·S·A）；其硅酸盐熟料加石膏的含量小于总量的 50%、大于或等于总量的 30%，即矿渣的掺加量大于 50%、小于或等于 70%，称为 B 型矿渣硅酸盐水泥，简称 B 型矿渣水泥（P·S·B）。

7. 国家标准对火山灰质硅酸盐水泥有什么规定

国家标准《通用硅酸盐水泥》(GB 175—2007) 规定：水泥组分中，掺入的是火山灰质混合材料；其硅酸盐熟料加石膏的含量小于总量的 80%、大于或等于总量的 60%，即火山灰质混合材料的掺加量大于 20%、小于或等于 40%，称为火山灰质硅酸盐水泥，简称火山灰水泥（P·P）。

8. 国家标准对粉煤灰硅酸盐水泥有什么规定

国家标准《通用硅酸盐水泥》(GB 175—2007) 规定：水泥组分中，混合材料是粉煤灰；其硅酸盐熟料加石膏的含量小于总量的 80%、大于或等于总量的 60%，即粉煤灰的掺加量大于 20%、小于或等于 40%，称为粉煤灰硅酸盐水泥，简称粉煤灰水泥（P·F）。

9. 国家标准对复合硅酸盐水泥有什么规定

国家标准《通用硅酸盐水泥》(GB 175—2007) 规定：水泥组分中，可以掺入两种或两种以上的混合材料；其硅酸盐熟料加石膏的含量小于总量的 80%、大于或等于总量的 50%，即混合材料的掺入总量大于 20%、小于或等于 50%，称为复合硅酸盐水泥，简称复合水泥（P·C）。

10. 通用硅酸盐水泥代号后边数字和 R 是什么含义

通用硅酸盐水泥代号后边数字表示该水泥产品的强度等级，R 表示该水泥是早强型水泥。如 P·C 42.5R 的含义是：早强型 42.5 级复合硅酸盐水泥，其 3d 抗压强度大于 19MPa，28d 抗压强度大于 42.5MPa。

11. 生产水泥的主要原料有哪些

生产水泥的原料主要有以下几种：

(1) 石灰质原料。以提供氧化钙为主，如石灰石、大理石、方解石、泥灰岩等；

(2) 黏土质原料。以提供氧化硅、氧化铝以及少量氧化铁为主，如黏土、黄土、红土、页岩、砂岩、河泥等；

(3) 校正原料。以补充某些不足化学成分为主，如铁质校正原料（铁粉、硫铁渣、黄铁矿等）；硅质校正原料（硅藻土、蛋白石、砂岩等）；铝质校正原料

(炉渣、煤矸石、钒土等)。

12. 生产水泥的主要燃料有哪些? 煤质量的好坏用什么评价

生产水泥的主要燃料有固体燃料、液体燃料和气体燃料；目前我国主要使用固体燃料烟煤，煅烧 1t 水泥熟料需消耗大约 100kg 的煤。煤的质量由发热量、挥发分及灰分来评价。热值要求≥23000kJ/kg (5500kcal/kg)、挥发分≥18%、灰分≤28%。

13. 什么是标准煤? 什么是实物煤? 怎么换算

由于各种燃料燃烧时释放能量存在差异，国际上为了方便各种能源的比较和折算，将煤炭、石油、天然气等按一定的比例统一换算成标准煤来表示：1kg 标准煤的发热量或热值为 29302kJ (或 7000kcal)。

实物煤是煅烧熟料实际使用的煤。由于燃料种类和质量不同，各地区、各生产厂之间所用燃料的发热量各不相同。实物煤换算成标准煤的公式如下：

$$\text{实物煤} \times \frac{\text{实物煤发热量}}{\text{标准煤发热量}} = \text{标准煤}$$

例：某水泥厂生产 1t 熟料，需要 280kg 实物煤 (发热量：5000kcal/kg)，折合标准煤是多少 kg?

$$\text{标准煤} = 280 \times \frac{5000}{7000} = 200\ (\text{kg})$$

14. 为什么要进行生料制备的配料计算? 配料计算的依据是什么

水泥熟料是多种矿物的集合体，必须对将要煅烧的水泥生料进行设计，即配料计算，以求出入生料磨的各种原料的配合比。其设计的依据是原、燃料的化学成分及物理化学性能、煤的发热量及灰分、将要生产的水泥品种、强度等级以及工厂的生产情况等，确定水泥熟料的率值、窑系统的热耗，以得到煅烧水泥熟料所需要适当化学成分的生料。

15. 什么是水泥混合材料? 生产水泥掺加混合材料有什么作用

在水泥生产过程中，为改善水泥性能、调节水泥产品的强度等级，而在水泥中加入矿物质材料，这些材料称为水泥混合材料 (简称混合材)。

在水泥中掺加混合材料不仅可以调节水泥强度等级与品种，增加水泥产量，降低生产成本，而且在一定程度上可以改善水泥的某些性能，满足建筑工程中对水泥的特殊要求。此外，还可以综合利用工业废渣，具有环保、节能和废弃物资源化的重要意义。

16. 粉磨水泥时为什么要掺加一定量的石膏? 可供水泥生产用的石膏有哪些

石膏的主要作用是缓凝，可以调节水泥的凝结时间，以方便现场施工。同时，加入适量石膏，还可以起硫酸盐激发作用、改善水泥的某些性能，满足工程需要。

可供使用的有天然石膏或工业副产石膏。

天然石膏主要包括二水石膏（$CaSO_4 \cdot 2H_2O$）和硬石膏（$CaSO_4$）或称无水石膏。无水石膏不能单独用于水泥粉磨，只能与二水石膏混合使用。

工业副产石膏包括脱硫石膏、磷石膏、柠檬酸石膏、氟石膏、硼石膏、钛石膏、盐石膏等。在大多数情况下，工业副产石膏基本为二水石膏或半水石膏，无水石膏很少。与天然石膏不同的是，天然石膏是块状的，工业副产石膏是潮湿的粉体，作水泥的缓凝剂时要将水分干燥至相应的要求。

17. 石膏掺加量如何确定？其掺加量的多少对水泥产品质量有何影响

将熟料磨制成水泥时，石膏的掺加量应通过试验来确定。要选择凝结时间正常、能满足其他性能要求的 SO_3 掺加量作为最佳石膏掺加量。

若水泥中石膏的掺加量不足，加水拌和成混凝土时往往会加快水泥的“快凝”“急凝”和“闪凝”，使施工难以进行，因此在国家标准中规定了水泥初凝不得早于一定的时间。

当石膏掺加量过多时，则对水泥的缓凝起不到作用，而且还会对已硬化的水泥浆体（水泥石）产生消弱强度的膨胀应力，甚至造成安定性不良。

因此，国家标准要求水泥中 SO_3 含量要控制在 1.5%～2.5%，换算成 $CaSO_4 \cdot 2H_2O$ 为 2.925%～4.875%。

18. 硅酸盐水泥熟料的化学成分是什么？含量各占多少

硅酸盐水泥熟料的化学成分主要有氧化钙（CaO）、二氧化硅（SiO_2）、三氧化二铝（Al_2O_3）及三氧化二铁（Fe_2O_3）四种氧化物；它们的总和占熟料成分的 95%以上，其中，CaO 占 62%～67%；SiO_2 占 20%～24%；Al_2O_3 占 4%～7%；Fe_2O_3 占 2%～6%。

19. 硅酸盐水泥熟料的矿物组成是什么

在水泥熟料中，氧化物不是以单独的形式存在，而是以两种或两种以上氧化物反应生成各种矿物的形式存在。主要矿物有以下四种：

（1）硅酸三钙，简写为 C_3S，通常含量为 40%～60%；

（2）硅酸二钙，简写为 C_2S，通常含量为 20%～33%；

（3）铝酸三钙，简写为 C_3A，通常含量为 4%～7%；

（4）铁铝酸四钙，简写为 C_4AF，通常含量为 13%～20%。

前两种又称为硅酸盐矿物，是水泥水化后强度的主要来源，占熟料组成总量的 70%～75%；后两种统称为熔剂矿物，影响水泥的凝结时间和性能，占熟料组成总量的 19%～25%。

20. 下列水泥生产工艺中的专业术语是什么含义

（1）强度。水泥硬化后，承受外力破坏的能力，称为强度；根据受力形式的不同，水泥强度通常有抗压强度、抗折强度两种。计量单位为 MPa（兆帕）（$1MPa=1N/mm^2$）。

（2）强度等级。在国家标准《通用硅酸盐水泥》（GB 175—2007）实施后，由于检验方法的改变，水泥的强度值有所改变；为了区别于原国家标准（GB 175—1992）的“水泥标号”，直接用 28d 的抗压强度来表示水泥的质量等级，称为强度等级。

国家标准规定：某一强度等级的水泥，除了达到表示该等级规定的强度值外，还要根据标准要求，达到相应其他龄期规定的强度值（即各龄期的抗折强度、抗压强度）。否则，就只能降低一个强度等级，或为不合格水泥。

（3）安定性。即体积安定性。水泥凝结硬化后体积变化的均匀性称为安定性。

水泥在凝结硬化后，因内部化学反应产生局部膨胀，而导致水泥石结构的破坏，就是体积安定性不良。

（4）游离氧化钙。硅酸盐水泥熟料中，没有被化合、以游离状态存在的氧化钙称为游离氧化钙（f-CaO）。它是熟料中影响水泥质量的有害成分，超过一定数量后会引起水泥安定性不合格。

（5）初凝时间。水泥从加水搅拌起，到水泥浆开始失去可塑性的时间。

（6）终凝时间。水泥从加水搅拌起，到水泥浆体完全失去可塑性并开始产生强度的时间。

（7）料耗。每生产 1t 熟料所需要消耗生料的量。例如，预分解窑生产 1t 熟料需要 1.55t 生料，则称为预分解窑熟料料耗为 1.55t 生料/t 熟料。

（8）热耗。每生产 1kg 熟料所需要消耗的热量。其单位是千焦/千克熟料（kJ/kg 熟料）。我国水泥企业俗称大卡/千克熟料或千卡/千克熟料（kcal/kg）。1kJ/kg = 4.18kcal/kg。

（9）煤耗。每生产 1t 熟料所需要消耗的燃煤量。煤耗分为标准煤耗和实物煤耗；常用计量单位是：kg 标煤/t 熟料。

（10）电耗。每生产 1t 成品或半成品所消耗的电量。其计量单位是：度电/吨（kW·h/t）。

（11）烧失量。烧失量又称灼减量，即将被测定样品在（950±25)℃的高温炉中灼烧所排出的结晶水、碳酸盐分解出的 CO_2、硫酸盐分解出的 SO_2 有机杂质、可燃物等被燃烬或排除后所损失的质量百分比。例如，国家标准《通用硅酸盐水泥》（GB 175—2007）规定普通硅酸盐水泥中的烧失量要≤5.0%。

水泥熟料的烧失量是衡量熟料质量好坏的一个重要指标，烧失量高说明窑内物料化学反应不完全，还有一部分碳酸钙或煤粒没有分解或燃烬，更有一部分碳酸钙虽已分解，但来不及继续烧成熟料。

（12）率值：表示生料或熟料中 4 种氧化物相对含量的比例系数。在水泥生产中，我国常用的率值有 3 个系数，分别如下：

① 石灰饱和系数，简称饱和比（KH）；

② 硅酸率，简称硅率（n）；

③ 铝氧率，简称铝率或铁率（p）。

21. 为什么把水泥生产过程简称为“两磨一烧”

因为水泥生产过程分为 3 个阶段，即石灰质原料、黏土质原料以及少量的校正原料，经破碎或烘干后，按一定比例配合、磨细，并制备为成分合适、质量均匀的“生料”，称为第一阶段：生料粉磨；

然后将生料加入水泥窑中煅烧至部分熔融，得到以硅酸钙为主要成分的“熟料”，称为第二阶段：熟料煅烧；

熟料加入适量的石膏，有时还加入一些混合材料，共同磨细为“水泥”，称为第三阶段：水泥粉磨。所以，行业内习惯把水泥生产过程简称“两磨一烧”。

22. 水泥企业的生产规模怎么表示

水泥企业的生产规模常用两种形式表示：

（1）完整的水泥生产线和熟料生产基地，以烧成车间回转窑每天的熟料生产能力表示；如 5000t/d 的含义是：该企业具备每天生产 5000t 水泥熟料的生产规模，也就是每年的生产能力可以达到 200 万 t 水泥。

（2）水泥粉磨站是以年产水泥的生产能力来表示的，如年产 100 万 t 水泥的粉磨站。

23. 通用硅酸盐水泥的水化过程分为几个阶段

通用硅酸盐水泥的水化过程分为以下 3 个阶段：

（1）溶解阶段：当水泥与水接触后，颗粒表面开始水化，生成少量水化产物，并立即溶解在水中。暴露出来的新表面，使水化作用继续进行，直至生成水化产物的饱和溶液为止。

（2）胶化阶段：由于溶液饱和，继续水化的产物不能再溶解，而直接以胶体颗粒析出。随着水化产物的增多，水化物聚集，水泥浆逐渐失去可塑性产生了凝结现象。

（3）结晶阶段：由微观晶体组成的胶体并不稳定，能够逐渐再结晶，生成宏观晶体，使水泥浆硬化体的机械强度不断提高，最终成为具有一定机械强度的水泥石。

24. 水泥的强度是怎样产生的

水泥加水拌和后，熟料矿物迅速水化，生成大量的水化铝酸钙（C—A—

H)、水化硅酸钙（C—S—H）凝胶，并生成氢氧化钙 $Ca(OH)_2$ 溶液；水化铝酸钙与石膏中的硫酸钙（$CaSO_4$）反应生成三硫型的钙矾石（AFt）晶体。经过一定时间以后，C—S—H 也以长纤维晶体从熟料颗粒上长出，同时钙矾石晶体逐渐长大，它们在水泥浆体中相互交织联结，形成网状结构；随着水化的进一步进行，水化产物数量不断增加，晶体尺寸不断长大，从而使硬化浆体结构更致密，形成了水泥石，强度越来越高。

25. 在水泥工业中物料颗粒的大小如何表示

在水泥工业中常用四种方法表示物料颗粒的大小：平均粒径法、筛析法、比表面积法和颗粒组成法。

26. 用平均粒径法如何表示物料颗粒大小

表示物料颗粒大小的平均尺寸称为平均粒径。利用各种仪器、量具进行多方位的测试，再将其测量结果进行数学处理，就可以得到各种表达形式的平均粒径。水泥厂最常用的是算术平均粒径。对单颗粒物料进行三维方向（长、宽、高）测量，其结果加起来再除以 3，得到的商值，就代表该物料的平均粒径。

27. 用筛析法如何表示物料颗粒大小

水泥生产中，用某一尺寸孔径的筛网来分析物料颗粒大小的方法称为筛析法。用它表示物料的颗粒大小常有两种形式：筛余百分数和当量粒径。

筛余百分数是指某一粉状物料在经过取样、筛析后，筛余量（留在筛面上的物料量，又称筛上量）占物料筛析总量的百分数，标记为 $R=\quad\%$，以此来代表这些粉状物料的颗粒大小。筛孔尺寸写在 R 的右下角，筛余百分数的数值写在%的前面。例如，水泥细度 $R_{0.045}=10\%$，它的含义是用 0.045mm 方孔筛对水泥筛析后，它的筛余是 10%。

当量粒径是指某一堆物料（颗粒群）中有 80%的物料能通过某一孔径的筛网，则可以用该筛网的筛孔尺寸作为当量径来代表这堆物料的平均粒径，标记为 d_{80}，如入磨物料粒度 $d_{80}=20$mm。它的含义是这一堆物料中有 80%都小于 20mm。

28. 用比表面积法如何表示物料颗粒大小

单位质量物料的总表面积，称为比表面积。其计量单位是 m^2/kg，主要用于成品水泥的细度检验。例如，根据国家标准《通用硅酸盐水泥》（GB 175—2007）的规定：硅酸盐水泥和普通硅酸盐水泥的细度以比表面积表示，不小于 $300m^2/kg$。

水泥产品的比表面积用勃氏透气仪来测定，物料的比表面积数值越大，表示物料越细；反之，数值越小，物料越粗。

29. 用颗粒组成法如何表示物料颗粒大小

在水泥工业中，对一堆物料（颗粒群）用连续、分区间的尺寸范围的百分含量，来表示各种颗粒大小的方法称为颗粒组成法（其结果又称为颗粒级配或粒径分布）。水泥产品的颗粒组成，常用激光颗粒分析仪来测定，其结果以列表法、数学方程式或坐标图线三种形式进行表示。

30. 什么是水泥产品的凝结时间？国家标准中对其有什么规定

水泥产品的凝结时间分为初凝时间和终凝时间。初凝时间是指水泥从加水开始到标准稠度净浆失去流动性并开始失去塑性的时间；终凝时间是指水泥从加水开始到标准稠度净浆完全失去塑性，并开始产生机械强度的时间。

根据国家标准《通用硅酸盐水泥》（GB 175—2007）的规定：硅酸盐水泥初凝时间不小于45min，终凝时间不大于390min（6.5h）；普通硅酸盐水泥、矿渣硅酸盐水泥、火山灰质硅酸盐水泥、粉煤灰硅酸盐水泥和复合硅酸盐水泥初凝时间不小于45min，终凝时间不大于600min（10h）。

31. 水泥产品的安定性是指什么？引起安定性不良的原因有哪些

水泥安定性是指硬化水泥浆体体积变化的均匀性。如果水泥中某些成分的化学反应发生在水泥水化过程中或硬化后，产生剧烈而不均匀的体积变化，使建筑物强度明显降低甚至出现裂纹，这种现象就是水泥的安定性不良。引起这种现象的主要原因是f-CaO、f-MgO含量和石膏掺量过多所致。

32. 国家标准中为什么要限制水泥产品中的氯离子含量

由于钢筋锈蚀是混凝土破坏的重要形式之一，而氯离子是混凝土中钢筋锈蚀的重要因素。因此，国家标准《通用硅酸盐水泥》（GB 175—2007）中规定水泥产品中氯离子含量应≤0.06％，这充分体现出水泥行业对混凝土质量保证的承诺和责任心。

33. 国家标准中为什么要限制水泥产品的碱含量

碱含量就是水泥中碱物质（NaOH、KOH）的含量。碱含量主要是由水泥产品的原材料带入，尤其是黏土。碱含量高，使水泥凝结时间缩短、早期强度提高、而后期强度降低；碱含量对减水剂的影响较大，碱含量越高，混凝土流动性越小。

碱含量高，还会引起水泥混凝土产生“碱-集料反应”，即来自水泥、外加剂、环境中的碱在水化过程中析出NaOH和KOH，与集料（指砂、石）中活性SiO_2相互作用，形成碱的硅酸盐凝胶体，致使混凝土发生体积膨胀呈蛛网状龟裂，导致工程结构的破坏。

因此，根据国家标准《通用硅酸盐水泥》（GB 175—2007）的规定：水泥中碱含量按$Na_2O+0.658K_2O$计算值表示。若使用活性集料，用户要求提供低碱水泥时，水泥中的碱含量应不大于0.60%或由买卖双方协商确定。

34. 什么是现代水泥工业生产的“四C”技术

现代新型干法水泥生产以预分解技术为核心，集工艺、机械、电气、仪表为一体，运用计算机技术（Computer Technology）、通信技术（Communication Technology）、控制技术（Control Technology）和屏幕显示技术（CRT：Cathode Ray Tube，阴极射线管），采用DCS操作控制系统，实现智能化生产，简称“四C”技术。

35. 什么是产能过剩

产能过剩，就是指生产能力的总和大于消费能力的总和。产能，就是生产能力，是现有生产能力、在建生产能力和拟建生产能力的总和。产能过剩可以体现在三个方面：一是产品价格相对下滑；二是企业盈利能力大幅度下滑，亏损企业增加；三是行业供给超过了行业需求。

我国还没有建立对产能过剩定性、定量的科学评价标准。欧美等国家一般用产能利用率或设备利用率作为产能是否过剩的评价指标。设备利用率的正常值在79%～83%，若设备开工低于79%，则说明可能存在产能过剩的现象。

36. 什么是水泥企业错峰生产

错峰生产，通常是指在我国北方地区冬季采暖期内，为避免污染物叠加排放，水泥企业实行停窑，在春季采暖结束后再开窑生产的运行机制。错峰生产的执行，不但对提高当地空气质量做出了贡献，而且对水泥行业压减产能、提升效益起到了一定的作用。

37. 什么是水泥窑协同处置固危废弃物

水泥窑协同处置是水泥工业提出的一种新的废弃物处置手段，它是指将满足、或经过预处理后满足入窑要求的固体废物投入水泥窑，在进行水泥熟料生产的同时实现对固体废物的无害化处置过程。水泥窑具有高温煅烧和强碱性气氛等独特先天优势，利用水泥窑协同处置各类废弃物，能有效抑制处置过程中二次污染物的产生。

水泥窑协同处置可用于处理危险废物、生活垃圾（包括废塑料、废橡胶、废纸、废轮胎等）、城市和工业污水处理污泥、动植物加工废物、受污染土壤、应急事件废物等固体废物。但是，放射性废物、爆炸物及反应性废物、未经拆解的废电池、废家用电器和电子产品、含汞的温度计、血压计、荧光灯管和开关、铬渣等重金属、未知特性和未经鉴定的废物禁止入窑进行协同处置。详见国家标准《水泥窑协同处置固体废物污染控制标准》（GB 30485—2013）的规定。

38. 什么是节能减排

节能减排就是节约能源、降低能源消耗、减少污染物排放。节能减排包括节能和减排两大技术领域，两者既有联系，又有区别。减排项目必须加强节能技术及设备的应用，以避免因片面追求减排结果而造成的能耗增加，注重经济效益、社会效益和环境效益均衡。

39. 什么是水泥生产余热发电

新型干法水泥生产企业中，由窑头熟料冷却机和窑尾预热器排出的废气温度在350℃左右，其热能大约为水泥熟料烧成系统热耗的35%；将排放到大气中的废气余热进行回收发电，称为低温余热发电，可使水泥企业能源利用率提高到95%以上，已经成为水泥行业发展的一种趋势，也完全符合国家产业政策。

40. 什么是《打赢蓝天保卫战三年行动计划》

打赢蓝天保卫战，是党的十九大做出的重大决策部署，事关满足人民日益增长的美好生活需要，事关全面建成小康社会，事关经济高质量发展和美丽中国建设。为加快改善环境空气质量，2018 年 6 月 27 日国务院制定了《打赢蓝天保卫战三年行动计划》：经过 3 年努力，大幅减少主要大气污染物排放总量，协同减少温室气体排放，进一步明显降低细颗粒物（$PM_{2.5}$）浓度，明显减少重污染天数，明显改善环境空气质量，明显增强人民的蓝天幸福感。倡导全社会“同呼吸共奋斗”，动员社会各方力量，群防群治，打赢蓝天保卫战。鼓励公众通过多种渠道举报环境违法行为。树立绿色消费理念，积极推进绿色采购，倡导绿色低碳生活方式。强化企业治污主体责任，中央企业起模范带头作用，引导绿色生产。

41. 矿床开采分几种形式

矿床开采分为地下开采、露天开采和海洋开采三种形式。

42. 什么是露天开采

露天开采是以一定的机械设备，在敞露的空间从事开采作业。为了开采矿石，需将矿体周围的岩石及覆盖物剥掉，经过运输通道把矿石、岩石送至地表面。

43. 露天矿分为几种形式

根据矿床埋藏的地形条件，露天矿分为山坡露天矿和凹陷露天矿两种形式。

44. 什么是露天矿场

露天开采所形成的采坑、台阶和露天沟道的总和称为露天矿场。

45. 什么是开段沟

开段沟是在每个水平面上为了开辟开采工作线而掘进的水平沟道。

46. 圆形堆场混均堆、取料机的基本构造是什么

如图 46 所示，圆形堆场混均堆、取料机的基本构造是由中柱、可在中柱上回转的堆料机和一端绕中柱回转、另一端在圆形轨道上运行的刮板取料机组成。

圆形堆场混均堆、取料机可同时或分别进行堆料及取料作业。

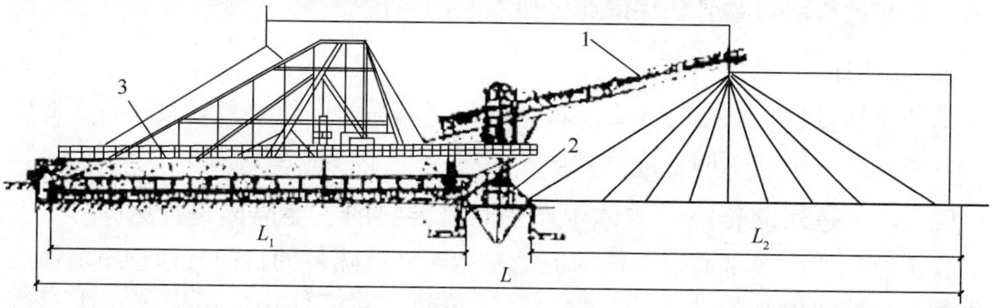

图 46 混均堆、取料机简图

1—堆料机；2—中柱；3—取料机

47. 预均化基本原理是什么

预均化的基本原理就是在物料堆放时，由堆料机把进来的原料连续地、按一定的方式堆成尽可能多的相互平行、上下重叠和相同厚度的料层。取料时，通过选择与堆料方式相适应的取料机和取料方式，在垂直于料层的方向，尽可能同时切取所有料层，依次切取，直到取完，即所谓的“平铺直取”。

48. 预均化的意义是什么

水泥生料制备要力求其化学成分均匀，以保证在煅烧熟料时热工制度的稳定、烧出高质量的熟料。但进厂的原料（主要是石灰石及其他辅助原料）及煤的化学成分并非都那么均匀，有时波动还很大，这会给制备合格的熟料造成直接的困难，因此必须对原料进行预均化处理。此外，原料预均化有利于扩大资源利用范围，扩大矿山使用年限，满足储存及均化双重要求，节约建设投资。

49. 什么是传热，主要分为哪几种

传热，即热的传递。凡有温度差的地方，必然有热的传递。根据传热机理的不同，热的传递有三种基本方式：导热、对流和辐射。在一台热工设备中，往往有几种传热方式同时起作用，这就构成综合传热。

50. 什么是导热，主要包括哪几种情况

导热，又称热传导，是指直接接触的物体各部分进行热交换的现象。它包括以下两种情况：

（1）同一物体内，热量由高温部分向低温部分传导；

（2）在相互接触的两物体间，热量由高温物体向低温物体传导。

51. 对流传热与导热的不同之处有哪些

（1）导热可发生在固体、液体和气体中，而对流传热既可发生在液体和气体中，也可以发生在流体与固体（或固体粒子）之间。

（2）对流传热与流体的流动状态密切相关。

（3）对流传热时，必然伴随流体质点间的热传导。

52. 如何使干燥过程连续进行

欲使干燥过程连续进行，必须使湿物料（制品）获得热量，且物料表面的水蒸气分压大于周围介质的水蒸气分压。

53. 什么是对流传热，流体中产生对流传热的主要原因是什么

在工业生产中经常通过流体的流动来达到转移热量的目的，这种由流体质点发生相对位移而引起的热传递，称为对流传热。在流体中之所以能产生对流传热，是因为：

（1）流体中各处温度不同，则会引起密度的不同，造成轻者上浮、重者下沉。这种对流，人们称为自然对流；

（2）在流体系统中，由于泵、风机或搅拌力的作用，使流体质点产生运动。这种对流，人们称为强制对流。

54. 什么是干燥，干燥主要包括哪几个过程

从湿物料（或制品）中除去其所含水分的过程称为干燥。干燥的目的是便于运输、储存、工艺需要（如化学反应、气力混合、气力输送……）和适应使用的要求。干燥包括三个过程：①水获得热量汽化蒸发，由液态变为气态，这属于传热过程；②水蒸气通过物料表面边界层向介质扩散，这属于外扩散过程；③水分由物料内部移至表面，这属于内部扩散过程。

55. 什么是辐射传热，其主要特点有哪些

辐射传热是一种由电磁波传递能量的现象。高、低温物体彼此间都能将热能以电磁波的形式向对方发射出去，同时也吸收对方的能量。最后的结果是高温物体辐射传热给低温物体。这种传热不需要任何介质。热辐射不仅产生能量的转移，而且伴随能量形式的转换，即在放热处，热能转变为辐射能，以电磁波的形式向空间传递；当遇到另一个能够吸收辐射能的物体时，即被其部分地或全部地吸收而转变为热能。辐射传热的特点是：①不需要任何介质；②只要在绝对零度以上，任何物体都能发射辐射能；③辐射能投射到某一物体上时，其中一部分能量被吸收，另一部分能量被反射，还有一部分能量透过物体；④只有物体的温度差别较大时，辐射传热才能成为主要的传热方式。

56. 干燥的方法有哪几种

根据传热给物料的方式不同，干燥方法有下述几种：

（1）对流干燥利用热空气或烟气与物料的对流传热，使水分蒸发而干燥。

（2）辐射干燥利用炽热的金属或耐火材料表面向物料辐射传热，使水分蒸发而干燥。

(3) 工频电干燥利用工频电流通过物料（或坯体）时产生的热能使物料（坯体）干燥。

(4) 高频电干燥利用高频电场的作用，使物料内的分子、电子及离子发生振动，摩擦发热，使坯体干燥。

(5) 微波干燥利用微波对物料的辐射作用，使物料干燥。

57. 按传热方式的不同回转烘干机可分为哪几种，并阐述各种类型的工作机理及差别

按传热方式的不同区分为直接传热、间接传热和复式传热。

(1) 直接传热。气体与物料在筒内直接接触，这是一种常用的类型。在该种设备中，按照物料与气流的运行方向可分为逆流式和顺流式两种。逆流式烘干机，基本被烘干的物料与最热的气体相接触，干燥速度快，热效率较高，且气体与物料接触充分，灰尘较少。但这种烘干机易引起物料的过热，烘干石灰石时可能会造成碳酸钙的部分分解，烘干黏土时可能引起高岭土失去化学结合水，烘干矿渣时可能失去水硬性，因此它不适宜烘干有温度限制的物料，只适用于烘干对热敏感性较低的物料和初水分含量较低且要求终水分含量也很低的物料。顺流式烘干机，湿物料首先与热气体接触，故开始干燥速度较快，以后逐渐减慢，它适用于烘干吸湿性很小和对热比较敏感的物料，如煤、活性混合料等。

(2) 间接传热。气体与物料不直接接触，此类烘干机又称双筒式转筒烘干机。热气体由内筒通过，物料在两筒体间的环形空间内通过。这种烘干机的外筒内壁和内筒外壁均焊有扬料装置以增加物料的受热机会。它适用于烘干不能与高温气体接触或不能受煤灰污染以及易于扬尘的物料。

(3) 复式传热。气体与物料的接触兼有直接传热与间接传热两种情况。此类烘干机也是一种双筒式转筒烘干机，物料也在两筒体间的环形空间内通过。与间接传热式不同之处是热气流先在内筒内通过，间接传热给物料，然后由内筒到达环形空间与物料直接接触。这种烘干机过去常用于烘干烟煤。

58. 简述空气斜槽的结构

空气斜槽是气力输送装置的一种变态结构，属于密相流态化输送设备，主要由槽体、透气层、多孔板组成，其中槽体可由数节标准段（每节 2m）和非标准段（支槽、弯槽等）构成。

59. 简述空气斜槽的工作原理

由风机产生的压缩空气由下槽体供入，沿着槽体长度方向均匀地透过透气层和多孔板，进入上槽体粉状物料中，与物料充分混合，使物料成流态化具有较好的流动特性，并沿着槽体倾斜向下流动，排出斜槽外，空气则被除尘设备抽走、净化。

60. 简述斗式提升机的型号、规格及使用性能

斗式提升机的型号有 HL（TH）型、PL（NE）型、D（GID）型等，其规格以料斗宽度表示，HL 型有 300、500 等规格，PL 型有 250、350、450 等规格。斗式提升机是水泥厂最常用的垂直输送设备，通常用以提升块、粒状物料以及粉状物料，由于链环、板链、胶带拉力限制，提升高度一般不超过 30m。近年来生产的新型斗式提升机 TH 型、NE 型、CTD 型输送能力都超过了 100t/h；提升高度超过了 70m；尤其是钢丝绳芯胶带斗式提升机（GTD 型）输送能力达到 1600t/h 以上，提升高度超过 90m。现在新型干法水泥企业多选用 NE 型、GTD 型斗式提升机，同时日本椿本的 NB 系列斗式提升机以其输送能力大，链条使用寿命长等特点受到大型干法水泥生产线的青睐。

61. 简述螺旋输送机的型号、规格及特点

常用螺旋输送机有 GX 型、LS 型。其规格是以螺旋叶的直径（mm）表示，规格有 ϕ200、ϕ300、ϕ400、ϕ500、ϕ600、ϕ1000 等，一般用于水平输送或与水平呈小于 20°的倾斜方向输送物料，输送长度一般小于 70m。在输送过程中物料的填充量在规定的范围内，物料输送平稳，但在填充量较大或转速较高时，物料被翻转过轴线有一定的混合作用，输送过程密闭不扬尘；可以多点加料，也可以多点卸料。

62. 螺旋输送机一般由哪些部分组成

螺旋输送机主要由螺旋、机槽、吊架、吊轴承、止推轴承座、平轴承装置、进料口、卸料口及传动装置等组成，当螺旋输送机长度较长时，螺旋要分节制造，两节间用联轴节连接，并加装吊轴承，整个螺旋输送机由下部底座支承固定。

63. 简述胶带输送机型号、规格及使用性能

常用胶带输送、机型号有 TD75 型，其规格是以胶带宽度（mm）表示，胶带宽度有 500mm、600mm、650mm、800mm、1000mm、1200mm、1400mm 多种。它不仅可以用来输送细散的物料，如石灰石、石膏、矿渣、煤炭等，还能输送成件货物。现在也应用在水泥选粉后的回料。

64. 胶带输送机一般由哪些部分组成

胶带输送机由传动滚筒、改向滚筒、输送带、上下托辊、头尾中间架、拉紧装置、给料装置、传动装置、卸料装置及清扫装置组成。

65. FU 链式输送机由哪几部分组成

FU 链式输送机由驱动装置、首节（装有传动大链轮）、标准中间节、非标准中间节、尾节（从动轮、输送链张紧装置）、输送链、进料口、出料口及固定装置组成。

66. 生产水泥的原料有哪些

生产水泥的主要原料有石灰质原料和黏土质原料。在制造水泥过程中，除使用石灰质原料和黏土质原料之外，还需要一些辅助原料，主要是校正原料、矿化剂、缓凝剂和混合材料等。

67. 在水泥的生产中，生料所用石灰石、黏土、铁矿石的主要成分是什么

石灰石的主要成分是碳酸钙（$CaCO_3$），黏土主要成分为二氧化硅（SiO_2）和三氧化二铝（Al_2O_3），铁矿石主要成分为氧化铁（Fe_2O_3）。

68. 生料中有哪些主要化学成分

生料中主要化学成分有二氧化硅、三氧化二铝、氧化钙、氧化镁、氧化铁等。

69. 什么是石灰质原料

凡是以碳酸钙、氢氧化钙为主要成分的原料都称为石灰质原料。它可分为天然石灰质原料和人工石灰质原料（即工业废渣）两类。水泥生产中常用的天然石灰质原料有石灰石、泥灰岩、白垩、贝壳、钙质原料姜石、石灰质河卵石等，其中以石灰石应用最广泛。有些工业废渣，如化工厂的电石渣、制糖厂的糖滤泥等也是水泥生产的石灰质原料。

70. 何谓铁质校正原料

铁质校正原料是用以补充配合生料中 Fe_2O_3 含量不足的原料。常用的铁质校正原料有铁矿石和一些工业废渣。对于铁质校正原料，要求其 Fe_2O_3 含量不低于40%。目前，通常采用的铁质校正原料的工业废渣是硫酸工业废渣——硫铁矿烧渣（俗称铁粉）。其主要矿物有赤铁矿、针铁矿、纤铁矿等，Fe_2O_3 含量大于50%，另外有些铜矿渣、铅矿渣等也可用作铁质校正原料。

71. 何谓铝质校正原料

铝质校正原料是用以补充配合生料中 Al_2O_3 成分不足的原料。一般采用的有低品位铝矾土、煤渣、煤矸石等。一般要求铝质校正原料的 Al_2O_3 含量不低于30%。

72. 何谓硅质校正原料

硅质校正原料是用以补充配合生料中 SiO_2 成分不足的原料。一般较多的是砂岩和粉砂岩，也有用河沙、硅藻石、硅藻土及蛋白石的。硅质校正原料的 SiO_2 含量要求在80%以上。

73. 什么样的生料为合格生料

概括起来说，合格的生料应当包括的内容是合理而稳定的化学成分；合理的细度。

74. 生料质量的主要控制参数有哪些

生料质量是熟料质量的基础，为了保证生料的质量，必须对以下参数进行合理控制，控制的主要项目有碳酸钙（或氧化钙）、细度、三氧化二铁、生料的含煤量（立窑）、生料中的矿化剂掺加量以及入磨物料的水分和粒度等。

75. 控制生料中 CaO、Fe_2O_3 合格率在水泥生产中的作用

稳定水泥窑热工制度，生料中含铁量的高低，影响熟料煅烧的难易程度，最终影响熟料质量的高低。合格率高能够保证熟料的质量，为水泥熟料的锻烧创造了有利的条件。

76. 细度的表示方法有几种

（1）筛析法即以 0.08mm 方孔筛筛余百分数来表示；

（2）比表面积法用勃氏比表面积试验仪器测定，以单位质量的颗粒表面积表示（m^2/kg）。

77. 什么叫粉磨

将大颗粒物料通过磨机中研磨体的冲击和研磨，使之成为有一定细度要求的物料的过程，称为粉磨。

78. 什么叫粉碎比

粉碎前物料粒径与粉碎后物料粒径的比值称为粉碎比。

79. 什么叫易磨性

易磨性是表示物料粉磨难易程度的一种物理性质，用易磨性系数表示，其值越大，物料越容易粉磨。

80. 什么叫临界转速

磨机筒体的转速达到某一值后，就可使最外层研磨体到达最高点而不脱落，此时研磨体刚好贴附于磨机筒体内壁上做圆周运动，此时的磨机转速称为临界转速。

2 专业技能知识

2.1 矿山部分

2.1.1 初级工/五级

81. 露天开采对爆破工作的要求

在露天开采中，对爆破工作的基本要求：①有足够的爆破储备量；②有合格的矿岩块度；③有规整的爆堆和台阶；④安全经济。

82. 什么是挖掘机的工作循环时间，它分几个工序，它的长短主要取决于什么

挖掘机的工作循环时间是从铲斗挖掘矿岩到卸载以及空斗转回工作面准备下一次挖掘所需要的时间。它是由挖掘、重斗转向卸载点、铲斗对位卸载以及空斗转回工作面至挖掘点四个工序组成的。工作循环时间的长短，主要取决于司机的操作水平、爆破质量和车辆停放的位置。

83. 铵梯炸药的成分

铵梯炸药的成分包括硝酸铵、梯恩梯（TNT）和木粉。

84. 乳化炸药的优点是什么

乳化炸药的优点是抗水性强，储存时间长，爆炸性能良好，生产和使用时安全性良好，价格较便宜。

85. 起爆药包的起爆方法有哪几种

起爆药包的起爆方法有火雷管起爆法、电雷管起爆法、导爆索起爆法、导爆管起爆法。

86. 火雷管的结构

火雷管由管壳、起爆药、加强药和加强帽等部分组成。

87. 深孔爆破中，炮孔装药前的检查包括哪些内容

检查孔壁碎石是否塌落堵孔，孔内有无积水，钻孔深度、孔距、底部抵抗线等参数是否符合设计误差范围，对不符合的应采取相应的补救措施。

88. 如何区分石灰石矿的矿石和岩石

纯质灰岩为灰白色、浅灰色和深灰色，硅质条带灰岩的硅质部分为乳白色和浅猪肝色。

89. 简述 WD400 挖掘机推压机构的作用

推压机构的作用是实现斗杆的前伸和后退，使铲斗插入矿物中。

90. 简述电铲主要是由哪几部分组成，作业循环是什么

WD400 挖掘机主要由提升机构、推压机构、回转机构、行走机构、起落大架子机构及辅助机构等组成。作业循环为挖掘、满斗提升回转、卸载、空斗返回。

91. 简述电铲的正常启动顺序

正常启动顺序：检查一切正常后，启动时先合上高压柜上的高压隔离开关，合上相应的空开，再启动空压机、空气滤清器电动机和各直流电动机冷却风机、励磁电源，最后启动发电机组主电动机，当气压达到正常工作气压时合上直流电源进行作业。

92. 在开机前和设备运转中电气部分主要检查哪些项目

（1）开机前主要检查各台直流发电机和直流电动机电刷长度是否合适、换向器表面是否整洁、氧化膜是否形成。

（2）运行中主要检查直流发电机和直流电动机换向器火花是否符合规定，各冷却风机是否正常运转，各台电动机的运行声音、振动以及温升是否正常。

93. 电铲在行走时自动扭车的故障原因及排除方法

（1）故障原因：①左右两侧履带松紧不一致；②行走拨轮自动打开，或拨轮咬合位置不正；③三节轴（纵轴）花键磨损。

（2）排除方法：①加垫调整履带松紧，使两侧一致；②检查拨轮是否磨损，必要时更换，当拨轮位置不正时，调整到正确位置；③修复磨损的花键或更换三节轴。

94. 牙轮钻机作业前，为什么要进行调平，调平时的注意事项

因为钻机在倾斜状态下钻孔，容易造成孔斜、钻杆弯曲和卡钻事故。

注意事项：

（1）千斤顶的底盘不要落在凸起的石块上或凹陷处，必要时可用碎石或其他承重物垫平。

（2）钻机调平后，千斤顶不宜顶得太高，只要下履带脱离地表即可。

（3）为了减少平台的变形，尽量避免两个后千斤顶和两个前千斤顶单独动作。

(4) 在收回千斤顶时，应仔细观察轴压表，当油压突然上升时，表明千斤顶已收到最高位了。

95. 简述 KY-200 牙轮钻机的工作原理

本机采用顶部回转、油缸-链条对钻具施加轴压力的连续进给工作机构，以三牙轮钻头为钻具，利用压缩空气把破碎的岩渣排出孔外，开成炮孔。

96. KY-200 牙轮钻机钻具的组成

KY-200 牙轮钻机钻具由 2 根 7.5m 钻杆、1 根 5m 钻杆及钻头组成。

97. 挖掘机的传动形式有哪些

挖掘机的传动形式有机械传动、全液压传动和混合传动三种。

98. 简述滤油器的作用

使混入油中的杂质从阀中分离出来，让系统中的液压油经常保持清洁，以提高系统工作的可靠性和延长液压元件寿命。

99. 什么是液压传动

液压传动是用液体作为工作介质，通过动力元件将原动机的机械能转换为液体的压力能，然后通过管道、控制元件，借助执行元件将液体的压力能转换为机械能，驱动负载实现预定的动作。

100. 设备润滑工作的“五定”指什么

设备润滑工作的“五定”指定人、定点、定期、定量、定质。

101. 露天矿采用多排孔微差爆破的优点

(1) 一次爆破量大，减少爆破次数和避炮时间，提高采场设备的利用率。

(2) 改善矿岩破碎质量，其大块率比单排孔爆破少 40%～50%。

(3) 提高穿孔设备效率 10%～15%，这是由于工作时间利用系数增加和穿孔设备在爆破后冲区作业次数减少的原因。

(4) 提高采装、运输设备效率 10%～15%。

102. 简述 LGF31C-27/3.5 螺杆式空气压缩机气路流程

空气→空滤→减荷阀→主机→止回阀→油气分离器竖筒、横筒→最小压力阀→排气。

103. 在深孔爆破中出现盲炮如何处理

在距孔口不小于 10 倍孔径处另打平行孔装药爆破；如果最小抵抗线及网路未受破坏，可重新连线起爆；最小抵抗线变化后，应重新确定安全距离，加大警戒范围，再起爆；对所用药为非抗水炸药，可向孔内灌水，使之失效，然后做进一步处理。

2.1.2 中级工/四级

104. 什么是台阶

露天开采时，通常是把矿岩划分成一定厚度的水平分层，自上而下逐层开采并保持一定的超前关系，在开采过程中各工作水平面在空间上构成了阶梯状，每个阶梯就是一个台阶或称为阶段。

105. 台阶如何命名

台阶的命名，通常是以开采该台阶的下部平盘（即装运设备站立平盘）的标高表示，故常把台阶称为××水平。

106. 简述牙轮钻机的工作原理

牙轮钻机的工作原理是钻孔时，回转机构带动钻杆和钻头回转，同时加压机构向孔底施加轴向压力；回转供风机构使受压气体通过中空钻杆从钻头的喷嘴喷向孔底，将破碎下来的岩渣沿钻杆与孔壁之间的环形空间吹至孔外；行走机构可供钻机移位。

107. 什么是满斗系数，其大小取决于什么

满斗系数是挖入铲斗内松散矿岩的体积与斗容之比。其大小除与司机的操作技术水平和爆破效果有关外，还取决于矿岩性质。

108. 提高挖掘机生产能力的途径

提高挖掘机生产能力的途径有缩短挖掘机工作循环时间、提高满斗程度、减少非工作时间。

109. 简述 WD400 挖掘机中心轴低压环的作用

电铲中心轴低压环的主要作用是，给行走部分的电气执行部分提供动力电源。

110. WD480 挖掘机制动器闸带打滑的原因及排除方法

（1）故障原因：①闸轮上有油，闸带磨损过限；②制动器弹簧弹力减弱，抱闸力不够；③闸轮与闸带间隙过大。

（2）排除方法：①及时更换闸带及擦拭油；②拧紧弹簧螺杆帽；③调整抱闸弹簧。

111. WD480 挖掘机推压机构齿轮啮合声音不正常的原因及排除方法

（1）故障原因：①电动机地脚松动；②电动机齿轮与二轴大齿轮齿顶间隙过大或过小；③电动机固定铁脱落，电动机下沉；④齿轮缺油；⑤磨道间隙大；⑥扶柄套磨损过限。

（2）排除方法：①紧固电动机地脚；②调整电动机位置；③重新固定，并焊接上；④涂抹润滑油；⑤加垫调整间隙；⑥更换扶柄套。

112. 简述电铲安全注意事项

（1）回转时启动和制动平稳，非紧急情况下不得突然制动回转；铲斗未离开作业面前，不准回转。

（2）电铲回转时，配重箱顶点与运输车辆或工作面的安全距离，不允许小于5mm。

（3）不应将装满物料的铲斗悬在车道上方待车。

（4）不得用摇摆铲斗和撞击天轮等不正当的方法卸料。

（5）在松软或易滑地点作业、行走，应事先采取防沉、防滑措施。

113. 简述KY-200牙轮钻机液压系统快、慢速油泵分别控制哪些机构或油缸

（1）快速油泵控制行走、加压油缸（提升、下放）、千斤顶、钻架起落、液压卡头、左右钻杆架。

（2）慢速油泵控制加压进给、液压卡头、机械手摆动油缸、卡爪油缸。

114. KY-200牙轮钻机回转机构与钻架间的导向滑块间隙的调整

导向滑块及滚轮与钻架后立柱的间隙应保持在1mm左右，以保证回转机构在工作过程中不致摇摆过大。当滑块磨损后单面间隙达3mm时，需调整滑块后部顶丝或更换滑块。

115. KY-200牙轮钻机回转电流过高的原因

产生原因：①孔内积渣太多，塌孔；②钻头齿磨钝或牙轮卡死；③减速箱加压轴损坏；④孔钻歪斜；⑤钻杆弯曲。

116. 液压控制法按用途不同，可分为哪几类？它们的共同特点有哪些

（1）分类：①方向控制阀是控制液流方向的阀类；②压力控制阀是控制液流压力的阀类；③流量控制阀是控制液流流量的阀类。

（2）共同特点：①都是由阀体、阀芯和操纵机构等部件组成；②都是靠改变阀口的连通关系或改变阀口的通道面积来实现控制和调节作用的。

117. 液压泵的作用是什么，它主要分为哪几类

液压泵是将原动机的机械能转换成油液的压力能，为系统提供一定流量的压力油液，是液压系统的动力源。液压泵主要分为三类，即齿轮泵、叶片泵、柱塞泵。

118. 液压系统保养的注意事项

（1）在部件的液压油和润滑油完全冷却后才开始保养液压系统，因为在完成操作后不久，系统会留有余热和余压；当移去螺塞或螺柱时，应注意保持身体各

部和脸部远离它们。

（2）停机后，再操作控制杆数次，以便从系统中释放残余压力。

（3）避免在斜坡上检查、保养行走和回转马达回路，因为它们会被重力加压。

（4）连接液压软管和管子时，注意保持密封表面无污物并避免损坏。

（5）连接软管时，避免使高压软管扭曲。

（6）加液压油时须使用相同牌号的油，不可混用其他牌号的油；如换用其他牌号的油时，确保更换系统内所有的油。

（7）当液压油低于最低油位时不可启动发动机。

119. 怎样调整 WD400 挖掘机斗杆在扶柄套内的间隙

斗杆在扶柄套内的上部间隙规定为 4～7m，在侧面的间隙规定为 3～5m；若超过此间隙，加调整垫调整。

120. 什么是液压泵的工作压力

液压泵的工作压力是指液压泵工作时输出油液的实际压力，其值由负载而定。

121. WD480 挖掘机中央回转接头的作用

它的作用是输送供给行走制动器、离合器风缸用风及下部润滑用油。

2.1.3 高级工/三级

122. 单斗挖掘机的主要工作参数

（1）挖掘半径：挖掘时由挖掘机回转中心至铲斗齿尖的水平距离。①最大挖掘半径是铲杆最大伸出时的挖掘半径。②站立水平挖掘半径是铲斗平放在水平面的挖掘半径。

（2）挖掘高度：挖掘时铲斗齿尖距站立水平的垂直距离。最大挖掘高度是铲杆最大伸出并提高到最高位置时的垂直距离。

（3）卸载半径：卸载时由挖掘机回转中心至铲斗中心的水平距离。最大卸载半径是铲斗最大伸出时的卸载半径。

（4）卸载高度：铲斗斗门打开后，斗门的下缘距站立水平的垂直距离。最大卸载高度是铲杆最大伸出并提高到最高位置时，当斗门打开后，斗门的下缘距站立水平的距离。

（5）下挖深度铲斗：下挖时由站立水平至铲斗齿尖的垂直距离。

123. 露天矿工作面参数有哪些

露天矿工作面参数主要包括台阶高度、采区长度、采掘带宽度和工作平台宽度。

124. 电雷管起爆法的优、缺点

电雷管起爆法的优点是操作人员可以撤到安全地点后再给电起爆，可以同时起爆大量雷管，可以准确控制起爆时间和延期时间，也可以在爆破之前用仪表检测电雷管和电爆网络；缺点是操作较复杂，作业时间长，需要有足够的电源和消耗电线较多。

125. WD400 挖掘机提升机构有异常响声的原因及排除方法

（1）故障原因：①齿轮缺油；②卷筒齿轮罩子螺丝松动；③轴承盖螺丝松动。

（2）排除方法：①向齿轮啮合处涂抹润滑油；②紧固松动的螺栓。

126. WD400 挖掘机斗杆不能动作、自动滑出的故障原因及排除方法

（1）故障原因：①推压制动器不作用，或死抱闸销轴窜出：②死抱闸太松；③死抱闸闸带磨损过限。

（2）排除方法：①处理窜出的销轴；②调节调整螺栓；③更换闸带。

127. 简述 WD400 挖掘机回转减速箱内有异常响声的原因及排除方法

（1）故障原因：①电动机小齿轮螺母松；②齿轮啮合不好；③齿轮掉牙；④轴承磨损或滚珠掉落；⑤电动机风叶损坏。

（2）排除方法：①紧固螺母；②齿轮磨损严重或回转竖轴铜套磨大，更换齿轮或铜套；③更换齿轮；④更换轴承；⑤更换风叶。

128. KY-200 牙轮钻机在作业过程中如出现意外紧急情况时，从电气角度采取什么措施

除特殊紧急情况外，在作业过程中或空压机负荷运行时不允许停机。当出现意外紧急情况必须紧急停机时，具体做法如下：①可以直接按操纵台的低压电源“停”按钮，就可以切断 380V 交流电源。②如果高压电源出现问题，可以按操纵台上高压电源“停”按钮，此时全机除高压柜外全部停电。

129. KY-200 牙轮钻机不能行走或无力爬坡产生的原因及排除方法

（1）产生原因：①按钮手柄内部断线；②换向阀的阀芯卡住或线开关烧坏；③忘记将转换开关扳到“行走”位置；④供油压力低；⑤换向阀不动作。

（2）排除方法：①检查按钮手柄电缆及内部接线是否完好；②检修换向阀；③将转换开关扳到“行走”位置；④检查溢流阀的调定压力是否合适，检查油路是否漏油，检查油泵是否损坏；⑤控制油压，提高背压。

130. KY-200 牙轮钻机液压系统噪声大产生的原因及排除方法

（1）产生原因：①油面过低；②吸油管漏气；③油缸或系统内有空气；④油泵损坏。

（2）排除方法：①加油；②检修吸油管；③放气；④检修或更换油泵。

131. 气压传动系统由几部分组成，分别是什么

气压传动系统由四部分组成，分别是：①气压发生装置，即空压机，它将原动机的机械能转换成气体的压力能，是气动装置的动力源。②执行元件，如气缸。③控制元件，用来控制和调节压缩空气的压力、流量和流动方向，包括各种控制阀类。④辅助元件，指使压缩空气净化、元件润滑、消声等装置，如油雾器、过滤器等。

132. 滚动轴承的安装方法及安装注意事项有哪些

（1）方法：①锤击法主要用来安装配合比较松的轴承；②压入法用在当遇到需要将轴承的内外圈同时装进轴与轴承座内的情况；③热装法即将轴承在热油内加热，使轴承内径产生热膨胀，再趁热安装到轴颈上。

（2）注意事项：①轴承盖的“止口”不应偏斜，止口端面应垂直于盖的中心线；②油毡、皮胀圈等密封装置，必须严密、合适，迷宫式密封装置内应填上黄油；③转动体与非转动体之间应保持一定的间隙，以免碰擦；④检查轴承外圈会不会堵住油孔或油路；⑤轴承盖拧紧螺钉时，用手轻轻转动轴承，以前后感觉同样轻快、平稳为宜；⑥轴承安装时涂上所需的适量的润滑脂或油。

133. WY403HD 液压挖掘机的回转制动器特点是什么

它属于常闭式，先加油通过隔离阀来开启，其开启压力为 1.2～5MPa 在任一位置对车上机构进行制动，能有效地防止回转机构因惯性所产生的摆动，挖掘机行走或长距离运输，回转机构制动器能自动有效地对上车进行可靠的锁定。

134. 为了保证 WD400 挖掘机左右斗杆同步，在焊接齿条时，对其有什么要求

为了保证左右斗杆同步，在焊接齿条时，左右斗杆在 30 个齿距离内的对角线长度相差不得大于 8mm。

135. 简述 WD400 挖掘机常闭式闸瓦制动器的工作原理

制动器是借弹簧的张力通过拉杆转动杠杆，则调节杆将两杠杆和闸瓦压向制动轮，当向风缸输送压缩空气时弹簧进一步压缩，则杠杆带动闸瓦向两旁分开，脱离制动轮，致使松闸。另外，为保证两侧闸瓦均等离开制动轮，并利用两侧螺栓对其间隙进行调整，螺栓是用来调整闸瓦能均匀地制动轮。

136. KY-200 牙轮钻机行走机构的结构特点

其结构特点：①采用了工程机械中统一的“四轮一带”；②采用焊接结构的支架；③采用均衡梁结构，改善了钻机对路面凸凹不平的适应性；④每条履带采用单独液压驱动装置，具有良好的机动性；⑤履带张紧是通过黄油缸、弹簧装置实现的；⑥导向轮和支重轮采用浮动密封，具有良好的密封性能。

2.1.4 技师/二级

137. 剥采比的概念

在露天矿，为了采出矿石，一般需要剥离一定数量的岩石。剥离的岩石量与采出的矿石量之比，即每采出1t矿石所需剥离的岩石量称为剥采比。

138. 提高牙轮钻机穿孔效率应从哪几方面考虑

（1）牙轮钻机的台班生产能力，可按下式近似计算：

$$A=0.6VT\eta$$

式中 A——牙轮钻机的生产能力，m/台班；

V——牙轮钻机的机械钻速，cm/min；

T——台班工作时间，h；

η——工作时间利用系数。

（2）机械钻速V，又可近似用下式表示：

$$V=3.75PN/DF$$

式中 P——轴压，t；

N——钻头转速，r/min；

D——钻头直径，cm；

F——岩石坚固性系数。

（3）在选定钻、钻头的前提下，提高牙轮钻机穿孔效率应从轴压（P）、转速（N）、排渣风量（Q）、钻孔直径（D）、工作时间利用系数（η）这几方面考虑。

139. 牙轮钻头的凿岩原理

牙轮钻机工作时，加压机构通过钻杆给牙轮钻头施以很高的轴向压力，牙轮则被压在孔底岩石上。当回转供风机构使钻具以一定的转速回转时，钻头上的3个牙轮既绕钻头的轴线公转，又绕本身轴线自转。因此，3个牙轮在孔底岩面上进行滚动，其牙齿是交替地由一个齿接触岩石变为两个齿接触岩石。这样，牙轮的中心随之上下振动。牙轮的振动，使牙齿对孔底岩石产生冲击动作。牙轮的滚动不断改变牙齿的作用位置。当牙轮压入岩石一定深度后，牙齿对周围岩石产生挤压作用，岩石受挤压作用而破坏，使钻孔不断加深。

140. 什么是挖掘机的工作循环时间，它分几个工序

挖掘机的工作循环时间是从铲斗挖掘矿岩到卸载以及空斗转回工作面准备下一次挖掘所需要的时间。它是由挖掘、重斗转向卸载点、铲斗对位卸载以及空斗转回工作面至挖据点这四个工序组成的。工作循环时间的长短，主要取决于司机的操作水平、爆破质量和车辆停放的位置。

141. KY-200 牙轮钻机的轴压力计算

$$Q=(P\pi d^2\eta)/4+3000\ (\text{kg})$$

式中 Q——轴压力，kg；

P——工作油压，kg/cm^2；

π——圆周率；

d——加压油缸内径，cm；

η——加压装置油缸与链条传动机构的总机械效率，$\eta=0.815$。

142. 简述 KY-200 牙轮钻机五连阀、六连阀分别控制哪些油缸

（1）五连阀控制液压卡头、机械手卡爪、摆动油缸、左右钻杆架油缸。

（2）六连阀控制加压、四个千斤顶、钻架起落油缸。

143. KY-200 牙轮钻机中的主空压机、辅助空压机的作用分别是什么

主空压机的作用是产生的压缩空气经过回转主轴进入孔底排渣；辅助空压机的作用是打开钻杆架锁钩及回转气卡。

144. LGF31C-27/3.5 螺杆式空气压缩机每工作 300h 应保养的部位及项目

应保养的部位及项目：①清洗空气过滤器芯子，清洗完后吹干。②清洗或检查减荷阀，最小压力阀和自动放空阀等零件。③清洗油过滤器。

145. LGF31C-27/3.5 螺杆式空气压缩机主机装配间隙的调整

（1）转子与排气座间隙应调整到 0.08～0.12mm，超过 0.25mm 时，需重新调整。

（2）转子与进气座间隙应调整到 0.48～1.4mm。

（3）转子外圆与机身内圆径向间隙调整到 0.11～0.17mm。

（4）转子之间齿面啮合间隙调整到 0.09～0.15mm（单列间隙）。

146. KY-200 牙轮钻机液压系统油压不足或不上压产生的原因及排除方法

（1）产生原因：①电磁溢流阀的电动阀不动作，处于卸荷状态；②溢流阀的调定压力由于振动或其他原因而降低了；③油箱的油位过低；④油泵发生故障；⑤油路漏油；⑥油缸内渗，窜油。

（2）排除方法：①检修电磁溢流阀是否烧线圈或阀芯不动作；②重新调整溢流阀的工作压力；③加油；④检修油泵；⑤检修油路，治漏；⑥更换密封圈。

147. KY-200 牙轮钻机回转减速箱内齿轮啮合的齿侧间隙及中间轴上的单列圆锥滚子轴承轴向间隙分别是多少

（1）减速箱内齿轮啮合的齿侧间隙为 0.25～0.3mm。

（2）中间轴上的单列圆锥滚子轴承轴向间隙为 0.05～0.12mm，用下端端盖加调整垫来实现。

148. 怎样调整向心推力滚子轴承间隙，调整间隙的方法

其调整是通过轴承外圈来进行，调整方法有以下三种：

（1）垫调整。即先用螺钉把端盖上紧到使轴承中无任何间隙时为止，后用塞规量出端盖端面与轴承座端面间的间隙，再加上所要求的轴向间隙，即为其需要垫的厚度。

（2）螺钉调整。先把调整螺钉上的锁紧螺母松开，再旋拧调整螺钉，使其推动止推盘向前移动；止推盘又推压外圈，直至轴转动发紧时，停止旋螺钉。最后，根据轴向间隙的要求，将调整螺钉退转到一定的位置，接着把螺母拧紧，即达到了调整间隙的目的。

（3）止推环调整。用止推环调间隙时，先旋拧具有外螺纹的止推环，使其推动轴承外圈向里移动，直至轴转动发紧时为止；后根据轴向间隙的要求把止推环倒退到一定的位置，再用止动片固定。

149. 检测齿轮啮合间隙的方法有哪些

（1）塞尺法。即用各种规格的塞尺直接塞入齿面间和齿顶间测出齿轮的齿侧及齿顶间隙。

（2）千分表法。千分表法是用千分表测量齿轮的侧隙，即将其中一个齿轮固定，另一个齿轮的轴上固定一根拔杆，然后正反方向地微转拔杆，记下千分表上指针正反向摆动的读数值 D，再按下式换算出实际的齿侧间隙 C。

$$C=DR/L$$

式中 R——固定有拔杆的齿轮的节圆半径，mm；

L——拔杆的长度，mm。

（3）压铅法。先把铅丝大致弯曲成被测齿轮的形状并放在齿上，然后使一对齿轮啮合滚压，压扁后的铅丝厚度就相当于齿轮啮合间隙的数值，其大小可用游标卡尺或千分尺量出，铅丝最厚部的厚度值即为齿顶间隙，相邻两较薄部分的厚度值之和即为齿侧间隙。

150. 在液压系统中对液压油有什么要求，如何选用液压油

（1）要求：①具有适宜的黏度和良好的黏温特性；②具有良好的润滑性能，要求油膜的强度高，以减小元件相对运动中表面的磨损；③具有良好的化学稳定性和热稳定性，不易氧化变质；④具有良好的抗乳化性和抗泡沫性，能较快地排出油中游离空气，能使混入油中的水分迅速分离出来；⑤在高温或有明火的地方，要求油的闪点高，在气候寒冷的条件下工作时，凝固点要低，流动性要好；⑥质地纯净，杂质含量少。

（2）选用选择液压油时，可根据液压元件样本和说明书所推荐的品种牌号来选用，或根据液压系统的工作压力、工作温度、元件种类及经济性等因素全面考虑。一般先确定适用的黏度范围，再选择合适的液压油品种。同时还要考虑系统

工作条件的特殊要求，如在寒冷地区工作的系统要求油的黏温性要好、低流动性好等。

151. 滚动轴承内外径公差的特点是什么，它的配合采用什么基准制

滚动轴承内外径公差的特点有以下两点：

（1）公差项目较多，有单一内、外径极限偏差，单一径向平面内、外径变动量，单一平面平均内、外径极限偏差和平均内、外径变动量，以便分别控制装配前后的尺寸偏差与形状误差。

（2）公差带配合采用单向制。即所有公差等级的内、外径和平均内、外径极限偏差都单向集中在零线下侧，上偏差为0，下偏差为负值。轴承内圈与轴的配合采用基孔制，轴承外圈与外壳孔的配合采用基轴制。

152. WD480挖掘机中央枢轴规定的轴向间隙是多少，怎样调整

（1）当轴向间隙为斗杆伸出在挖掘状态时，测量后部上轨道与滚轮之间翘起的间隙，该间隙为2～3mm。

（2）间隙的调整。先将安全压板取下，杠杆通过底架插入中央枢轴上螺母的不透孔中，而后转动加固机构，使回转平台向左旋转。转1周，相当于螺母上升4mm。回转圈数，取决于轴向间隙的大小。调好后，将安全压板安于原处，将杠杆从螺母不透孔中拉回原处。

153. WD400挖掘机行走机构每运转1周需检查及维护的项目有哪些

检查和维护的项目：①全部螺钉特别是履带与底架连接螺栓的紧固程度。②导轮轴的紧固程度。③底架与履带架连接的楔铁的双头螺钉的紧固性。④履带的完好性。⑤履带的张紧头部，正常情况下，上部履带应位于全部导轮上，在导轮之间履带的下垂度为60～120mm，在方轴侧用垫板来调整。⑥主动轮凸爪的磨损量，应不超过6～8mm，超过时应以硬质合金补焊。⑦支重轮和导向轮的滚辗量，轮缘宽比履带板凸爪间距小3～4mm。⑧齿轮箱及气压系统密封性如何，不良时要及时修理。

2.1.5 高级技师/一级

154. 破碎机大、中、小修的内容及要求

（1）大修。大修的内容包括更换拆卸主要部件，如主轴、轴承、转子等，要求检修后达到设备出厂时的技术性能和指标。

（2）中修。中修的内容包括各种破碎机的易损件，如衬板、锤头、篦条、轴承、固定螺栓、拉紧弹簧等的更换、修理。要求检修后保证设备的正常运转及延长寿命。

（3）小修。小修的内容包括一般正常的设备维护、保养及小零件的更换、维修，如定时按要求加润滑油，更换螺栓。要求检修后保证设备的正常运转及延长

寿命。

155. 影响破碎机产量的因素

物料的易碎性、物料的干湿度、物料的破碎比、喂料的均匀性、破碎机本身的性能、运转率等是影响破碎机产量的主要因素。

156. 破碎产品粒度和级配对磨机效率的影响

物料破碎与粉磨过程是能量消耗较大的过程，破碎机的效率要比磨机效率高得多；实践证明，物料的破碎粒度与磨机粉磨效果有着密切的关系。入磨物料粒度越小，磨机产量越高。缩小入磨物料的粒度，就能显著地提高磨机效率，同时也降低了电能的消耗，因为破碎机的工作效率比磨机的工作效率高，而且破碎机的耗电量比磨机要少得多。当物料进行细碎时，破碎机部分取代了磨机的粗磨仓的作用，加快了物料在磨内的流速，使磨机的作用得到了更充分的发挥。

157. 当锤头磨损到何种程度时，应更换锤头；何种程度时，应翻边使用

磨头磨损到原质量的75%时，应更换新锤头；锤头前部棱边磨到其宽度的3/5时，锤头翻边使用。

158. 锤头的圆孔磨损到何种成熟度时应重新镶孔套

锤头的圆孔磨损或挤压变形成椭圆形时，且其变形量$\Delta=D-d=40\text{mm}$，锤头应重新钻孔套。

159. 调整轴承间隙的主要方法有几种

调整轴承间隙的主要方法有垫片法、螺钉调解法、止推环调整法三种。

160. 根据哪些情况判断润滑状况的好坏

根据油温、油压、油量来判断润滑油状况的好坏。

161. 如何选择破碎系统

根据物料性质、粒度大小、要求的破碎比、生产规模以及使用的破碎机型号等，可以选择不同的破碎系统。

162. 如何调节排料粒度

调节锤头顶部与篦子板间的间隙，间隙大出料粒度大，间隙小出料粒度小。其方法是：减少出料粒度，松开螺母，提升拉杆，篦条上升，达到所需间隙后，再拧开螺母，增大则反之。

163. 破碎机进料粒度与破碎比、产量的关系

一般在破碎机允许破碎粒度范围内，进料粒度越小，破碎比越小，产量越高；而进料粒度越大，破碎比越大，则产量相应减少。此外，进料粒度与破碎比、产量三者关系，受转子圆周速度影响很大，如反击式和锤式破碎机，当进料

粒度一定时随着圆周速度的增加，破碎比及产品粒度增加，产量也随之增加。

164. 破碎机轴承温度急剧升高的原因及采取的措施

（1）轴承内套外出。采取措施：拆卸后检查。

（2）油用光。采取措施：拆卸后检查更换必要零件，加油重新组装。

（3）轴承破裂或密封环破裂，密封环内有异物进入。采取措施：拆卸检查后，更换必要零件并重新组装。

（4）迷宫式密封被破裂。措施同上。特别注意的是如果温度大大超过80℃，一旦冒烟，应紧急停车。

2.2 物料均化部分

2.2.1 初级工/五级

165. 圆形堆场作为石灰石堆场时，通常对石灰石的物料特性有何要求

石灰石的表观密度为1.4t/m³左右，物料粒度控制在0～80mm，物料水分要求1%（正常值）～4.5%（最大值），物料休止角为38°。

166. 圆形堆场的操作控制方式

本机设有中控室自动控制、机上自动控制、机上人工控制和机旁现场控制四种控制方式。控制方式的选择开关设在机上控制室内的操作盘上。以上几种操作方式具有互锁性，当选择其中某一种操作方式时，其他几种操作方式均无效。操作方式的选择应由负责操作的人员根据需要来确定。

167. 圆形堆场的机上人工控制方式有何操作要求

机上人工控制适用于调试过程中所需要的工况和自动控制出现故障，要求堆、取料机继续工作，允许按非规定的堆料方式堆料和取料作业的工况。操作人员在机上控制室内控制操作盘上相应按钮，即可进行人工堆、取料作业。

168. 圆形堆场的机旁现场控制方式的操作要求

机旁现场控制适用于检修和维护工况时需要局部动作，依靠机旁设置的操作按钮来实现；在此控制方式下，堆、取料机各传动机构解除互锁，只能单独启动或停止。

169. 圆形堆场开车前的基本要求是什么

要求在开动堆、取料机之前，必须对全机进行检查。经检查，各部情况均属良好方可按开车顺序开动堆、取料机，进入作业状态。

170. 圆形堆场的开车、停车顺序是什么

（1）堆料机开车前先发出启动信号→堆料机的回转和变幅启动→堆料皮带机

启动→来料栈桥皮带机启动。正常停车顺序与开车顺序相反。

（2）取料机启动出料胶带机→发出启动信号→刮板链系统启动→料耙驱动系统启动→取料机行走机构启动。正常停车顺序与开车顺序相反。

171. 圆形堆场的事故停车如何实现

凡本系统内任何地方出现事故必须停机时，按紧急开关，使堆、取料机系统马上停止工作。

172. 圆形堆场的维护检修作业的总要求是什么

堆取料机能够无故障并具有较长时间的使用寿命，在很大程度上取决于经常的检查及良好的使用和维护保养。

为保证堆取料机正常工作，要求工作现场建立严格的交接班和操作人员定时巡视制度，要求操作人员、维修人员在现场经常进行巡视，在出现故障时能及时发现并得到处理。本机设有多种报警装置和保护装置，当某部位发生故障时，就会通过电控系统，在中控室和现场发出声光报警信号，提醒操作人员查明原因，及时检修，排除故障。

173. YG500-80 圆形堆场刮板取料机机旁按钮的主要功用是什么

机旁按钮中的 3 个用于维修或试车，1 个用于急停。其分别为大车工作及调车行走启停，耙车启停和刮板启停，急停按钮用于巡视发现故障而停机。

174. YG500-80 圆形堆场刮板取料机的调车及开、停机操作要求

刮板取料机的调车操作只能手动操作。在自动工作状况取料机只能顺时针单一方向取料，取料机在自动工况下启动的联锁关系：启动指令→出料皮带启动→刮板链驱动启动→料耙驱动启动→工作取料大车行走启动。各环节启动间隔 10s 可调。正常停机，停机指令下达后使上述顺序的逆过程，间隔 10s 可调。故障停机同时停机。

175. 取料机电磁离合器和大车行走制动器是如何相互控制的

（1）取料运行电磁离合器结合（通电），制动器松开（通电），调车电机断电，取料电机接通。

（2）调车工况电磁离合器松开（断电），制动器随调车电机的通电、断电而通电、断电，取料电机断电。

176. 圆形堆场在自动控制方式下是如何堆料的

料堆按顺时针方向连续堆成，堆料区域 120°（角度），堆料臂从 0°顺时针回转至 120°同时变幅从＋16°至－15°，堆料臂和变幅运动均为连续运动。当堆料臂达到标准高，即 SSD 及触料开关同时动作，堆料臂水平转顺时针移位 3°，回转行程将由 120°变为 123°，连续逆时针回转仍然是 120°，顺时针回转又是 120°。

回转采用变频调速，一是减缓料臂启停时的振动；二是改变回转速度与变幅速度配合，使堆料臂落料点始终与抛物线堆顶保持等距。

177. 圆形堆场堆料机的启停顺序是什么

堆料机的启停顺序：

（1）正常启动指令→回转和变幅启动→堆料辅动启动→来料皮带启动。各环节启动间隔 10s 即可。

（2）正常停机是上述过程的逆过程。悬臂停在料堆上折点。

（3）故障停机。堆料机各部同时停机，若重新启动，必须将堆料臂手动开到起始点，这样能更好地保持堆顶的形状。取料电机断电。

178. 圆形堆场的液压系统有哪些

圆形堆场的液压系统分为变幅机构液压系统和料耙机构液压系统。

179. 圆形堆场液压系统安装的基本要求是什么

安装前应检查各液压元件及部件完好无损，液压元件所附带的密封件应完整无缺，液压管道、管接头、软管均应清洁干净。在连接时不得有脏物进入设备及元件内。

180. 混均堆取料机刮板常见故障及排除方法有哪些

（1）刮板链磨损伸长，刮板链疲劳断裂，别销、销轴、销套过度磨损碎裂，进而导致双链断裂，甚至发生卷链事故。

排除方法：这种现象一般出现在链子正常使用周期的中后期，要求岗位工每班加强巡检，及时发现并更换已经严重磨损、有裂纹的别销、销轴、销套、链板等零部件，最后视故障发生的频次在设备大修期间更换全部链子。

（2）刮板链张紧力调整不适中，导致链子局部堆积、卡滞现象或头尾轮受力过大。

排除方法：这种问题出现在正常使用一定周期后，以及对链子进行检修调整后。实际张紧时，应以退出头轮啮合点的链子略有弯曲为宜。

（3）刮板磨损严重，根部裂纹、断裂，整体变形，刮板连接螺栓松动、断裂。

排除方法：及时更换耐磨板条，对裂纹处及时补焊并加筋，及时拧紧连接螺栓或更换螺栓；拧紧后可以考虑点焊死，还可考虑将刮板和链子的适当位置焊接，保证一个较长的使用周期；在制作刮板备件时应考虑增加刮板的受力刚度，防止整体变形。

（4）刮板导槽轨道磨损严重，接头处轨道翘曲，支架开裂、开焊。

排除方法：平时及时补焊，处理掉凸出焊点；在检修时更换轨道，对开焊部位及时补焊、加固。

（5）刮板头尾轮轴承润滑不良、密封不好，轴承游隙大，轴承损坏。

排除方法：按规定周期加大供油量，检修时处理好动密封点，视情况更换轴承。

（6）刮板头尾轮轮缘过度磨损，造成与链子啮合不好、啃链、偏磨故障。

排除方法：对于轮缘的磨损，不太严重时可以直接进行修形处理，比较严重时考虑更换轮缘或翻面使用；至于啃链问题，可通过调整两个张紧丝杠来解决。

181. YG500-80 石灰石取料机岗位点检标准主要有哪些

YG500-80 石灰石取料机岗位点检标准见表 181。

表 181　YG500-80 石灰石取料机岗位点检标准

序号	点检部位	点检内容	点检周期	点检方法	判断标准
1	机体	机体外观	1d	目视	无断裂、无开焊、无振动
		机体接口处	1d	目视	无松动
2	刮板	刮板外观	1d	目视	无断裂、无开焊、无大的变形
		刮板连接	1d	目视	无松动
3	刮板驱动链轮及其尾部链轮	齿圈	1 周	目视、手摸	无断裂、正常磨损、无大的变形、无松动
		轴承温度	1h	手摸	温度正常，<65℃
4	刮板链条	链条	1d	目视、手摸	无断裂、正常磨损、无大的变形、无松动
5	料耙及卷扬机钢丝绳	料耙	1d	目视	无断裂、正常磨损、无大的变形
		钢丝绳	2d	目视	无断裂、正常磨损、无大的变形
6	耙料液压系统	油位、油压	1h	目视	油位、油压达到要求
		油管路	1h	目视、手摸	无泄漏、管路畅通
		冷却	1h	目视、手摸	无泄漏、管路畅通
7	刮板驱动电机	声音、振动、温度	1h	耳听、手摸	无异常声音和振动，温度正常
		电流	2min	目视	无异常升高、无急剧变化
8	刮板驱动减速机	声音、振动、温度、油位	1h	耳听、手摸	无异常声音、无异常振动、温度正常
9	料耙驱动电机	声音、振动、温度	1h	耳听、手摸	无异常声音、无异常振动、温度正常
10	料耙驱动减速机	声音、振动、温度、油位	1h	耳听、手摸、目视	无异常声音、无异常振动、温度正常
11	取料运行电机	声音、振动、温度	1h	耳听、手摸	无异常声音、无异常振动、温度正常

续表

序号	点检部位	点检内容	点检周期	点检方法	判断标准
12	取料运行减速机	声音、振动、温度、油位	1h	耳听、手摸、目视	无异常声音、无异常振动、温度正常
13	调车运行电机	声音、振动、温度	1h	耳听、手摸	无异常声音、无异常振动、温度正常
14	调车运行减速机	声音、振动、温度、油位	1h	耳听、手摸、目视	无异常声音、无异常振动、温度正常

182. 矩形堆场堆料机主要由哪几部分组成

矩形堆场堆料机主要由悬臂部分、行走机构、液压系统、来料车、轨道部分、电缆坑、动力电缆卷盘、控制电缆卷盘、限位开关装置 9 部分组成。

183. 矩形堆场堆料机液压系统的主要构造及功用是什么

液压系统实现悬臂的变幅运动。液压系统由液压站、油缸组成，液压站安装在三角形门架下部的平台上，而油缸支撑在门架和悬臂之间。

184. 矩形堆场取料机主要由哪几部分组成

取料机由刮板取料系统、卷扬提升系统、机架部分、固定端梁、摆动端梁、轨道系统、导料槽、动力电缆卷盘、控制电缆卷盘 9 部分组成。

185. 矩形堆场取料机中卷扬提升系统的主要构造及功用是什么

该系统是由支承架和电动葫芦、滑轮组等组成的，其主要功用是完成刮板取料机的变幅。

186. 矩形堆场取料机链条润滑系统的润滑要求

在机架的一侧设有稀油润滑站，通过油管和给油指示器将润滑油滴在链条上，保证两条道路正常工作。在正常工作情况下，要求链条每工作 3h 就需润滑一次，每次润滑 5min，每次总油量为 125L。

187. 矩形堆场取料机中导料槽的主要构造及功用是什么

导料槽设计有可调溜板，导料槽内设有内磨衬板。其主要功用是可根据实际落料情况调节合适的角度，保证物料准确落在出料胶带机上。

188. 矩形堆场堆、取料机的操作方式有哪些

堆、取料机采用三种操作方式，即集中程控、手控和机旁（维修）控制。每种操作是通过工况转换开关实现的。

189. 矩形堆场堆、取料机机旁（维修）操作的要点

只能在现场机旁进行操作。当工况开关置于机旁（维修）位置时，自动工况

及手动工况不能切入。手动工况的功能，机旁工况也具备，但操作按钮只装在有利于维修操作的位置上。机旁工况不装行走操作按钮。

190. 矩形堆场堆、取料机的调车要求是什么

无论是调车工况还是堆料机与取料机交错工况，堆料机的悬臂必须抬升到最高极限位置＋17°，然后原地不动等待取料机错车或运行到指定堆料点；取料机的刮板臂必须抬升到最高极限位置＋45°，然后原地不动等待堆料机错车或运行到指定取料区域。

191. 矩形堆场堆、取料机的事故停车办法是什么

凡在本系统任何地方出现事故，必须停机时，按动紧急开关，使取料机马上停止工作。

192. 矩形堆场取料机设紧急停车按钮的作用是什么

为了保护人身和设备的安全，取料机操作台及车体几个重要部位都设有紧急停车按钮，在紧急情况下，可以将取料机迅速停下来，避免事故发生。正常停机时要按正常停机按钮，不要使用紧急停车按钮，否则容易引起皮带压料及其他一些不必要的故障。

193. 矩形堆场堆料机的开机要求及开停机顺序是什么

要求操作工进行开机前的现场检查，并且接到中控指令后准备开机，各项开机准备工作均确认无误后方可开机。矩形堆场堆料机的开机顺序是悬臂皮带→启动液压缸系统→启动堆料皮带→电缆卷盘→行走机构。操作工接到中控指令后，准备停机，停机顺序和开机顺序相反。

194. 检查、维护矩形堆场堆、取料机的总要求是什么

堆、取料机能够无故障地运行并且有较长时间的使用寿命，在很大程度上取决于经常的检查和良好的使用、维护、保养。为保证堆、取料机正常工作，要求工作现场建立严格的交接班和操作人员定时巡视制度，并要求操作和维修人员在现场经常进行巡视，在出现故障时能及时发现并得到处理。设备的检查，应制定定期的检查制度，还要建立大修、中修和日常维修制度。

195. 矩形堆场取料机在运行中须检查什么

矩形堆场取料机在运行中须检查：①检查电动机、减速机的运转是否正常，有无振动和异常声音；②检查减速机、电动机及各部分轴承是否过热；③注意电缆卷盘的运转是否正常；④注意车体行走是否平稳；⑤检查刮板运行是否正常；⑥检查各连接部件是否有松动；⑦检查取料是否顺畅。

196. 矩形堆场堆料机在运行中须检查什么

矩形堆场堆料机在运行中须检查：①检查电动机、减速机的运转是否正常，有无振动和异常；②检查减速机、电动机及各部分轴承是否过热；③注意电缆卷盘的运转是否正常；④注意车体行走是否平稳；⑤检查皮带是否跑偏。

2.2.2 中级工/四级

197. 预均化效果评价方法

(1) 标准偏差。物料成分的均匀性，以物料某成分含量的波动大小来衡量。根据数量统计的概念，可用标准偏差来衡量物料成分的均匀性，其计算式如下：

$$S=\sqrt{\frac{1}{n-1}\sum_{i-1}^{n}(x_i-\overline{x})^2}$$

式中 S——样品的标准偏差；

x_i——物料中某成分的各次测量值；

$\overline{x}$——各次测量值的算术平均值；

n——测量测数。

标准偏差可直接表示波动幅度，其值越小，表示质量越均匀。

有了标准偏差 S 和平均值 $\overline{x}$，可以计算波动范围 R。

$$R=\frac{S}{\overline{x}}\times100\%$$

(2) 均化效果。评价均化效果可用进料和出料标准差之比表达，其比值越大表示均化效果越好。

$$H=\frac{S_{进}}{S_{出}}$$

式中 H——均化效果，按多少倍计算；

$S_{进}$——均化前进料标准偏差；

$S_{出}$——均化后出料标准偏差。

当进料成分的波动情况符合正态分布时，标准偏差的计算结果是正确的。如果偏离正态分布较远，则计算所得的结果比实际标准偏差大，由此计算出的均化效果也会偏大一些。所以，在一定条件下，直接用出料标准偏差来表示均化作业的好坏，比单纯采用均化效果来表示要切合实际一些。此外，作为计算标准偏差依据的原始数据需要 30 个以上。预均化堆场的均化效果 H 一般为 5～8，最高可达 10。

198. 预均化堆场的选用条件

水泥工业生产中，判断是否需要建设预均化堆场，可根据原料成分波动及生产要求条件确定。

(1) 根据生产工艺要求：一般认为，当进厂石灰石的 $CaCO_3$ 标准偏差大于 ±3%，而其他原料如黏土、煤炭等成分也波动较大时，就应该考虑采用石灰石预均化堆场。在石灰石的 $CaCO_3$ 标准偏差小于 ±3%时，也要结合石灰石储藏、生料粉磨以及生料均化库的情况，进行综合考虑。

（2）按原料进料的成分波动范围确定：当 $CaCO_3$ 的波动范围 $R<5\%$时，表示原料均匀性较好，不需用预均化；当 $R=5\%\sim10\%$时，表示原料均匀性一般，应结合其他原料的波动情况，包括煤炭的质量、设备条件和其他工艺上的因素综合考虑，最后根据生料在入窑前要求达到规定的均齐度而确定；当 $R>15\%$时，表示原料均匀性差，必须考虑采用预均化。

（3）结合原料矿山的具体情况统一考虑。例如，矿山的覆盖层厚薄、喀斯特发育的情况、裂隙土和夹层的多少、低品位矿石的数量和位置等因素。

199. 预均化堆场的类型

预均化堆场通常采用矩形和圆形两种布置形式。

（1）矩形堆场。矩形堆场一般都有两个料堆，一个堆料，一个取料，相互交替。每个料堆的储存期为 5～7d，根据工厂地形和总图要求，两个料堆可平行布置和直线布置。进料皮带机和出料皮带机分别布置在堆场两侧。取料机一般停在料堆之间，可向两个方向任意取料。堆料机通过活动的 S 形卸料机在进料皮带上截取原料，沿纵长方向向任何一个堆料堆堆料。也有的堆场采用堆场顶部活动皮带。平行布置有时在总平面的布置上比较方便，但是取料机要设中转台以便平行移动于两个料堆间。堆料机也可选用回转式或双臂式以适用于平行的两个料堆，但采用较少。

（2）圆形堆场。原料由皮带机送到堆场中心，由可以围绕中心做 360°回转的悬臂式皮带堆料机堆料，堆料为圆环，其截面则是“人”字形料层。取料一般都用桥式刮板取料机，桥架的一端接在堆场中心的立柱上，另一端则架在堆料外围的圆形轨道上，可以回转 360°。取出的原料经刮板送到堆场中心卸料口，由地沟内的出料皮带机运走。

200. 圆形堆场的自动控制方式是如何操作的

自动控制方式下的堆、取料作业均可由中控室和机上控制室实施。当需要中控室对堆、取料机自动控制时，操作人员只要把操作台上的自动操作按钮按下，然后按下启动按钮，堆料机上所有的用电设备将按照预定的程序启动，整机操作投入正常自动运行作业状态。在中控室的操作台上，通过按动按钮可以对堆、取料机实现整机系统的启动或停车。

201. 圆形堆场试车前的准备工作及具体要求是什么

试车前的准备工作与具体要求：①安全措施对制动器、行程开关、保险丝、总开关的要求是处于正常状态，动作灵活，准确安全，稳定可靠，间隙合适。②金属构件的外观不得有断裂、损坏、变形、油漆脱落现象，焊缝质量应符合要求。③传动结构及零部件装配正确，不得有损坏、漏装的现象，螺栓连接应拧紧，铰接点传动灵活，链条张紧程度合适。④液压系统管路的安装及供油泵的转向要正确，各元件要调至规定位置。⑤润滑点和润滑系统保证各点润滑、供油正常。⑥电气系统和各种保护装置、开关及仪表照明不得有漏接线头，联锁应可靠，电动机转向要正确，开关、仪表要好用，照明光线要充足。⑦配重量调整安全措施要有效，分次增加。

202. YG500-80 圆形堆场刮板取料机的四种控制方式及使用要求

其控制方式有中控室自动控制、机上自动控制、机上手动控制和现场机旁控制四种。方式选择开关（SA1）设在机上控制室内，机上手动控制适用于调试过程中所需要的工况或自动控制出现故障，要求堆料机继续工作，允许按非规定方式取料的工况。现场控制适用检修和维护工况，此种控制方式下，取料机解除互锁关系，只是单独启动与停止。注意事项：由于堆、取料机工作环境非常恶劣，灰尘较多，因此为保证电气元件的清洁及可靠性，控制室及控制柜门必须关严，并注意保持控制室内的卫生。

203. YG500-80 圆形堆场刮板取料机的操作顺序

其操作顺序：首先将 SA1、SA2 合到相应的位置后，合上自动开关 QK1，再合上刮板自动开关 QM1、工作大车行走自动开关 QM2、抱闸自动开关 QM3、干油润滑泵自动开关 QM4、液压站刀开关 DK、主油泵自动开关 QF1、冷风机自动开关 QF2 及控制电源自动开关 QM8，检查有无故障及出料皮带是否运行，按压 SB1。启动液压站（响铃 15s，此时液压站应达到规定值）。

204. YG500-80 圆形堆场堆料机的操作顺序

其操作顺序：首先将 SA1、SA2 合到相应的位置后，再合上自动开关 QK1、悬臂皮带电动机自动开关 QM1、强制润滑油泵电动机自动开关 QM3、回转电动机自动开关 QM4、干油站自动开关 QM8 及液压装置刀开关 DK、自动开关 QF1、QF2、QF3 及控制电源自动开关 QM5。检查是否有故障，无故障即可启动堆料机。

205. 简述圆形堆场的初始料堆制作程序

实施本程序的工况是空料场开始接收堆料或者需要在无料区域重新开始堆料。堆料机堆料臂首先降至$-15°$位置开始堆料，回转机构不运动，形成圆锥形料堆，直至达到标准堆高。在此过程中，在料位探测器的引导下，落料点与堆顶始终保持尽可能小的落差，之后回转机构逐次移位 3°，在 120°堆料区域内形成的 40 个堆顶高度坐标理论上都应符合标准堆顶曲线方程，堆料臂落料点与这 40 个堆顶要保持尽可能小的落差。在实施本程序的过程中，来料量信号对回转移位不起作用。初始料堆形成后，堆料机可能转入实施标准料堆的基本堆料程序下的堆料作业。

206. YG500-80 圆形堆场变幅机构液压系统的主要技术参数有哪些

其主要技术参数：①工作压力 16MPa；②油泵最大排量 23mL/r；③电动机功率 7.5kW；④油缸规格，缸径 140mm、杆径 100mm、行程 1300mm；⑤液压油牌号，冬季用低温液压油 YC-N32，其他季节用抗磨液压油 YB-N46；⑥油箱容积 250L。

207. YG500-80 圆形堆场料耙机构液压系统的主要技术参数有哪些

其主要技术参数：①工作压力 9MPa；②油泵最大排量 92mL/r；③电动机功率 30kW；④油缸规格，缸径 140mm、杆径 110mm、行程 4000mm；⑤液压油牌号，冬季用低温液压油 YC-N32，其他季节用抗磨液压油 YB-N46；⑥油箱容积 630L。

208. 圆形堆场液压系统的调试应如何进行

在检查整个系统安装无误后，方可进行调试。

（1）空运行将溢流阀的压力调节旋钮松开，各电磁铁断电，然后使电动机接通电源，启动电动机，检查电动机转向是否正确；如果正确，可连续通电，此时油泵排出的液压油经溢流阀卸荷回油箱。

（2）压力调试调节溢流阀调压旋钮，使压力逐级升高，达到调定压力后保持一段时间，检查整个系统有无泄漏，及时处理。

（3）试运行启动电动机带动泵运行，按动“上升”或“下降”按钮，调节变幅油缸速度使之达到要求：按动“左行”或“右行”按钮，调节料耙油缸速度使之达到要求。

209. 圆形堆场液压系统的主要检查项目有哪些

（1）液压设备随时进行检查，检查项目：螺钉及管接头是否紧固，密封件是否完好，有无渗漏现象；油箱、压力表、高压软管、液压元件等有无异常。当有滤油器堵塞报警时，应更换滤芯。

（2）液压系统的正常使用对清洁度的要求是很严格的，首先保证液压管路、管接头、阀组及油箱的清洁干净。其次保证所用的液压油达到清洁度的要求。液压油在使用一段时间后会发生变质，因此要定期更换液压油，大约一年更换一次。

210. 矩形堆场取料机的开机要求及开停机顺序是什么

要求操作工进行开机前的现场检查，各项开机准备工作均确认无误后方可开机。矩形堆场取料机的开机顺序：①启动出料胶带机；②启动卷扬提升系统，将刮板臂提升至 45°位置；③启动电缆卷盘；④启动行走机构，将取料机调至要取料的料位；⑤启动卷扬提升系统，将刮料臂调至物料休止角位置；⑥启动工作行走电动机，进行平坡作业；⑦启动刮板取料系统，开始取料。操作工接到中控指令后，准备停机，停机顺序与开机顺序相反。

211. 矩形堆场取料机机架及行走端梁的主要构造及功用是什么

机架和行走端梁的作用是支承整机重量并驱动取料机在料场内的轨道上往复运动，机架采用了箱形结构的刚性平台；行走端梁由车轮组、动装置和支承的结构梁组成，其下部可在轨道上行走，上部与机架平台一侧用螺栓刚性连接（固定端梁），另一侧铰接（摆动端梁）。两套驱动装置均设在固定端梁上，构成单侧双驱动形式。驱动装置由电动机和行星摆线减速机、电磁离合器、调车电动机和直交轴减速器、制动器等组成。在取料机进行取料工作行走时，取料电动机驱动车轮组，此时电磁离合器处于通电状态，即合的位置；当调车时，由调车电动机驱动车轮组，此时电磁离合器处于断电状态，即脱开状态。注意：两台电动机不能同时处于工作状态，启动其中一台电动机，另一台电动机必须停止运行，当设备调试好后，取料量的调整依靠改变行走电动机的频率来实现。

212. 矩形堆场取料机电缆卷盘的主要构造及功用是什么

（1）动力电缆卷盘由单排大直径卷盘、集电滑环、减速器及力矩堵转电机组成。外界电源通过料场中部电缆坑由电缆通到卷盘上，再由卷盘通到取料机配电柜。

（2）控制电缆卷盘由单排大直径卷盘、集电滑环、减速器及力矩堵转电机组成。其主要功能是把堆料机的各种联系反映信号通过多芯电缆与中控室联系起来。

213. 矩形堆场堆料机来料车的主要构造及功用是什么

来料车就是一台卸料车，堆料胶带机从来料车通过，将堆料胶带机运来的物料卸到悬臂胶带机上。来料车由卸料斗、斜梁、立柱等组成。卸料斗悬挂在斜梁前端，使物料通过卸料斗卸到悬臂的胶带机上。斜梁由两根焊接工字形梁组成，横向通过 4 根立柱支撑。大立柱之间用工字形梁连接，工字形梁与斜梁之间又支撑数根小立柱。这样可保证卸料车的整体稳定性。工字形梁上安有电气柜、控制室以及电缆卷盘。斜梁上设有胶带机托辊，前端设有卸料改向滚筒，尾部设有防止空车时飘带的压带装置。大小立柱下端装有 4 个车轮。来料车的前端大立柱与行走机构的水平横梁通过铰轴连接，使来料车能够随驱动装置同步运行。

214. 矩形堆场堆料机的工作原理是什么

堆料机在轨道上往复运动，在每一料仓内进行定点堆料时停止，臂架下俯至一个比较合理的位置，开始堆料。物料通过来料胶带机转运至悬臂上的胶带机并由悬臂头部卸料，形成圆形料堆。在堆料过程中，悬臂根据料堆的高度，每隔一定时间仰起一个角度。悬臂的俯仰通过液压系统中油缸的活塞杆伸缩来实现。根据设计性能，当悬臂上仰至＋16°时，认为该堆点料堆已经达到正常高度，这时堆料机在该料场内根据预定程序，运行一段距离；悬臂下俯至一个预定的角度，开始在第二点继续进行定点堆料。

215. 矩形堆场堆、取料机的手动操作方式的适用情况及操作要求是什么

手动操作（机上人工控制）适用于调试过程中所需要的工况和自动控制出现故障，要求堆、取料机继续工作，允许按非规定的堆料方式堆料和取料作业的工况。操作人员在机上控制室内控制操作盘上相应按钮继续人工堆料作业，通过操作台上的控制按钮对各部进行单独操作。当工况开关置于手动位置时，自动、机旁（维修）工况均不能切入，手动控制可使各系统之间失去相互联锁（电缆卷盘与行走机构的联锁保留），但各系统的各项保护仍起作用。

216. 矩形堆场堆取料机试车前需做哪些准备工作

试车前的准备内容与要求如下：

（1）安全措施。制动器、行程开关、保险丝、总开关等处于正常状态，动作灵活、准确安全、稳定可靠、间隙合适。

（2）电缆卷盘及电缆。电缆卷绕正确，电缆不得有损坏、烧焦现象。

（3）钢丝绳。在卷筒中和滑轮中卷绕正确。

（4）金属结构的外观。不得有断裂、损坏、变形、油漆脱落现象，焊缝质量应符合要求。

（5）传动机构及零部件装配正确，不得有损坏、漏装现象。螺栓连接应紧固，铰接点转动灵活，链条张紧程度合适。

（6）润滑点及润滑系统。保证各点润滑供油正常，按要求加够润滑油或润滑脂。

（7）电气系统和各种保护装置、开关及仪表照明不得有漏接线头，联锁应可靠，电动机转向要正确，开关、仪表和灯光要好用。

（8）配重量调整。要有安全措施，分次增加。

217. 混均堆、取料机料耙机构常见故障及排除方法有哪些

（1）料耙耙齿磨损、折断或钢丝绳松弛、断裂；料耙角度不适中，导致塌料或料耙行走轮掉道、局部受力磨损、偏磨、点蚀剥落；料耙行走机构支承轨道断裂、底座开焊。

排除方法：补焊、加固耙齿或预紧、更换钢丝绳；根据物料性质和实际工作情况调整料耙角度，确保物料均匀滑落、物料阻力较小、料耙行走轮受力状态正常、行走轮工作位置正确、磨损均匀；更换轨道，并加固底座。

（2）由于调整料耙角度后，没有及时调整接近开关，导致接近开关撞坏或料耙行走超程、极限开关动作、系统跳停。

排除方法：每次调整料耙角度时均对接近开关及时调整，确保工作安全可靠。

218. 混均堆、取料机传动支承装置常见故障及排除方法有哪些

（1）减速机漏油，液力耦合器过载，导致易熔塞透。

排除方法：及时补油，择机处理密封；更换易熔塞，查明取料机过载原因后方可开机。

（2）各部轴承故障，减速机打齿。

排除方法：正常生产中按标准要求定期检查各部轴承运行状态和齿轮工作情况，主要是观察运行声音、温度、工作性能是否出现明显的异常现象；停机检修时，检查轴承游隙和完好状况，齿面表面完好情况、接触情况、啮合间隙，及时更换轴承，调整齿轮啮合情况，或更换减速机。

（3）回转支承油路堵塞，润滑不良。

排除方法：检查油脂是否受到污染，检查润滑装置各部密封是否良好，检查并视情况更换注油器。

219. 混均堆、取料机常见工艺故障及排除方法有哪些

（1）由于堵料或负荷过大，导致料耙过载闷车，液压系统卸压，系统跳停。

排除方法：首先查找并解决工艺上导致负荷增大的因素，如物料过湿、料堆横截面很大、取料速度过高、冬季物料冻结、物料中有异物等；若问题不大可考虑适当调高油泵供油量和设定卸压值（需要专业人员进行）。

（2）困难季节（冬季、雨季）生产问题：各部皮带、托辊和滚筒出现比较严重的粘料、带料、跑偏现象，皮带与物料、驱动滚筒打滑；溜子挂料、积料、墙料。

排除方法：岗位人员须及时清理冻、堵、粘、挂、带料部位，可根据需要制作一些方便适用的小工具，并确保清扫器、刮料器不粘料、带料。

2.2.3 高级工/三级

220. 圆形堆场取料机的基本结构和工作原理

取料机主要由主梁、料耙系统、刮板输送部分及端梁构成。主梁一端铰接于中柱下面外部的转台上，该转台固定在另一回转支承外圈上。回转支承的内圈与中柱下部用螺栓连接，这一结构使主梁绕中柱回转。主梁的两端用螺栓接在行走端梁上，端梁上设有两套相同的行走驱动装置。行走车轮轴装入驱动装置中减速器的中空轴里，由锁紧盘连接，启动端梁驱动装置，主梁可绕中柱在圆形轨道上运行。取料机上设有液压驱动料耙，行程4m的料耙覆盖了整个料堆断面，料耙的倾斜角是可调的。当物料的含水量或黏度大时，要适当手动调大料耙的倾斜角度，料耙的倾斜角比物料的休止角大1°～2°是适宜的。当料耙以4m行程往复运动时，均布在料耙平面上的耙齿拨动取料面上的物料使之下落到取料面的底部，被连续不断运行的刮板取走。沿取料机主梁底面设置有循环运行的刮板输送链，

链条上连续安装有刮板，被料耙拨动滑落下来的物料进入运动着的刮板之间。经过刮板的连续运动，直至将物料刮入中心落料斗下面的出料胶带机上输出。取料的过程是取料机行走、料耙和刮板三套驱动联动的过程。取料机工作行走的速度采用变频调速，通过行走调速来调整取料量。

221. YG500-80 圆形堆场料耙机构液压系统主要构成及工作原理

（1）料耙机构液压系统主要构成部件：恒压变量泵 1 台、单向阀 1 件、电磁换向阀 1 件、溢流阀 1 件、风冷却器 1 件、滤油器 1 件、滤芯 5 件、多点压力表 1 件、油缸密封组件 3 件、液位计 1 件、温度计 1 件。

（2）料耙机构液压系统工作原理（图 221）：在取料机正常工作过程中，需要料耙不断地进行往复运动，油泵电动机⑪带动恒压变量泵⑩运转，将液压油从油箱①中吸出，液压油先经过单向阀到达电磁换向阀⑭，通过⑭的右位，顶开单向阀(15.2)，液压油进入油缸有杆腔，实现料耙的单向运动，无杆腔中液压油通过电磁换向阀⑭右位后，进入散热器⑦冷却，再经过滤器⑤回到油箱。当料耙行走到端部时，撞击到行程开关，电磁换向阀⑭左端得电，换向左位，则油泵液压油

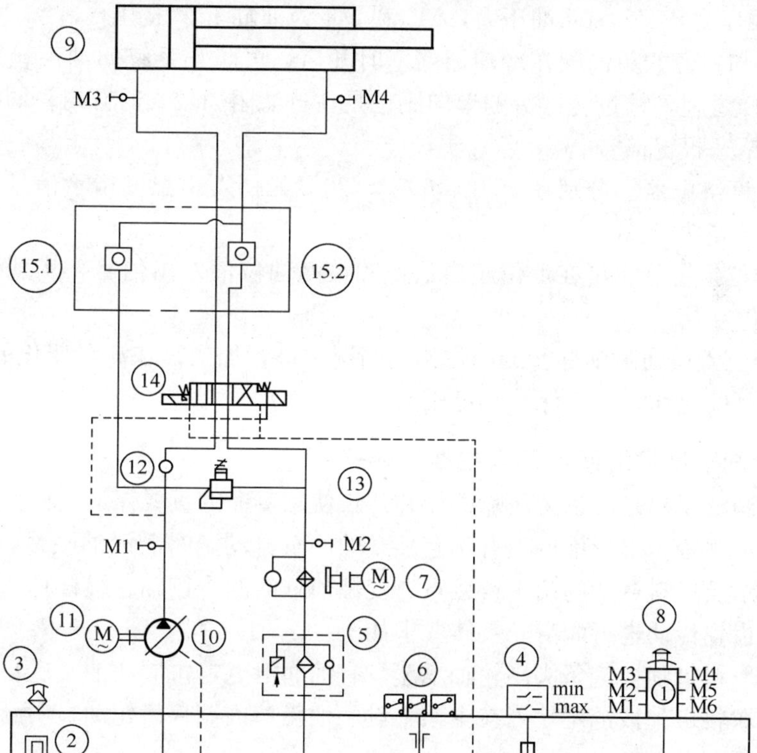

图 221　料耙机构液压系统原理图

从油箱①中吸出，经过单向阀到达电磁换向阀⑭的左位，液压油进入油缸无杆腔，实现料耙的换向运动，有杆腔中液压油顶开单向阀(15.1)，到达油泵出口管路，再次通过电磁换向阀⑭左位后进入无杆腔，从而实现液压回路的差动功能，以补偿无杆腔较大的用油量，确保活塞的双向运动速度大体一致。

（3）料耙机构液压系统工作原理补充说明：

① 主油泵内部少量泄漏的液压油经泄漏口、泄漏管路直接回到油箱，此管路不畅通可能会导致油泵不正常工作。

② 在液压缸超负荷、管路堵塞等影响因素下液压油出现压力过高时，安全溢流阀⑬开启，使液压油不通过电磁换向阀直接经冷却器和过滤器后回到油箱，从而防止系统出现超压破坏现象；在调试运行或工况明显变化时，要设定好该溢流阀的开启压力，既要防止开启压力设定过高，导致系统因超压运行遭到破坏，又要防止开启压力设定过低，导致系统满负荷运行时频繁出现卸压、闷车现象。

③ 多点压力表⑧可分别检测六点压力值，M1～M4 为多点压力表的测压点，可实现对液压系统各部工作压力的实时监控或系统调试时的测压需求。其中，M1 为油泵压力，M2 为回油压力，M3 和 M4 为油缸工作压力。

④ 冷却器旁的单向阀在冷却器堵塞时开启，可防止系统回油不畅造成超压损坏；同样道理，精过滤器旁的单向阀也是在过滤阻力较大时开启，同时压力继电器发出堵塞报警信号。

⑤ 温度继电器⑥分别在 50℃、60℃、70℃三档发出温度指示信号，可实现高温报警跳停功能。

⑥ 油位报警器④可在油位超出最低和最高油位值发出信号，实现油位异常的报警跳停功能。

⑦ 岗位人员通过油标②的油位指示情况，进行加油；在油温变化的情况下，透气器③可确保油箱始终保持恒定压力（大气压）。

222. 圆形堆场的润滑要求主要有哪些

遵守润滑规程是设备无故障操作和延长使用寿命的重要保证，操作人员应严格执行各项规程。圆形堆场设有 4 套独立的油泵自动定时润滑油泵站，分别对 3 个回转支承及堆料臂架的两个铰接点、变幅油缸的两个铰轴、缸杆耳环及堆料机回转开式齿轮传动进行润滑。具体要求如下：

（1）取料机刮板链条头尾轮轴承座设有油润滑点，每周注油一次。

（2）取料机刮板链尾轮处在主梁上设一油箱，内储存齿轮油，用滴注的形式对链条进行润滑。

（3）料耙支承轮和料耙油缸的铰座处设有油杯，每周加注一次。

（4）堆料机回转驱动减速装置中采用外设齿轮泵强制润滑，润滑泵供油后，回转驱动电机才能工作。

上述润滑检测报警接入电控系统，操作维护人员要每日对上述润滑装置油量、油位进行检测，以防止自动控制失灵及由于润滑不良造成关键部件损坏的严重后果。

223. YG500-80 圆形堆场堆料机的工作原理

（1）标准料堆的基本堆料程序：实施本程序的工况是取料机在已堆成标准堆高并远离堆料区域的取料区域工作，实施本程序过程中要对堆、取料机之间的角度实行监控，达到 21°时，发出报警显示，达到 16°时，堆料机正常停机，停止堆料，并在该位上折返点静止。

（2）自动工况。启机，按下启动按钮（或中控室 1CKA 合），此时有下列的动作：① 响铃；②硬件路的 21KA 合上（硬件紧急停机路）；③回转电动机主接触器 4KM 合上（此时回转电动机没有运转）；④由 4KA 启动变幅油泵电动机；⑤11KA 启动减速机强制润滑油泵电动机；⑥8KA、9KA、10KA 分别启动 3 个干油润滑油泵 15M、16M、17M，响铃 15s 后，悬臂开始右转。此时悬臂处于平摆，当过 20°左右时，悬臂开始下降；当达到 100°左右时，悬臂又开始平摆。当回转计到 120°时，停止右转，延时 5s，启动左转，平摆后悬臂开始上升到 100°左右又平摆以此往复工作；⑦当碰到标准堆高 SSD 并同时触料，此时左转为 123°，其后的又右转恢复了 120°这样就右移 3°；⑧当回转与变幅启机后，悬臂胶带机启机；⑨正常停机：按下 19SB（或中控室 6CKA）堆料机胶带输送机立即停机，而悬臂继续回转，变幅直到悬臂回到上折返点才能停机，为下次启机做准备；⑩变幅油泵，强制润滑油泵，回转线路接触器，只有在 21KA 停止后才停止；⑪快速上升，本液压系统设有快速上升系统，当悬臂触料开关触料后快速上升，当碰到标准堆高时，快速上升不动；⑫紧急停机：紧急停机按钮在平台安装两处，分别安在手动操作回转和变幅处，另一处设在操作台上，当紧急停机时三机同时停机，紧急停机后，必须用手动方式使大臂回到上折返点后才能用自动方式正常启机。

（3）干油站。堆料机有三处干油站。上部支承干油站、中部支承干油站及外齿及铰接点干油站。上部支承及中部支承干油站，开机供油 6min，连续工作 1h 再供油 6min；外齿及铰接点干油站开机供油 4min，连续工作 40min 再供油 4min。

（4）信号系统：

① 信号部分：有声光报警停机和声光报警不停机两种。声光报警停机的如堆料机仰角 16°、21°，电动机过载，过滤网堵塞，悬臂上极限，二级跑偏，打滑等，而只报警不停机的项目允许短时存在以待处理的如油位低、一级跑偏等。

② 讯响器，鸣响 15s 自动停止，而显示灯由人为消除。

224. 圆形堆场负荷试车的内容及要求是什么

（1）空负荷试车完成后，进行不少于 6h 的（25%～50%负荷）运转。

（2）部分负荷试车后进行满负荷试车，满负荷试车试验项目与内容如下：①堆料试验。按正常堆料（往返 120°）进行堆料作业 2h 并进行启动和制动试验。②取料试验。取料机作业 2h 并进行启动和制动试验。③静负荷试验。平稳、无冲击地加载至 125％定额荷载，静止时间不少于 10min。④动负荷试验。加载至 110％定额荷载进行各种组合运动和启车、停车试验。

（3）试验结果要求，运动平稳可靠，各机架无永久变形，无破裂；连接无松动。无损坏。

（4）试车的连续性要求，试车中检查各项目有不符合要求的必须停机处理，重新运转后必须重新检查各项要求全部达到合格为止。试车中凡是因故障停车的待事故处理完毕后再开车，重新开车时其试车时间必须重新计算，不得前后累计。

225. YG500-80 圆形堆场刮板取料机有哪几种行程开关及功用

（1）在中部旋转部分设有 SS5 堆料夹角开关，当取堆夹角等于 61°时向堆料机发出开关量信号，取料机停止运行。

（2）SS4、SS3 为耙车左右返回接近开关，SS1、SS2 为耙两端极限开关，该型号是自复位式，挡铁应长一些，防止超程。

（3）SSD2、SSD3 为接近开关，用于断链保护。

226. 矩形堆场堆料机的工作原理

取料机在混合堆场中与堆料机配合使用，混合堆场由多个相邻的料仓组成，储存品种不同的物料。堆料机在料仓的一侧堆积的物料，取料机在料仓的另一侧的轨道上往复运动，通过刮板取料系统把物料卸到导料槽内，通过导料槽送到出料胶带机上运出。取料臂每取完一层物料后，按预置的指令下降相应的高度（即相应的物料深度），并在相应的取料运行速度下，将料堆逐层取出，直至该料仓的物料全部取净。这种取料过程使堆料机按一定方式堆积起的物料再次得到均化。取料时操作人员按照中央控制室的指令将取料机调车到指定的料仓内（注意：本机不可与堆料机同时在一个料仓内工作），借助行走限位装置正确识别本机所处的料仓编号。当取料机按指令调入即将取料的料仓时限定了该料仓的左右两端的行走极限位置，取料机将在该极限位置内按预定的程序做往复取料运行。安装在电动葫芦上的编码器可以正确控制刮板臂下降角度，保证取料机恒定的取料能力。在保证恒定取料能力及确定的取料速度的情况下，为使刮板之间充入设计的最大容量的物料，悬臂及刮板取料系统下降的角度逐渐减少，从而实现将该料仓逐层刮取。

取料机的取料运行速度采用驱动电动机变频调速，通过调整取料运行速度来调节取料机的取料量。在特殊情况下，取料机可以在人工的操作下从未堆满物料的料堆取料。

227. 矩形堆场取料机在开机前须做哪些方面的检查准备工作

矩形堆场取料机在开机前须做以下检查准备工作：①检查各部紧固件是否松动；②检查各润滑部位是否良好；③检查液压抱闸松紧程度是否合适，油位是否正常；④检查取料机是否具备开车条件，即必须具备取料总备妥信号、取料信号、操作方式信号、现场允许信号，且无任何报警信号；⑤为了安全，开车前还必须进行必要的工作联系，得到允许后才能开车；⑥检查刮板取料机系统的取料功能是否完好；⑦检查车轮组、驱动装置和支承结构梁是否完好；⑧检查卷扬提升系统的支承架、电动葫芦、滑轮组是否完好；⑨检查链条润滑系统的稀油润滑站、油管和给油指示器工作是否正常；⑩检查导料槽的可调溜板和耐磨衬板是否完好；⑪检查电缆卷盘的大直径卷盘、集电滑环、减速器和力矩电动机组成；⑫检查物料是否有冻块、硬结块及大块料等；⑬清除取料机轨道上的障碍物。

228. 矩形堆场堆料机在开机前须做哪些方面的检查准备工作

矩形堆场堆料机在开机前须做以下检查准备工作：①检查电缆卷盘是否合乎标准；②检查液压抱闸松紧程度是否合适，油位是否正常；③清除堆料机轨道上的障碍物；④检查各部紧固件是否松动；⑤检查各润滑部位是否良好；⑥检查堆料是否具备开车条件，即必须具备堆料总备妥信号、取料信号、操作方式信号、现场允许信号，且无任何报警信号；⑦为了安全，开车前还必须进行必要的工作联系，得到允许后才能开车；⑧检查悬臂的变截面的工字梁、胶带输送机、电动滚筒、螺旋拉紧装置、打滑检测器、胶带机头是否完好；⑨检测行走机构的驱动装置和三角形门架是否完好；⑩检查来料车能否将运来的物料运送到悬臂胶带机上；⑪检查液压系统是否正常。

229. 矩形堆场堆料机行走机构的主要构造及功用是什么

其行走机构由三角形门架和行走驱动装置组成。三角形门架通过球铰与上部悬臂铰接，堆料臂的全部重量压在三角形门架上。三角形门架一侧与一套驱动装置铰接，另一侧与另一套驱动装置刚性连接。驱动装置由两台 3kW 的 Y 系列电动机驱动。驱动装置实现软启动、延时制动。三角形门架下部设有平台，用来安装变幅机构的液压站。行走驱动装置采用两套电动机—制动器—减速器—车轮系统的传动形式，两套驱动系统的同步运行是靠机构刚性实现的。车轮架的两端设置缓冲器和轨道清扫器。在三角形门架的横梁上吊装一个行走限位装置，所有行走限位开关均安装在吊杆上，随堆料机同步行走，以实现堆料机的限位。

230. 矩形堆场堆料机的检查项目及要求有哪些

（1）轨道。检查轨道有无下沉变形、压板螺栓有无松动现象，如有应及时校正轨道，拧紧螺栓。

（2）电缆。检查动力及控制电缆有无破损老化及接触不良、烧焦等现象，应及时修复。

(3) 减速器及液压站油箱的油温。油温若低于规定的标准，应及时补充并按规定的换油周期换新油。

(4) 制动器。制动瓦与制动轮间隙是否正常，制动是否可靠。若制动瓦磨损严重应及时更换，并及时清除制动轮上的污物。

(5) 轴承座。固定螺栓无松动，润滑良好。

(6) 胶带机。胶带无断裂、撕裂张紧适度，托辊、滚筒运转灵活，各种保护装置良好。

(7) 电气元件及限位开关。在机器开动时，观察各元件动作是否灵敏，发现接触点不正常时，应及时修复，各限位开关位置准确、动作可靠。

231. 矩形堆场取料机的检查项目及要求有哪些

(1) 取料系统的链条是本机重要部件之一，操作人员要检查润滑系统的调油嘴应对准内外链板的间隙。

(2) 刮板链条局部损坏，可单独更换损坏的链节，但需要两条链子对应部位同时更换，以保证两条链条啮合正确。

(3) 当输送链磨损后伸长程度达到2%时，必须全部更换新链条。

(4) 为使两条刮板链得到同样的预紧力，可通过张紧装置中的螺杆、螺母来调整。

(5) 刮板上的刮齿磨损后，可将其调头使用或更换。

(6) 刮板表面固定的耐磨衬板，当其磨损危及刮板体时应及时予以更换。

(7) 刮板取料系统的驱动链轮和尾部链轮是分体组装结构，轮缘由4片扇形齿块用螺栓与轮毂紧固在一起，应定期检查齿圈磨损情况，更换时不需拆卸链条即可更换齿块。

(8) 卷扬部分中电动葫芦钢丝绳磨损或断丝达到报废标准中规定的数值时，应及时更换。

(9) 每隔2000h，要进行一次钢轨垫板检查，如有松动应及时加固。

(10) 平时，操作人员应经常检查连接处、铰接处的螺栓是否有松动、卡死现象，驱动装置是否有异常声音，如发现问题应查明原因，及时解决，同时结合运转情况进行必要的润滑。

232. 矩形堆场堆、取料机负荷试车有哪些要求及注意事项

(1) 负荷试车要求：①空负荷试车完成后，进行不少于6h的部分负荷(25%～50%负荷)试车；②部分负荷试车没有问题后进行满负荷试车；③加载至110%额定载荷进行各种组合运行和启、停车试验；④试验结果要求运行平稳、可靠，各机架无永久变形、无破裂、连接无松动、无损坏。如果满负荷运转一切正常即可投入生产。

(2) 注意事项：

① 向悬臂胶带机加料时，胶带机必须达到正常运转速度后，才可往胶带机上加料，不能在胶带机静止时加料。在负荷运转时，除按空车试运转时注意观察各项外，还要观察和调整悬臂胶带机上的料流检测装置，清扫装置及胶带和滚筒是否打滑，如果出现打滑现象，调整胶带机的拉紧装置。调整拉紧装置时，将悬臂架处于水平位置状态，观察胶带机两托辊间胶带下垂值，最多不超过托辊间距的2%，还要注意观察悬臂每次升高及堆料机行走的距离是否按规定的工艺程序进行。

② 试车中检查各项目有不符合要求的必须停机处理，重新运转后必须重新检查各项要求全部到达合格为止；试车中凡是因故障停车的待故障处理完毕后，重新开车时，其试车时间必须重新计算，不得前后累计。

233. 取料机电磁离合器常见故障及排除方法有哪些

故障：电磁离合器弹簧紫铜片断裂、离合器动作不灵活、摩擦损坏大、发热高；电磁离合器线圈定位不好、接线断裂，导致正常工作时单机行走脱开，另一行走机构过载而发生故障。

排除方法：及时更换紫铜片或离合器，离合器线圈重新接线，并进行可靠定位。

234. 堆料机常见异常堆料故障及排除方法有哪些

故障：堆料料位传感器位置和回转限位开关位置不合适或出现故障，或工作参数设置不当，导致布料机上下变幅和回转动作失控，致使料堆形状不连续、不规范或过小过大。

排除方法：一是根据工艺要求，正确设置初始参数；二是结合实际运行情况进行小范围调整；三是及时检查调整各限位开关和传感器的工作位置和可靠性。

235. 影响均化效果的因素有哪些

（1）原料成分波动。原料矿山开采时如果夹带其他废石，或者矿山矿料本身质量波动剧烈，开采后进入预均化堆场的原料成分波动就会呈非正态分布。原料低品位部分会远离正态分布曲线，甚至呈现一定的周期性剧烈波动，使原料在沿纵向布料时产生周期性的波动，即所谓长滞后的影响。

（2）物料离析作用。物料颗粒总是有差别的，堆料时物料从料堆顶部沿着自然休止角滚落（“人”字形、波浪形、横向倾斜层和纵向倾斜层堆料法都可能出现这种现象），较大的颗粒总是滚到料堆的底部两边，而细料则留在上半部。大小物料颗粒的成分往往不同，特别是石灰石，大颗粒一般碳酸钙含量高，引起料堆横截面上成分的波动。这就是所谓短滞后现象，或称为横向成分波动。

（3）料堆端部锥体的影响。矩形堆场每个料堆都有两个呈半圆锥形的端部，称为端锥。在采用“人”字形料堆和端面取料的情况下，端锥部位的料层方向正好与取料机切面方向平行，而不是垂直。因此，取料机就不可能同时切取所有料层。此外，端锥部分的物料离析现象更突出，降低了均化效果。

（4）堆料机布料不均。理论上要求，堆场每层物料纵向单位长度内质量应相等，实际上不易做到。从小的影响来说，当天桥皮带堆料机布料时，因为布料皮带机是沿料堆纵向输送物料的，因此当布料方向和主皮带机上物料前进方向一致时，物料相对速度高，当布料方向和皮带机上的物料运动方向相反时，速度就会降低。比较大的因素还是进预均化堆场时进料量的不均匀。

（5）堆料总层数。原料料堆横截面上物料成分的标准偏差与料堆的布料层数平方根呈反比。因此布料层数越多，标准偏差越小。但由于物料颗粒相对较大以及物料自然休止角的作用等影响，越到高层，布料面积越小，料层越薄，均化效果相对较差。

236. 预均化堆场可分为几种形式，应如何选择

预均化堆场通常有以下 3 种形式：

（1）石灰石、煤预均化堆场。它是将石灰石化学成分和岩性波动较大的一种劣质原料或将成分不同的原煤堆入混料堆场，经混料以后使其出料成分均齐稳定，使物料均匀混合。

（2）预配料堆场。它是将化学成分波动较大、品种不同的两种或两种以上原料，按一定比例进入堆场，经混合以后使其成分均齐，而且在一定的要求范围内有利于下一步的正式配料，如石灰石和黏土、石灰石和页岩等配料可用此法。

（3）配料堆场。这种配料堆场是将全部品种的原料按配料要求，以一定的比例进入堆场。经混合后，使其出料成分均齐，符合生料要求。该堆场具有完全的配料作用，必须配备完善的取样、试样处理、快速分析、计算机等装置。

237. 预均化堆场可采用哪几种堆料方式

预均化堆场的堆料方式通常有以下几种：

（1）“人”字形堆料法。这种堆料法及所需的设备都较简单，堆料点在矩形料堆纵向中心线上，堆料机只要沿着纵长方向在两端之间定速往返卸料就可完成两层物料的堆料。这种料层的第一层料堆横截面为等腰三角形的条状料堆，以后各层则在这个料堆上覆盖一层层的物料，因此除第一层之外，每层物料的横截面都呈“人”字形，所以称为“人”字形堆料。

（2）波浪形堆料法。物料在堆场底部整个宽度内堆成许多平行而紧靠的条状料带，每条料带的横截面都为等腰三角形。然后第二层平行紧靠的条形料带又铺在第一层上，但堆料点落在原来平行的各料带之间，使新料带不仅填满原来料带之间的低谷，而且使其成为新的波峰，这样第三层又铺在第二层之上。从第二层起，每条物料带的横截面都呈菱形。这种料堆把料层变为细小的条状料带，其目的就是使物料的离析作用减至最小。

（3）水平层堆料法。堆料机先在堆场底部均匀的平铺一层物料，然后一层层铺水平料层。从料堆横截面来看，由于物料有自然休止角，故每层物料铺上的宽度要适当缩短。

（4）横向倾斜层堆料法。先在堆场靠近堆料机的一侧堆成一条料带，其横截面是等腰三角形，然后将堆料机的落料点向中心稍微地内倾，再各层依次堆放，形成许多倾斜而平行的料层，直到堆料点达到料堆的中心为止，要求堆料机在料堆宽度的 1/2 范围内能伸缩或回转。

（5）纵向倾斜层堆料法。从料堆的一端开始向另一端堆料，堆料机的卸料点都在料堆纵向中心线上，但卸料并不是边移动边卸料，而是定点卸料。开始在一端卸料，使料堆达到最终高度形成一个圆锥形料堆，然后卸料点向前行走一定距离，停下来堆第二层。第二层物料的形状是覆盖第一层圆锥一侧的曲面，行走距离就是料层的厚度。所以这种堆料法又称为圆锥形堆料法。

（6）Chevcon 堆料法。Chevcon 堆料法是“人”字形堆料法和纵向倾斜层堆料法的混合，适用于圆形堆场，堆料过程和“人”字形堆料法相似，但堆料机下料点的位置不是固定在料堆中心线上，而是随每次循环移动一定的距离。

此外，还有交替倾斜层堆料法、双圆锥形堆料法、“人”字形和圆锥形结合堆料法等。

238. 人字形堆料法有什么特点

人字形堆料法的优点是堆料的方法和设备简单，均化效果较好，普遍使用。其缺点是物料颗粒离析比较显著，料堆两侧及底部集中了大块物料，而料堆中上部分多为细粒，且有端锥。

239. 波浪形堆料法有什么特点

波浪形堆料法的优点是均化效果好，特别是当物料颗粒相对较大（如 0～200mm），或者物料的成分在粒度大小不同的颗粒中差别很大的情况下，效果比较显著。其缺点是堆料点要在整个堆场宽度范围内移动，堆料机必须能够横向伸缩，回转设备价格贵，操作比较复杂，所以此法一般仅限于少数物料。

240. 水平层堆料法有什么特点

水平层堆料法的优点是可以完全消除颗粒的离析作用，每层内部也比较稳定。其缺点是堆料机结构复杂，操作也不简单，用于多种原料混合配料的堆场。

241. 选用预均化堆场的原则是什么

预均化堆场在工厂物料的存储中有着集存储、均化、输送功能于一体的优点。但其占地面积较大（根据不同形式的堆场，一般为 2～4m^2/t 熟料），投资较高则是无可置疑的缺点。在建厂设计时，究竟是否选用预均化堆场，需要就企业规模、进厂原料成分波动情况及控制质量的手段等因素进行综合考虑。

（1）生产规模。规模越大，均化堆场越适宜满足生产对矿石供应的要求。

（2）原料成分波动或含水量。在下列情况时，应该考虑选择均化堆场。

① 石灰石 $CaCO_3 \geqslant 3$ 时，特别是低品位灰岩、矿山夹层、覆盖物等无序加入时。

② 硅铝质原料塑性指数高、湿度大、物料发黏，需要采用预配料方案——通过两种以上物料同时入破碎机，以防堵塞时。

（3）进厂原燃料成分稳定程度。原料不稳定而又无法控制时，燃料来源供应多变时，选用预均化堆场对稳定生产有利。

（4）如果选用γ射线分析仪在线控制配料成分，并有多个储库搭配时，预均化堆场则可以不设。

242. 预均化堆场有哪几种取料方式

（1）端面取料。取料机从料堆的一端（包括圆形堆料的截面端开始）向另一端或整个环形料堆推进。取料是在料堆整个横截面上进行的，最理想的取料就是同时切取取料端面各部位的物料，循环前进。这种取料方法最适用于“人”字形、波浪形和水平层的堆料。

（2）侧面取料。取料机在料堆的一侧从一端至另一端沿料堆纵向往返取料。这种取料方式不能同时切取截面上各部位的物料，只能在侧面沿纵长方向一层层刮取物料，因此最适用于横向倾斜层堆料。取料机沿堆料向中心线从一端至另一端往返取料。纵向倾斜层料堆用侧面取料的方法也可以获得一定的均化效果。但总体来说，侧面取料的均化效果不及端面取料的均化效果好。这种取料方式一般都采用耙式取料机。

2.2.4 技师/二级

243. YG500-80 堆场的主要性能参数有哪些

（1）堆场。轨道直径为 ϕ80m，取料机轨道型号 QU80，均化比大于 10，堆场总容积 26129m^3，堆场有效容积 23745m^3；

（2）堆料机。堆料方式为连续合成式，堆料层数＞500 层，堆料能力为 750t/h，堆料半径为 21m，堆料胶带机带宽 1000mm，堆料胶带机带速 2m/s，堆料胶带机功率 30kW，变幅角度＋16°～15°，变幅油泵电机功率 75kW，回转速度 0.1664r/min，回转电机功率 2.2kW；

（3）取料机。取料形式为全断面取料，取料能力为 40～500t/h，取料机端梁运行速度为 0.004～0.04m/min，调车运行速度为 3.75m/min，取料运行电机功率为 2×0.55kW，调车运行电机功率为 2×3kW，刮板尺寸（长×宽）1550mm×300mm，刮板间距 500mm，刮板链度 0.51m/s，刮板驱动电机功率 90kW，料耙驱动方式为液压驱动，料耙可调角度 34°～45°，料耙运行速度

0.2m/s，料耙驱动电机功率 30kW；

（4）电器性能参数。动力电压为 380V、50Hz，控制电压 220V、50Hz，控制方式为 PC 程控、手控，总装机功率 185kW。

244. 圆形堆场堆料机的基本结构和工作原理是什么

堆料机上部设有回转支承，其内圈固定并能够与来料栈桥连接。堆料机的下部也设有回转支承，其带外齿的外圈用高强螺栓连接固定在中柱上。堆料机转台上设置的立式减速器输出轴上的小齿轮与回转支承的外齿圈啮合，实现堆料机的回转运动。堆料机悬臂的变幅运动由转台上设置的液压驱动油缸的伸缩来实现。堆料机悬臂上设有胶带输送机，由来自栈桥上的胶带机输入的物料通过堆料机悬臂上的胶带机完成堆料。在正常的堆料工艺过程中，堆料机的回转和悬臂的变幅是合成运动，在可编程控制系统的控制下，堆料机按设计的程序实施 CHEVCON 堆料法。堆料区域内堆顶曲线呈抛物线状的料堆按顺时针方向连续堆成。堆料区域 120°，达到堆顶高度后堆料臂水平顺时针回转移位 30°再次进行 120°回转往复式堆料。为了保证堆取料机的作业安全，充分发挥料场的储运调节功能，又设置了四种辅助堆料工艺程序，主要是初始料堆建立，残余料堆恢复，紧急堆料、错位堆料程序。

245. 圆形堆场维护检修作业的具体内容及要求有哪些

（1）刮板系统的链条是本机重要部件之一，操作人员要检查滴油嘴是否对准内外链板的缝隙。

（2）刮板链条由于某种事故原因造成局部损坏，可单独更换损坏的链条，但需要两条链节对应部位同时更换，以保证链条长度一致。

（3）为使两条刮板链得到同时预紧力，可以通过张紧装置中的螺杆、螺母来调整。

（4）取料系统的刮板表面固定的耐磨板，磨损到危及刮板体时，应及时予以更换。

（5）刮板系统的驱动链轮和尾部链轮是分体组装结构，轮缘由 4 片齿块用螺栓与轮毂紧固在一起，应定期检查齿圈磨损情况，需要更换时，无须拆卸链条即可更换齿块。

（6）料耙及卷扬设备上的钢丝绳磨损或断丝达到报废标准中规定的数值时，应及时更换。

（7）每隔 2000h，要对钢轨垫板上的螺栓进行一次检查，如有松动应及时紧固。

（8）定期或不定期检查悬臂皮带机的托辊转动情况及打滑、跑偏、料流等检测装置动作是否可靠。

（9）回转轴承在运行 100h 后应检查螺栓拧紧力矩。不应有松动现象，以后每运行 500h 检查一次，保证足够的预紧力，若发现松动的螺栓应及时更换。

（10）每隔 500h，要对刮板系统中安装导轮的螺栓检查一次，如有松动应及时紧固。

（11）变幅液压系统和料耙液压系统的维护按照液压系统安装使用维护说明书要求进行。

246. 圆形堆场试车前对液压润滑系统需做哪些试验及其要求是什么

（1）液压系统的试验压力应符合《管道元件　公称压力的定义和选用》（GB/T 1048—2019）的规定，保压 30min。

（2）干油润滑系统试验压力为 10MPa，保压 5min。

（3）运转时：工作压力运转 30min，要求系统不允许有振动及尖叫声，各接头、接合面密封处不许有渗漏，胶管应无异状，钢管无变形，油缸动作 5～10 次，运动应平稳灵活，无卡死和爬行现象。油温正常。

247. 圆形堆场空负荷试车内容及要求有哪些

（1）试车内容：①带式输送机按堆料方向运转，并进行启动、制动试验。②变幅运动由原始位置仰起和下俯至极限位置，反复进行，并进行启动和制动试验。③回转传动在回转 120°范围内往复运行并进行启动和制动试验。④堆料机联动试车变幅运动与回转传动同时进行，带式输送机运转。⑤刮板传动按取料方向连续运转并进行启动试验。⑥走行传动主梁垂直轨道绕中柱运行。⑦料耙运动。料耙在行程范围内往复运行。

（2）试验结果要求：各驱动装置单独启动，空试不少于 10 次，单独空试中发现的问题如未解决，不准进行联动空试；堆取料机联动空试各进行 5 次，整机联动进行 5 次，每次空试不少于 2h；机器运动要平稳可靠；电动机电流正常；机构运动参数和极限位置应达到设计要求；轴承外壳温升不得大于 40℃，其最高温度不得超过 80℃；各处不得泄漏。

248. YG500-80 圆形堆场刮板取料机的主要电器设备有哪些

刮板取料机主要电器设备如下：

（1）刮板链驱动电动机 Y208M-4. 90kW、1480r/min、380V、50Hz。

（2）大车运行驱动装置两套，每套有：①工作行走电动机 YP802-4. 0. 55kW、1480r/min、50Hz、380V（变频调速）；②调车运行电动机 Y132M-8. 3kW、710r/min、380V、50Hz（带软启动装置）；③制动器液压推动器电动机 0. 165kW、380V、50Hz；④电磁离合器 DLK1-4062W24V DC。

（3）耙车驱动装置（采用液压驱动）：

① 主油泵电动机 30kW、同步转速 1500r/min、380V；

② 冷风扇电动机 0. 55kW、同步转速 3000r/min、380V；

③ 加热器 3 套 1. 08kW×3. 380V。

（4）干油润滑泵一套：电动机 0.37kW、1500r/min、380V。

（5）电器设备：取料机共有两个控制柜和一个操作台，均安放在操作室内。

（6）可编程序控制器：CPU 主机 1 台、电源 1 块、输入模块 4 块、输出模块 3 块、机架 1 个。

（7）机旁按钮站和各种行程开关。

249. YG500-80 圆形堆场刮板取料机的工作原理

（1）启动。按下 SB1，响铃 15s 后刮板启动，再延时 10s 耙车启动，此时耙车做往复运动，再延时 10s 启动大车工作行走。

（2）正常停机。按下按钮 SB23，大车工作行走立即停止，延时 10s，耙车停机，又经过 10s 延时，刮板停机，这样取料机全部停止。

（3）紧急停机。紧急停机是不通过 PLC 的停机，其按钮设在取料机各方便部位，使三机同时停机，并显示故障停机，在硬件回路中 KA78 断电。如在三机运行时按下急停，有报警及灯光显示；而在三机停止时按下则不报警，不显示。

（4）调车方式。SA2 位于调车方式时，电磁离合器断开，并将自动方式断开，启动机不能自动启动。可以视情况采用机上手动或现场手动方式进行调车。大车抱闸在非调车状态得电打开，在调车时随其反正调车动作。

（5）保护装置。一是断链保护。将接近开关装在链轮的被动轮上，由于两链条是分别驱动，因此用两套装置。二是耙车极限保护。耙车极限用 SS1. SS2 到故障停机路，报警并显示，将方式开关 SA1 置于手动位置，用手动方式向反方向开动（只能向反方向开动）。三是电动机过热保护与堆料机 61°夹角保护。均装有声光显示。

（6）干油站。干油站是为取料机下部支撑供油，要求每次开机供油 10min，连续开车 120min，供油 10min。

（7）信号系统。信号系统在故障时有声光显示，故障分两种，一是报警不停机，二是报警停机，声音报警 15s 后，自动停止，保持灯光显示，按下 SB25 按钮，消除灯光显示。

250. YG500-80 圆形堆场刮板堆料机的主要电器设备有哪些

堆料机主要电器设备如下：

（1）堆料机电动机（I）：①堆料机胶带输送机驱动电动机 Y225S-4.37kW、1480r/min、380V AC、50Hz。②液压推动器电动机 0.2kW、380V AC、50Hz。

（2）堆料机电动机（E）：①堆料机回转驱动电动机 YSPA100L2-4.2kW、1440r/min、380V AC、50Hz（变频调速）。②液压推动器电动机 0.165kW、380V AC、50Hz。

（3）堆料变幅液压站：① 主油泵电动机 7.5kW、同步转速 1500r/min、380V AC、50Hz。②冷却风机电动机 0.55kW、同步转速 1500r/min、380V

AC、50Hz。

（4）干油泵（共3套）：

① 上部支承干油站电动机0.37kW、同步转速1500r/min、380V AC、50Hz，每次开机供油6min，连续运行1h再供油6min。

② 中部支承干油站电动机0.37kW、同步转速1500r/min、380V AC、50Hz，每次开机供油6min，连续运行1h再供油6min。

③ 外齿及各支承点干油站电动机0.37kW、同步转速1500r/min、380V AC、50Hz，每次开机供油4min，连续运行40min后再供油4min。

（5）控制设备：

① 控制柜两台均放在操作室内。

② 可编程序控制器CP主机1台、电源1块、输入模块4块、输出模块3块、机架1个。

③ 旋转编码器两台：型号845H-SJDB25CMYIC用于回转，每周500个脉冲；型号845H-SJDB25CPYIC用于变幅，每周1800个脉冲。

④ 按钮站800E-1M设在中柱附近，用于急停；800E-3M设在胶带机附近，用于胶带机现场急停与胶带机启停。

⑤ 料位传感器两套，代号7SS及SSW。

⑥ 限位开关3SS用于21°夹角，1SS用于61°夹角，SSD用于达到标准堆高。

⑦ 保护开关、跑偏开关IPY-2PY、拉绳开关1PY-2LY、打滑开关DH，应达到规定值。

251. 圆形堆场变幅机构液压系统主要构成及工作原理

（1）变幅机构液压系统主要构成部件（图251）：恒压变量泵1台、单向阀1件、电磁换向阀2件、溢流阀1件、风冷却器1件、滤油器1件、滤芯5件、多点压力表1件、液控单向阀2件、油缸密封组件3件、液位计1件、温度计1件。

（2）变幅机构液压系统工作原理（结合原理图阐述）：在堆料机正常工作过程中，堆料皮带需要上升或下降时，油泵电动机⑪带动恒压变量泵⑩运转，将液压油从油箱①中吸出，液压油先经过单向阀⑫到达电磁换向阀⑭，通过电磁换向阀⑭的左位（或右位），再经过液控单向阀(18.1)或(18.2)后，直通调速阀(17.1)或(17.2)中的单向阀，则液压油进入液压缸的有杆腔（或无杆腔），液压缸活塞缩入（或伸出），从而实现堆料皮带的下降运动（或上升运动），液压缸的有杆腔（或无杆腔）中的液压油经调速阀(17.1)或(17.2)调速，确保下降或上升运动按预定速度进行，然后通过已打开的液控单向阀(18.2)或(18.1)，经电磁换向阀左位（或右位）

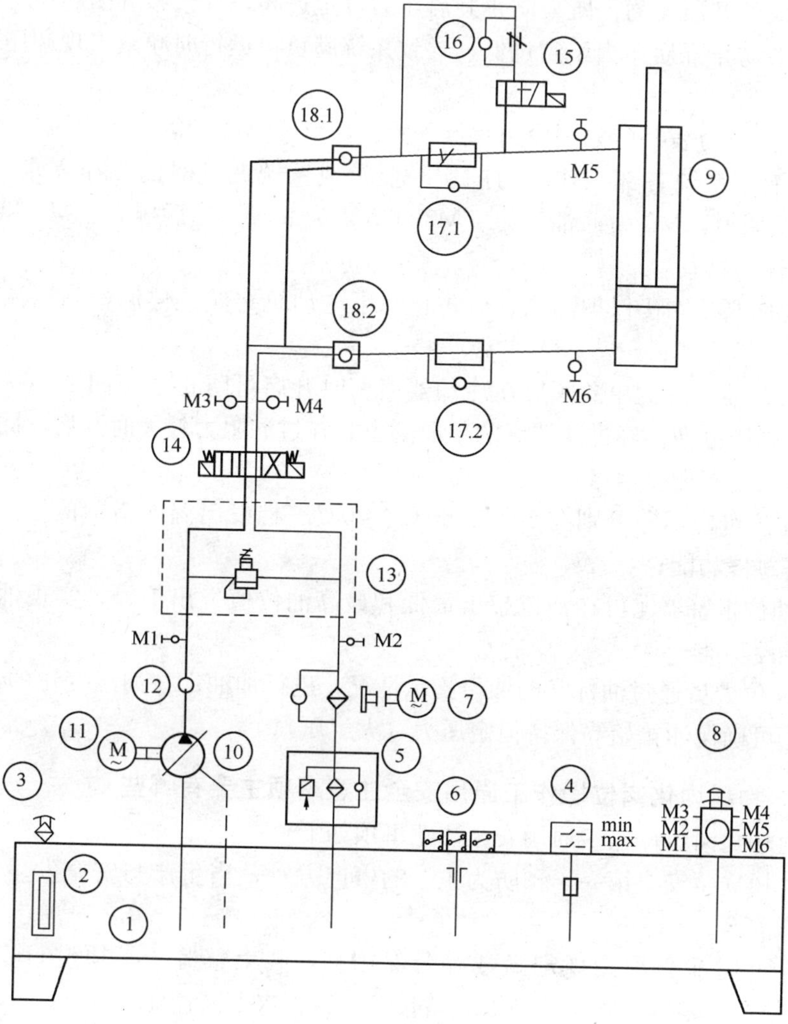

图 251　圆形堆场变幅机构液压系统原理图

到达冷却器⑦进行风冷，然后经过滤器⑤过滤后回到油箱①。

（3）变幅机构液压系统工作原理补充说明：

① 两位三通电磁阀⑮与调速阀⑯构成快升支路，可实现堆料皮带的快速上升；

② 主油泵内部少量泄漏的液压油经泄漏口、泄漏管路直接回到油箱，此管路不畅通可能会导致油泵不正常工作；

③ 在液压缸超负荷、管路堵塞等影响因素下液压油出现压力过高时，安全溢流阀⑬开启，使液压油不通过电磁换向阀⑭直接经冷却器⑦和过滤器⑤后回到油箱，从而防止系统出现超压破坏现象；在调试运行或工况明显变化时，要设定

好该溢流阀的开启压力，既要防止开启压力设定过高，导致系统因超压运行遭到破坏，又要防止开启压力设定过低，导致系统满负荷运行时频繁出现卸压、闷车现象；

④ 多点压力表⑧可分别检测六点压力值，M1～M6 为多点压力表的测压点，可实现对液压系统各部工作压力的实时监控或系统调试时的测压需求，其中，M1 为油泵压力、M2 为回油压力、M3 和 M4 为节流调速后压力、M5 和 M6 为油缸工作压力；

⑤ 单向阀⑫用于保护油泵，可防止油泵电动机突然跳停后，高压油回流使油泵遭到反转损坏；

⑥ 冷却器⑦旁的单向阀⑫在冷却器堵塞时开启可防止系统回油不畅造成超压损坏；同样道理，经过滤器旁的单向阀也是在过滤阻力较大时开启，同时压力继电器发出堵塞报警信号；

⑦ 温度继电器⑥分别在 50℃、60℃、70℃三档发出温度指示信号，可实现高温报警跳停功能；

⑧ 油位报警器④可在油位超出最低和最高油位值发出信号，实现油位异常的报警跳停功能；

⑨ 岗位人员通过油标②的油位指示情况，进行加油；在油温变化的情况下，透气器③可确保油箱始终保持恒定压力（大气压）。

252. 物料均化岗位操作工通用安全注意事项主要有哪些

物料均化岗位操作工通用安全注意事项如下：

（1）树立“安全第一，预防为主”的生产方针，当生产与安全发生矛盾时，生产服从安全；

（2）上岗前必须按规定佩戴好劳保用品，装束整齐，必须进行安全思考 30s，严禁穿高跟鞋、裙子、敞衣、留长发、穿长衣上岗作业；

（3）严禁无人驾车，严防设备相互碰撞；

（4）严格遵守设备巡检规程、操作规程，确保设备安全运转；

（5）掌握设备性能，严格按使用说明书进行操作；

（6）听到开车警示铃后，应立即脱离设备，撤离到安全位置；

（7）确保照明完好，巡检路线畅通、安全；

（8）设备运行时严禁打开机壳检查运转部件；

（9）严禁跨越运转设备的机轴、皮带，严禁在机盖、皮带上行走、坐卧、休息；

（10）严禁用手摸或用工具捅运转中的设备；

（11）严禁非岗位人员进行操作、开停车；

（12）设备临时检修、维护时，必须切断电源，挂上“有人作业，禁止合闸”

的警示牌，将启动开关旋至零位或检修位置，设专人监护；

（13）严禁酒后上岗和疲劳作业；

（14）严禁对运转中设备进行注油、修理、调整、焊接、清扫等作业；

（15）发现安全隐患，要及时采取防范措施，并及时汇报，不得蛮干；

（16）杜绝习惯性违章作业；

（17）运转中的机件不得放置物件，工具、物品堆放、储存不得影响人员操作和危及人身安全；

（18）上下钢梯时，要扶好、走稳，特别是春、冬季要及时清理台阶上的冰雪。

253. 矩形堆场堆、取料机采用自动操作方式时的启停车顺序是什么

自动操作是在司机室内通过控制台来控制系统按预定程序启动和停车，也可由中央控制室控制。在自动控制状态下启机前首先响铃，启停车顺序如下：

（1）堆料机启车顺序：①启动悬臂上的卸料皮带机；②启动液压系统；③启动堆料皮带机（联锁信号）；④启动电缆卷盘；⑤启动行走机构。

（2）堆料机正常停车顺序：①停止进料皮带机（联锁信号）；②停止悬臂上的卸料皮带机；③停止行走机构；④停止电缆卷盘。

（3）取料机启车顺序：①启动出料胶带机；②启动卷扬提升系统，将刮板臂提升至45°位置；③启动电缆卷盘；④启动行走机构，将取料机调车至要取料的料仓；⑤启动卷扬提升系统，将刮板臂调至物料安息角位置；⑥启动工作行走电动机，进行平坡作业；⑦启动刮板取料系统，开始取料。

（4）取料机正常停车顺序：①停止刮板取料系统；②停止行走机构；③卷扬提升系统将刮板臂提升至45°位置后，停止卷扬提升系统；④停止电缆卷盘；⑤通知出料胶带机停止运行。

254. 矩形堆场堆、取料机对哪些部位设有报警限位保护装置

堆、取料机设有报警装置，当某部位发生故障，就会通过电控系统在现场和中控室发出声光报警信号，提醒操作人员查明原因，及时检修，排除故障。堆料机对下列部位实施监控、报警和保护：

（1）堆料臂架的变幅角度，当变幅角度超过−16°或＋17°时停机；

（2）堆料臂架与料堆顶点距离约小于0.5m时停机；

（3）堆料机变幅液压站的液压油温及液位予以监控；

（4）堆料胶带机设有两级跑偏保护装置，一级跑偏发出故障报警信号，二级跑偏发出停机信号；

（5）堆料胶带机两侧设有急停拉绳开关，发现胶带机运行出现异常故障可拉动线绳，胶带机及相关设备运转即停；

（6）堆料机行走的料场两侧设置行程开关。

255. 矩形堆场堆、取料机空负荷试车有哪些要求

空负荷试车的要求如下：

(1) 各驱动装置单独启动，空试不少于 10 次，单动中发现的问题如未解决，不准进行联动空试，取料机的联动进行 5 次，与堆料机联合试车 5 次，每次空试不少于 2h；

(2) 上面各项内容要求按机旁（维修）、手动、自动分别试车；

(3) 试车中机器运动要求平稳、可靠；电动机电流正常；机构运动参数和极限位置应达到设计要求；轴承外壳温升不得大于 40℃，其最高温度不得超过 65℃，各处不得裸露；

(4) 车轮与钢轨不得出现卡轨现象；

(5) 待各部运行正常后，堆料机整体进行联动空负荷试车，运行时间不少于 48h；

(6) 堆料机与取料机联动试车运行时间不少于 48h。

256. 混均堆、取料机液压系统常见故障及排除方法有哪些

(1) 液压系统油质不好。

排除方法：定期更换滤芯，一般视情况 3～12 个月更换一次，注意该滤芯不适于现场清洗，因为液压油要求的清洁度很高。

(2) 液压系统工作油温过高。

排除方法：一般出现在夏季，环境温度高，可加大系统散热能力；对其他突发性的、异常的因素导致的油温升高，要求查明原因。

(3) 油泵运行噪声大、成分丰富复杂，油泵供油压力不足。

排除方法：一般是由于油泵（高压柱塞泵）柱塞滑靴与斜盘过度磨损所致，需要更换油泵或柱塞滑靴和斜盘，并重新调整供油压力和供油量。

(4) 液压元件故障。

排除方法：一般比较少发生，出现以后需要专业人员或制造商来解决，常有换向阀弹簧断裂，阀芯、阀体磨损，工作效率下降或动作不灵活、不准确，各部节流口堵塞、磨损，阀件密封破坏等，均需要更换元件，并重新调定系统工作参数。例如，液压系统正常工作中卸压，油泵运行但油缸不动作，除了换向阀和电控系统故障外，很可能是安全阀有效开启压力下降所致，进一步查找又可能是弹簧长期使用后性能下降等原因所致，可以通过调节螺纹来补偿，如此将问题一一排除。

(5) 油缸密封组漏油，油管接头渗漏，尤其是高压油管接头处更易泄漏。

排除方法：更换油缸密封组，接头处更换 O 型圈等密封件，也可考虑加 1～2mm 厚的紫铜垫片做高压密封件，若是高压胶管本身泄漏，就必须更换高压胶管。

（6）油缸悬挂装置螺栓松脱、断裂，导致油缸落地等事故。

排除方法：这个问题比较容易检查和排除，但容易被忽视，最好是将螺栓更换为8.8级以上的高强度螺栓，同时考虑在油缸悬挂点下做一支承（要求与油缸留2mm左右的间隙）起双保险作用。

257. 侧式悬臂堆料机（CBD300/15.5）悬臂部分的基本构造和工作原理

悬臂架由两个变截面的工字形梁构成。横向用角钢连接成整体。工字形梁采用钢板焊接成形。因运输限制，臂架分段制造、现场焊接成整体。

悬臂架上面安有胶带输送机，胶带机随臂架可上仰16°、下俯12°，胶带机的传动采用电动辊筒；胶带机上设有料流检测装置，当胶带机上无料时发出信号，堆料机停机；胶带机还设有打滑检测器、防跑偏等保护装置；胶带机头、尾部设有清扫器。

悬臂前端垂吊料位探测仪。随着堆料机一边往复运动，一边堆积物料，料堆逐渐升高。当料堆与探测仪接触时，探测仪发出信号传回控制室。控制室开动变幅液压系统，通过油缸推动悬臂提升一个预先给定的高度。

258. 桥式刮板取料机（QGQ110/25）箱形主梁的基本构造和工作原理

该箱形主梁四周由钢板围成，在长度方向上有若干个空心隔板起抗扭作用，内壁四周每边设有由槽钢组成的加强筋，用来提高箱形梁的稳定性。该梁厂内分段组立，工地焊接。梁的上部两侧设有由耐磨方钢组成的轨道，用来支承料耙小车在上面行走，中部设有托槽，该托槽的一个作用是托链条，另一个作用是收集润滑链条外流的废油。

桥梁的两个侧面都设有下轨道，料耙侧支架上的两个滚轮在运动中与轨道接触。桥梁的下面设若干个支架座，用以悬吊刮板吊架。桥梁一端部下面有悬吊端部链轮组的支座，侧面有悬吊刮板驱动装置的支点，头下部与固定端梁连接，梁另一端下面设刮板尾部链轮组和拉紧装置的吊架，端头下面与摆动端梁的铰座相接，摆动端梁上的防偏装置通过桥梁尾部端头开孔进入梁内部。

259. 桥式刮板取料机（QGQ110/25）刮板输送部分的基本构造和工作原理

在主梁下面吊着若干个吊架，吊架的上、下方设置左、右两条导槽，上方中间和下方中间各设置一条防偏导槽，上方和下方左右导槽内装有两条输送链条。两条链条之间设置一个折线型的刮板，头部设置传动链轮及传动装置，尾部设置张紧装置，在头部下方设置端槽。

吊架由工字钢和钢板组成，上部用蝶栓与主梁连接，链条是非标大节距套筒辊子输送条，节距250mm，每两个节距设置一个刮板。刮板上法兰与链条侧耳用螺栓固定，刮板为钢板结构，两侧边沿和底边沿镶有耐磨材料制成的刮削刃。

一套驱动装置由电动机液力偶合器、减速器组成；驱动装置驱动主动链轮轴，链轮轴带动链条运动。尾部拉紧部分，采用弹簧缓冲形式，其中包括尾部链轮、链轮轴、带滑动轨道的拉紧轴承座、拉紧丝杠及缓冲弹簧。链条拉紧由调整丝杠上的螺母完成。

260. 桥式刮板取料机（QGQ110/25）耙车部分的基本构造和工作原理

在主梁上部安装有料耙小车，小车上设置驱动装置、驱动链轮、改向链轮、塔架。塔架上安装有滑轮组，滑轮组中的滑轮通过钢丝绳分别与两侧料耙相连，塔架中部两侧各安装一台手动卷扬装置，用来调料耙倾角。小车的两侧设有侧支架，侧支架下方设有侧挡轮，支承在主梁下部轨道上，并且设安装料耙的铰点，料耙下部靠这两个铰点固定，上部通过滑轮由钢丝绳固定到塔架上，角度调整通过手摇卷筒缠绕或放出钢丝绳来实现。

小车的下方设有4个滚轮，置于桥梁上方的两条导轨道上。小车的行走是由驱动链轮绕着链条往复行走来实现的，链条的两端固定在主梁的两端，链条采用非标准套筒滚子链。

驱动装置由电动机、带制动轮液力偶合器、制动器、中空轴减速器组成，链条润滑采用定时滴油式润滑。

料耙整体形状为三角形框架，由两个槽钢对焊成的矩形方管组焊而成，料耙下面焊有很多耙用来耙动物料，料耙上方有一个由两个滑轮组成的滑轮组，塔架上的钢丝绳与该滑轮组相连。

261. 侧式悬臂堆料机（CBD300/15.5）检修的主要内容有哪些

要建立大修、中修和日常的维护制度，大修时堆料机的全部零件都应拆下检查并更换磨损零件和密封件。

检修的主要内容：液压系统中齿轮泵、电磁阀及各种阀件、液压缸的磨损件、各种保护装置及料位开关、行走机构中的减速机、制动器及车轮的磨损、各个传动部位的轴承是否良好，并根据磨损件的使用年及使用情况来决定是否修复或更换。

262. 简述侧式悬臂堆料机（CBD300/15.5）的润滑

因该设备主要运动部件的运动速度较低，并且运动分散，故所有润滑点均采用手动润滑方式。行走减速器采用自身飞溅润滑。具体润滑点见表262。

表262　润滑点

序号	润滑部位	润滑剂				备注
		名称	标准号	一次加油量	换油周期	
1	滚筒轴承	ZG-4钙基润滑脂	GB 491—2008	15L	5000h	
2	电动滚筒					

续表

序号	润滑部位	润滑剂				备注
		名称	标准号	一次加油量	换油周期	
3	悬臂架铰座轴承	ZG-4 钙基润滑脂	GB 491—2008	0.3L	500h	
4	油缸铰轴	ZG-4 钙基润滑脂	GB 491—2008	0.3L	500h	
5	液压油箱	YB-N46 抗磨液压油	GB 491—2008		500h	
6	车轮轴承	ZG-4 钙基润滑脂	GB 491—2008	2L	500h	
7	减速器	N320 中负荷工业齿轮油			2 年一次	
8	耦合器	N32 抗磨液压油 20 号透平油			2 年一次	
9	制动器、液压推杆	N32 液压油	GB/T 7631.2—2003		2000h	

2.2.5 高级技师/一级

263. 如何提高均化堆场的均化效果

（1）原料矿山开采时要注意搭配。在利用夹石和品位低的矿石时不仅要合理搭配开采的台段、采区，而且要合理地规定各区的采掘量和运输方式。

（2）减小物料颗粒级差。要求破碎机性能好，提高粉磨效率，尽量减少物料颗粒级差，不允许超过规定的颗粒进入堆场。

（3）加强堆料管理工作。随着料堆的升高，堆料皮带卸料端要相应提高，因此堆料皮带机端部常常设触点式探针来探测自身与料堆的距离，使卸料端自动与料堆保持一定的距离。

（4）针对“端锥效应”，要减少物料离析作用，并将堆料机往返回转点不断适当调整。

（5）规定破碎机的喂料制度、增添破碎机喂料机控制系统、定期检测预均化堆场进料量、规定原料小储库出库制度等，以保证布料均匀。

（6）加多堆场布料层数有利于出料均匀，出料成分的标准偏差理论上与布料层数的平方根呈反比，但较多能铺 400～600 层。

264. 影响均化堆场均化效果的因素是什么

（1）原料化学成分波动没有确定的中心值，尽管每堆的原料成分能稳定在某个中心值上，但每堆之间的原料成分会有大的跳动。

（2）物料粒径范围过大时所带来的倒堆离析作用。

（3）长方形堆场的“端锥效应”影响均化效果，圆形堆场虽无这种效应，但控制中心值的稳定更难，所以均化效果不如矩形堆场。

（4）堆料机来料不匀而使布料或薄或厚。

（5）布料时的料层过厚、层数不足等。

265. 用什么指标考核生料化学成分的均匀性

(1) 以出库生料中 $CaCO_3$ 或 CaO 含量的标准偏差及平均值是否在给定目标值范围内考核。

我国制定的“预分解窑工艺管理规程”要求入窑生料标准偏差 $S_{CaCO_3} \leqslant 0.20\%$ ($S_{CaO} \leqslant 0.11\%$)，完成该指标的难度较大，实际只要能达到就很不错。生料中的 $CaCO_3$ 越高，熟料中 C_3S 越多，C_2S 越少，可见生料的均质程度直接影响熟料质量。

(2) 以生料率值考核，它们的偏差应介于：

$$S_{KH} = \pm 0.015$$

$$S_{SM} = \pm 0.10$$

$$S_{AM} = \pm 0.10$$

原料的物理化学性质、细度、颗粒组成，以及均化设施的效率等因素决定了生料的均匀性。减少使用原料的种类，有利于原料的均化；反之，原料品种使用越多，达到均化要求的困难越大。

266. 何谓预配料工艺，预配料技术应该注意什么

当两种以上不同物料共入预均化堆场时，就会遇到成分控制的配比问题，即称为“预配料”。这种情况经常出现在硅铝质原料水分大，需要与石灰石共同入破碎机以解决粘料及堵塞问题时；或者是为节约均化设施的投资，让两种以上物料，进入同一堆场实现均化。

(1) 预配料堆场的质量控制指标确定。早期的预配料工艺中，磨头配料设施仅设混合料、石灰石、铁粉 3 个料仓，由于没有精确的成分控制设施，控制堆料时，磨头没有硅铝质校正料仓，担心石灰石过量，其结果反而是石灰石配量偏低，只好增加磨头石灰石校正料需要量，使得堆料的旁路皮带和出料皮带运转过频而不正常，或石灰石喂料秤的能力不足影响磨机产量。

因此，目前预配料工艺所设计的磨头配料设施改进为两种配料方式：混合料+石灰石+铁粉，石灰石校正量一般控制在总量 15%以内，经常以这种配料方式为主；混合料+砂页岩+铁粉，此时，砂页岩校正量一般控制在总量 3%以内，主要用于克服料堆的“端锥效应”，造成钙含量偏高的情况。

(2) 预配料的成分控制措施。预配料堆场应具有可控定量供料、系统取样分析、反馈控制供料配比功能，以实现物料储存、均化，降低混合料成分波动的作用。

预配料时入堆场物料的质量比，即为生料配比计算时这些物料的比例（需考虑水分修正）。可按堆场可容物料储量大小，分 5～10 段进行控制，每段相应料量为 1/5～1/10；经取样分析，获得该段的进料成分信息，并由控制程序自动计算出下一阶段进入堆场物料的配比及数量；控制的逻辑是通过改变进入堆场物料

配比，不断消除料堆已有的物料成分与目标值的偏差，最终使整个料堆成分达到或接近目标值。

267. 怎样保证预配料中预均化堆场的取样代表性

进入预均化堆场的物料具有流量大、粒度大的两大特点。为了取得具有代表性的试样，对预均化堆场的进出物料应当采用连续取样方式，依据取样理论，取样数量一般为相应物料量的0.5%～1.0%，如果不得不间隔取样，对预均化堆场的进料取样时间间隔最长不得超过12min，间隔取样的数量仍为其相应物料量的0.5%～1.0%。

无论如何，这都需要设置一套专门的取样和快速处理试样的装置，它包括取样、破碎、烘干、粉磨、混合、缩分、气力输送、称量、压片等一系列操作环节；即要从每小时数百吨甚至几千吨的“料流”中连续取出一定数量（约为物流总量的0.5%）具有代表性的试样，逐级进行破碎、烘干、粉磨、缩分，最后获得几十克试样，压片后用X射线荧光仪分析或人工分析，其分析结果指导进入预均化堆场的各种物料比例，尤其对采用预配料的料堆，这种指导相当重要。目前，整个过程采用离线操作的居多，但随着γ射线分析仪的成功开发，采用在线控制预配料成分的效果将会有质的飞跃。

268. 堆、取料机电气控制组成

石灰石等原材料均化、堆取一般采用长形料场桥式堆取料机和圆形料场堆取料机两种。

（1）长形料场桥式堆取料机是分区工作的，在料场两堆中间位置设有中间配电箱，中间配电箱的动力电缆和控制信号通过动力电缆卷盘和控制电缆卷盘（或是采用控制信号通过发送接收装置进行无线传输）。堆取料机上有控制柜，控制系统一般采用中型PLC控制系统进行程序控制，能够实现设备的全自动、半自动和人工操作等不同的运行模式，可以与前级和后级设备进行联锁控制。

桥式堆取料机有行走控制和调车控制两种工作模式。行走大多采用变频器进行控制。调车机构一般采用变极电动机或是专用调车电动机来进行。

（2）圆形料场堆取料机电气工作原理，在圆形料场附近设有电气配电室。动力和控制电缆通过地下输送物料隧道经取料机中心立柱底部进入中心立柱内，再通过滑环或拖令接至各设备。堆取料机与输物料程控室也有控制电缆相连，实现程控室远端控制。在料场内的四周和堆取料机上都设有摄像头，并在程控室设有监视器，便于工作人员在程控室内对料场进行监视和操作。

控制系统普遍采用PLC，运行方式以全自动、半自动为主，人工操作为辅，可实现全自动无人操作。

269. 堆位高度检测装置的作用和工作原理是什么

悬臂式布料机一般在布料悬臂上安装有料位检测装置，目的是能检测料堆高

度反馈到控制系统，从而能实现自动调整布料机悬臂仰角，调节落料间距，减少下料扬尘，同时还能防止布料悬臂在自动运行过程中发生触堆事故。

堆位高度检测装置一般使用水银型料位开关，它的工作原理是因为重力的关系，当水银开关接触到料堆时发生倾斜，水银珠会向容器中较低的地方流去，如果不能同时接触到两个电极，开关便会将电路断开，控制系统检测到开关的状态变化就会运行抬臂程序。

2.3　原材料烘干

2.3.1　初级工/五级

270. 烘干机的主要技术性能参数有哪些

其主要技术性能参数有筒体直径、筒体长度、筒体斜度、筒体转速、工作流向、产量、电动机型号、减速机型号、物料初水分、物料终水分、进口热风温度、出口废气温度。

271. 简述转筒烘干机的基本构造

转筒烘干机是回转筒式干燥设备。其结构是倾斜放置的回转金属圆筒，筒内装有不同形式的热交换装置。

272. 按结构形式的不同转筒烘干机又分为哪几种

按结构形式不同转筒烘干机分为单筒式和双筒式两种。目前常用的是直接传热单筒转筒烘干机。

273. 烘干机扬料板的作用是什么

烘干机扬料板的作用是将物料带到一定的高度，连续撒下，使物料在整个断面形成分散的料幕，与热气流进行热交换。

274. 简述烘干机的结构原理是什么

回转式烘干机主要由筒体、托轮装置、挡轮装置、传动装置及进出料密封装置组成。一般烘干机的筒体直径为1～3m，长度为5～25m，长径比为5～8，筒体安装倾斜度为3%～6%，转速为2～5r/min。烘干机筒体上装有大齿轮和轮带，筒体借助于轮带支承在托轮上，传动装置通过大小齿轮带动筒体回转，由于筒体具有一定的斜度并不断旋转，筒体内装设的扬料板将物料不断地抛撒并使物料由高端向低端移动，在此过程中湿物料逐渐被热气体烘干。

275. 烘干机试运转应具备的基本条件有哪些

（1）试运转应具备的基本条件：检修中施工的基础或其他混凝土构件完好，具备应有的强度；安全设施完好；电气、控制部分完好；润滑状况良好。

（2）试车前的检查：开式齿轮的啮合精度，联轴器的配合精度，传动系统的水平偏差等，对所有检修过的零部件的连接，紧固情况符合要求。

（3）在可以分离运转的前提下，逐一调试。负荷试车是对设备检修质量的最后检验。设备在重载条件下的运转，只要能满足规定的技术要求就达到了检修工作的预期目的。

276. 烘干机开、停车注意事项是什么

开车前必须对热风炉和烘干机各部进行仔细检查，确认无误后才能开车。在下列情况下禁止开动烘干机：

（1）原料储备量不能保证烘干机在一定时间内连续运转；

（2）各部连接件有松动现象，支承和传动装置有不正常振动、噪声、冲击、窜动的情况；

（3）热风炉点火之前，通风设备没有开动起来。

烘干机启动时，先进热风预热机体，然后由少到多地喂料，直到正常。停车前，先停止热风进入烘干机然后停止喂料，打开冷风门，让烘干机继续运转，先不停排风机，直到出口处再没有物料卸出，废气温度低于 45℃时，才可使烘干机、排风机、卸料设备停车。

277. 烘干机在运转前须进行哪些检查事项

烘干机在运转前的主要检查事项如下：

（1）检查主电动机基础部位螺栓是否有松动现象，回转方向是否正确；

（2）检查主减速机基础螺栓是否松动，润滑油的油面是否到位；

（3）检查大齿圈、小齿轮上连接螺栓及轴承座螺栓是否有松动现象，润滑油面位置是否正确；

（4）检查轮带与托轮接触情况，要求轮带与托轮接触均匀，位置应正确且挡轮位置应正确；

（5）检查头尾密封装置的完好状况。

278. 烘干机的操作使用安全注意事项有哪些

（1）任何维修工作必须在停车后进行并应在电动机开关上挂上禁止开车的标志；

（2）在运转中不能用手或其他东西探入轴承、减速器或大齿轮罩内部进行任何修理检查或清洗工作，不能拆除安全防护设施；

（3）在回转机件附近，不准用抹布擦洗机器外表和注意不能将擦拭材料缠绕到回转机件上；

（4）检修工具及零件不得放在回转机件上，特别是不能放在托轮上；

（5）工作服应束紧，避免机件转动部分绞住衣袖造成人身事故。建立和健全设备操作规程、维护检修制度和岗位责任制，以及有关安全生产的规章制度，以

确保安全生产。

279. 简述沸腾炉的工艺特性

沸腾炉也称沸腾燃烧室，是一种节能型燃烧装置，可利用劣质无烟煤或无烟煤掺矸石、烟煤掺炉渣作燃料，发热量低，灰分大、含硫高的劣质燃料也能适应。它的燃烧效率在95%以上，热效率可达85%，具有自动化程度高、劳动强度低、升温快、压火时间长、不污染环境等优点。

280. 举例简述沸腾燃烧室的供煤系统的主要设备及工艺要求

以$\phi3\times25$m烘干机为例，供煤系统的主要设备有SM700立式碎煤机、喂煤小仓$\phi600$圆盘喂料机、喂煤管。沸腾炉用煤的粒度为1～10mm；>10mm的颗粒不易沸腾燃烧；<1mm的细煤粉未燃烬时易被气流带进混合室。SM700型碎煤机最大喂煤粒度<80mm；排料粒度<10mm可以满足沸腾炉用煤粒度要求。圆盘喂煤机采用变频调速。在操作室直接调节喂煤量。煤最后经喂煤管入燃烧室炉床燃烧。

281. 简述沸腾燃烧室的鼓风系统的主要设备及工艺要求

鼓风系统的阻力（含风管、风箱、风帽、炉床上炉渣和燃烧层）一般在6000Pa左右，需要风量为4000m^3/h左右，由风帽个数决定。通常选用9-19型离心式通风机，为减少占地面积，一般布置在控制室下部或炉体的一侧。风机进风口处设$\phi280$圆形蝶阀，并配有DKJ-310电动执行器，通过它既可在控制室直接调节风量，也可在原地手动调节。为使风箱分风均匀，在风箱进风口上方设有风帽。在控制室设有U形玻璃管压力计，用来控制鼓风压力。

282. 烘干沸腾炉在点火前需做哪些准备工作

烘干沸腾炉在点火前需做的准备工作如下：

（1）准备好司炉工具，钩、耙、锹、推车等；

（2）准备好点火用材料，木柴150kg左右（直径<100mm，长度500mm左右）、优质碎烟煤100～200kg（筛选1～6mm粒径为宜）、木炭或废油和废棉纱适量、黄沙或炉渣（0.5^3，炉渣粒径<10mm）；

（3）检查有关设备运行是否正常，检查风帽通风孔是否堵塞，将炉床清理干净。在炉床上铺100mm厚干粗黄沙，打开风机，黄沙沸腾后逐渐减小风量至黄沙成鼓泡状运行，然后停风机，将不沸腾处的风帽通孔掏通直至整炉床均匀沸腾为止。

283. 烘干沸腾炉压火备用操作要领是什么

（1）一班或两班作业需停炉压火备用。压火前，先停止给煤，待炉温下降到800℃（用眼观察，呈橘红色）左右，迅速用锹加入料层总量15%左右的煤粒（破碎煤），与炉料充分混合，在炉温尚未上升之前关闭风机，密闭风门，并停止排风机，关好炉门，进入压火状态。

（2）需开炉时，先开动风机，徐徐打开风门，使炉温逐步升高，不断搅拌炉料，扒去焦块，待整体炉料均匀地转为橘黄色，开启系统设备，转入正常运转。

284. 烘干沸腾炉高温结焦的原因及其防范措施是什么

当温度上升到1100℃左右，如不及时采取放底渣等降温措施，很容易产生高温结焦。正常操作时，底渣过厚、喂煤量变大，或煤发热量变高，或风煤比控制不当，也易产生结焦。

处理措施：点火中途提温加煤量不能过多。

操作过程中，要坚守岗位，注意炉内变化情况，不要只注意温度表读数，因热电偶有滞后性，反映到温度表时，有一个过程，而炉温变化很快。发现炉内温度升高，迅速采取减少喂煤量，放底渣或增大风量，用超量的送风猛吹沸腾层，一方面用过剩的空气把热量带走，另一方面增加沸腾料层的膨胀比，使料层的总传热增大，温度降低。另外，向沸腾层内投入适量冷湿炉渣，可使料层温度下降，如出现严重结焦应立即停炉，清干净后再开炉。热工仪表经安装调试后，不得擅自改动。

285. $\phi3\times25$m 烘干机岗位点检标准主要有哪些

$\phi3\times25$m 烘干机岗位点检标准见表285。

表285 $\phi3\times25$m 烘干机岗位点检标准

序号	点检部位	点检内容	点检周期	点检方法	判断标准
1	筒体	筒体外观	1d	目视	无断裂、无开焊、无明显变形
		石墨块密封	1d	目视	“四无六不漏”
		筒体出口密封	1d	目视	“四无六不漏”
2	筒体自身及其支承装置	轴承座	1h	目视 手摸	无断裂、无渗漏、螺栓无松动、无异常振动
		轴承温度	1h	手摸	温度正常＜65°
		挡轮	1d	目视	无磨损、间隙正常
		托轮	1h	目视	畅通、无污物、无渗漏
3	开式齿轮	齿轮	1d	耳听 手摸	无异常声音、无异常振动、间隙正常
4	电动机	声音、振动、温度	1h	耳听 手摸	无异常声音、无异常振动、温度正常
		整台电动机过热	1h	手摸	工作程度超过额定值而过载
		定子铁心局部过热	1h	手摸	在低压下工作
					铁心的硅钢片间发生局部短路

续表

序号	点检部位	点检内容	点检周期	点检方法	判断标准
4	电动机	转子温度升高，定子有大电流冲击，电动机在额定负荷下不能达到全速	1h	手摸 测温仪	绕线端头中性点或绕组间接触不良
					绕组与滑环连接不良
					电刷器械中有接触不良
					转子电路中有接触不良
		电动机工作时的振动	1h	耳听 手摸	电动机轴与减速机轴不同心
					轴承磨损 转子变形
		电动机工作时不正常	1h	耳听 手摸	定子相位错移
					定子铁心未压紧
					滚动轴承磨损
					键损坏
5	筒体减速机	减速机整体振动	1h	耳听	减速机固定螺栓松动，输入或输出轴与电机轴工作机件不同心机架刚性差
		周期性的颤动声响发生	1h	耳听	齿轮周节误差过大或齿侧间隙超过标准，引起机构振动
		发生剧烈的金属摩擦声，引起减速器振动	1h	耳听	通常是减速器高速轴与电动机不同心或齿轮磨损不均，齿顶有尖锐的边缘所致
		壳体，特别是安装轴承处发热	1h	测温仪	轴承安装不良或滚珠破碎或保持器破碎，轴径卡住，轮齿磨损，缺少润滑油，乳化不良，润滑油变质
		润滑油沿部分面外漏	1h	目视	密封环损坏，减速器壳体变形，连接螺栓松动
6	进料口	调节门	周	手摸、目视	转动灵活、定位准确

2.3.2 中级工/四级

286. 结合转筒烘干机装置的简图，简述其主要构成部分

如图 286 所示，烘干机系统主要由八大部分构成：（1）湿物料皮带机①；（2）燃烧室②；（3）转筒烘干机③；（4）干物料皮带机④；（5）旋风收尘器⑤；（6）罩子⑥；（7）排风机⑦；（8）烟囱⑧。

其中，干物料皮带机可取消，而直接通过提升机入库；旋风收尘器可用更先

进高效的电收尘器取代。

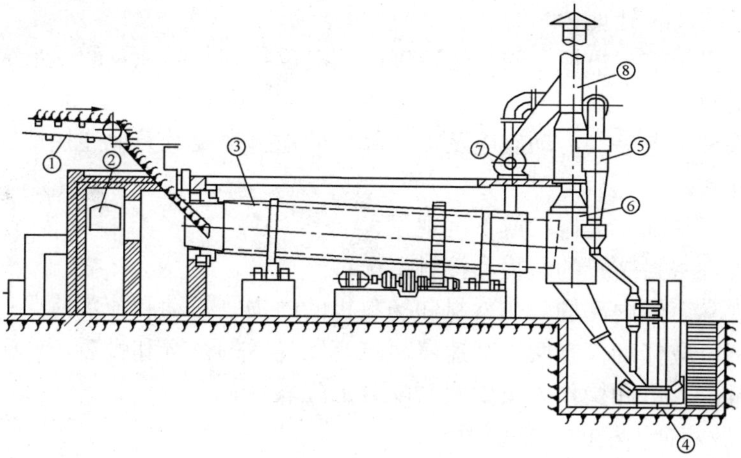

图 286 烘干机的结构原理图

287. 简述烘干机筒体的主要结构

筒体由钢板卷焊而成。由于筒体长期与物料和热气体接触，要求有足够的强度、刚度、耐磨性和抗腐蚀性。一般用 10～20mm 厚的 A3 钢板或锅炉钢板卷焊而成。在筒体的热端，为保护筒体，可装设耐热护口板。在进料端，为防止倒料，装有挡料圈和进料螺旋。在筒体的其他部位装有扬料板。为防止物料过早磨损筒体，筒内还可装设耐磨衬板。

288. 烘干机试运转时须做哪些工作

（1）试运转需要检查基础标高有无变动，各处的连接螺栓、地脚螺栓是否拧紧，各润滑点是否按规定牌号加足润滑剂。在开动烘干机前，检查转动部件是否有东西卡住、干扰等现象，待各处检查无误后再进行试运转。

（2）整台烘干机试运转前必须进行各单机试运转，电动机空运转 2h，带减速器运转 4h，检查并记录电流、温升、润滑情况及注意声响是否正常。

（3）整台烘干机连续空负荷运转时间不少于 8h，负荷运转 48h 后要求做下列检查：①传动装置有无振动、冲击及不正常的噪声现象，大小齿轮啮合及接触情况是否正常，电动机负荷应不超过额定功率的 30%，温升应不超过 40℃，电流应不超过其额定值；②轮带与托轮表面是否均匀接触，其接触长度不得小于 70%；③筒体的密封装置在运转中是否保持良好的接触状态，不得有局部摩擦现象；④各润滑点的润滑、漏油及油质情况，油温一般不超过 60℃；⑤各处连接螺栓有无松动，并再次拧紧各部螺栓，特别是大齿圈的对口螺栓，挡轮的固定螺栓，筒体的进出料端的密封装置的螺栓，以及筒体上扬料板，螺旋叶片的固定螺栓等。

289. 对烘干机的使用维护主要内容有哪些

（1）必须保证托轮轴线与筒体中心线平行；

(2) 必须经常检查，传动、支承、挡轮、托轮装置，发现有噪声、振动和发热等情况时应及时处理；

(3) 根据轮带与垫板之间在运转中的相对位移判断间隙及磨损情况，注意垫板焊缝有无裂纹等；

(4) 每班检查一次传动底座及支承部分的地脚螺栓及其他连接螺栓，如有松动应及时拧紧；

(5) 注意基础有无振动或下沉现象；

(6) 检查密封装置的磨损和接触情况；

(7) 观察筒体内部的耐热材料和扬料板的磨损、松动和掉落情况；

(8) 每班应仔细检查两次减速器声响有无异常的杂音和噪声；

(9) 维护人员和操作人员要紧密配合加强联系；

(10) 做好烘干机的各部润滑工作。

290. 如何进行烘干机的润滑工作

(1) 润滑剂应按规定使用，使用代用品时，必须符合油质性能的要求，绝对不允许将油和油脂混合使用。

(2) 新烘干机连续运转 400～500h，待齿轮跑合后油应全部放出，将油池清洗干净后再换新油，以后减速器和大小齿轮处以每 6 个月为 1 周期更换新油。换出的废油经仔细过滤且未变质情况下还可以掺入新油使用。

(3) 减速器内加油量应以高速级大齿轮浸入油中的深度为全齿高的 1～3 倍为准。

(4) 每班检查油位 1 次，如果油位降到油位指示器刻度的下限时，必须立刻加油加到油位指示器的上限。

(5) 发现漏油时，应立即采取措施消除漏油原因，不允许漏油流到基础上浸蚀基础。

291. 如何判断烘干机主要零部件需要进行检修

烘干机主要零件磨损到下列程度就需要更换和检修：

(1) 传动齿轮的齿厚磨损了 30%或 0.5 模数或轮缘具有不可恢复的损伤时，需进行更换或修理；

(2) 筒体有裂纹和局部变形时，需进行修理和更换；

(3) 轮带表面磨损成锥形、多边形以及局部出现穿通裂纹时，需更换；

(4) 当托轮轴颈直径磨小了 20%或者托轮和挡轮滚动轮缘厚度磨去 25%或者轮缘磨成圆锥形或其他异形或轮缘有穿通裂纹时，必须更换和修理；

(5) 扬料板严重磨损和失去形状后需进行更换。

292. 对烘干机进行定期检查和维护的主要事项有哪些

定期检查和维护主要事项：①筒体。测定凸凹变形尺寸，正确查找原因和危害程度，做出相应的修理。②扬料板。检查扬料板的磨损与完好情况，视情况修补或更换。③传动装置。运转过程中轴承螺栓松动及轴承故障等都会使齿轮不能正常啮合，因此随轴承维修要进行啮合调整；以齿的面积来观察磨损情况和点蚀情况，达30%时准备更换，达40%时必须停止运转，更换齿轮。

293. 在顺流式烘干机中，筒体的一端插入燃烧室的混合室内，筒体及下料管直接与热气体接触，易被烧坏，目前常采用什么措施

（1）在下料管的外部增设套管，过水冷却；

（2）为便于更换烧坏的筒体，可将热端筒体设计成可拆结构。当需要更换端部筒体时，可先拆除毗邻的第二节短筒体，从而顺利地退出需更换的第一节筒体，并按要求重新装配；

（3）筒体热端采用耐热铸铁护口圈，长度1.2～1.5m，其内镶砌耐火砖以延长该部寿命。

294. 简述沸腾燃烧室的主要构成及工艺要求

（1）沸腾燃烧室炉门的有效尺寸以400mm×500mm为宜。炉门中心与炉床距离一般为900～1000mm。炉门上方设有观察门，以便操作工人在控制室直接观察炉内燃烧缺口，及时调节喂煤量与鼓风量。可以从炉门进入炉体内部检修，不另设入口门。

（2）炉门框放置在炉体外砖墙的混凝土梁上；布风板为20mm厚钢板钻孔制成，用螺栓固定在炉框下；由耐热铸铁制成风帽，松动装配在布风板上，风帽中心和四周有通风孔。风帽之间的空隙填满耐热混凝土，其厚度为60mm左右。

（3）排渣装置设在风箱的一侧，由两个ϕ100mm的钢管从炉床中心引出合并为一根ϕ110mm的钢管后，用扇形闸门排渣。操作工人在操作平台直接拉动钢丝绳打开扇形闸门进行排渣。炉渣可供混合材用。

（4）顺流烘干时，进料口设在炉顶上，出料口位置应视干料的运输方向而定，一般有与烘干机中心线平行或垂直的两种方式。

（5）为检测烘干机热风温度，在烘干机进口处装有热电偶，测温范围为0～1000℃。

295. 简述烘干沸腾炉的点火操作要领

（1）点火前，在操作平台靠近炉门处，准备100kg发热量＞22990kJ/kg、粒度小于6mm的碎烟煤，0.5m^3左右、粒径小于10mm的炉渣，以及引火用的100kg左右的细木柴。在碎煤仓中装满经立式碎煤机破碎的劣质无烟煤（粒度小于10mm，发热量大于18810kJ/kg）；

（2）将炉床清理干净，检查风帽有无断落，通风是否堵塞；

（3）通过2h的空车试运转后，检查供煤部分、鼓风系统、排渣装置、控制盘系统是否正常，电动机启动设备操作应灵活可靠；

(4) 设备检查正常后，在炉床上填放一层厚度为300mm左右的炉渣作床料，并视渣的含煤量适当加入碎煤，而后开动风机将其吹平，再检查渣厚应不超过250mm，使床料混合均匀、平整；

(5) 视炉型大小加入适量木柴，以预热炉膛和加热底料，底料上有足够火炭层后，轻轻摊开炭火，再把未烧透的木柴钩出，将赤红火炭层扒平，散布在炉床的各个角落，注意不要翻动炉渣；

(6) 在炭火上均匀散布细烟煤，稍后可启动风机，开动风机，瞬间将风压升至3500Pa，再关闭风门，使火炭、渣、煤三者混合均匀，然后徐徐开启风门，风力大小以使炉渣微微起跳为准，使炉料均匀蠕动，并不断搅拌均化，扒出焦块，待全部炉料燃烧成橘黄色后，加大风门开度，使之沸腾燃烧；

(7) 此时应根据看火的情况补加烟煤，待渣面上火均匀，火势较旺后，即可喂入少量烟煤。喂煤量随着火势逐渐增加，相应地逐步增加通风量。在升温过程中，应以“快”为前提，一旦升温到一定程度，可加大喂煤量、通风量，炉温相应逐步提高。

296. 烘干沸腾炉低温结焦的原因及其处理措施

(1) 布风不均是低温结焦的主要原因，其次在布风均匀时因炉温偏低，不允许加大风量而又扒动不勤，不及时扒散火口则必然形成低温结焦。由于启动时控风不当，小风量时间过长，开始会出现局部地方冒火舌，这就是低温结焦的开始，增大风量后，仍不能均匀沸腾起来，这时很容易形成大面积结焦。

(2) 处理时应用耙子扒散燃烧较旺的火口，使火床各处燃烧均匀，随温度的升高，应步步加风，主要看火调风，不能过快也不能过慢，尤其是在600～700℃以前的时间要短，即达到临界沸腾风量要快，料床在未沸腾前，各部分温度不均，时间越长，越易结焦。引火煤应勤投、少投、投散。

297. 烘干沸腾炉停机前的注意事项

(1) 停机前应适当提高炉温，然后停止喂煤；

(2) 停机时应使渣厚保持在250～300mm为宜，渣层应均布，并用钢钎检查有无渣块，如有渣块应及时排除；

(3) 当火焰呈暗红色，即温度在600～700℃范围内即可停机焖火。一般一次焖火可保持6h，超过6h应进行一次补火。

接班开机前，应用钢钎检查渣层情况，发现渣块及时排出并根据渣层温度采取相应措施引火。引火时应注意安全，避免煤气爆炸，停机焖火后打开炉门引火时、操作工人不应站在炉门前。

298. 烘干沸腾炉的安全规程及注意事项

(1) 启动鼓风机前，须将炉门关好，以免喷火烫伤；

(2) 启动鼓风机前，先将调节风门关上，然后慢慢打开至所需风量位置，防止电动机电流超限；

（3）接班开机前，应用钢钎检查渣层情况，发现渣块及时排除，并根据渣层温度采取相应措施引火；引火时应注意安全，避免煤气爆炸，停机焖火后，打开炉门引火时，操作工人不应站在炉门前；

（4）用于烘烤原煤供热时，烘干机入口气体温度应小于700℃，并且须设瓦斯防爆装置。燃煤粒度控制在10mm以下，炉膛温度不得高于1050℃；

（5）不宜频繁停炉压火，以免因急冷急热次数多而影响炉子寿命。

2.3.3 高级工/三级

299. 简述烘干机的热工机理

烘干机是完成干燥作业的热工设备。烘干机内物料与气流间的传热过程包括热气体将热传给湿物料，物料受热后，表面水分汽化，水蒸气扩散到干燥介质中，物料内部水分向表面移动并被汽化，周而复始。在转筒烘干机中，进行如下热交换：热气流以对流和辐射的形式将热传到物料表面；物料表面以传导方式将热传至内部；气体以辐射和对流的方式将热传给筒体和物料，筒体内以辐射和传导的方式将热传给物料，筒体外再以辐射与对流的方式将热传给外界空气。由此可见，这也是一种综合传热的过程。为了增加物料与热气体的接触面积，在烘干机内置有扬料板等热交换装置。

300. 烘干机扬料板和热交换装置主要有哪几种形式，并画简图表示

（1）为改善物料在筒体内的运动状态和分布状态，增大物料与热气流的接触，提高热交换能力和烘干机的热效率，在筒体内壁装设扬料板或其他热交换装置。

（2）扬料板的常见形式有4种：径向形、直角形、钝角形、曲线形。

（3）热交换装置的结构形式有4种（图300）：扇形热交换装置［图300（e）］、蜂窝式热交换装置［图300（f）］、双筒式热交换装置［图300（g）］、链

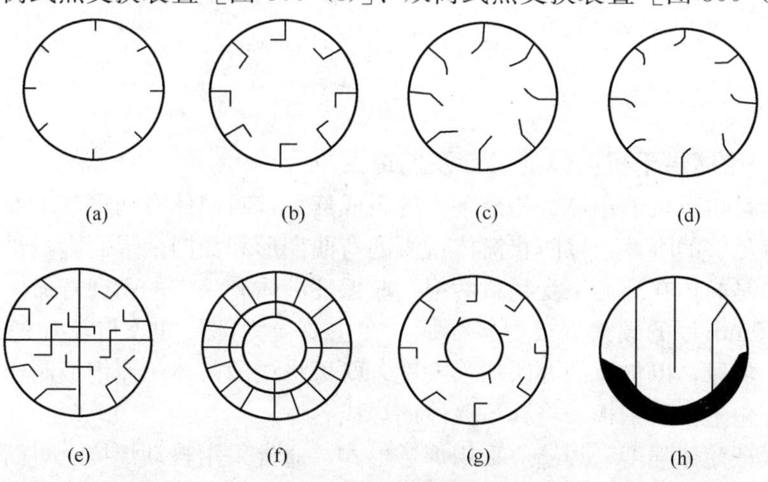

(a) (b) (c) (d)

(e) (f) (g) (h)

图300 热交换装置图

条［图 300（h）］。

301. 简述烘干机的几种热交换装置的结构原理与优缺点

如图 301 所示，扇形热交换装置是在筒体断面上分布若干个十字板扬料装置，使物料在筒体断面上分布更均匀，热交换面积更大，热效率提高，并大大减少气流带走的粉尘。蜂窝式热交换装置是由 3 个大小不同的同心圆筒组成的。圆筒与圆筒间用辐射状的隔板连接起来，物料先喂入大筒，被隔板带起，到一定高度后沿隔板径向滑下，部分物料通过中间圆筒上的孔进入中间圆筒，同样，部分物料被送入小圆筒内。这种装置物料的填充率、热效率和生产能力均较高，气流带走的粉尘也较少，但构造复杂，检修较困难。在有的烘干机内部还部分装有链条，它可破碎强度不大的块状物料，提高烘干速度，并有效地解决筒体内壁物料黏附的问题。这种装置方法简单，效果好，但同样存在扬尘问题。

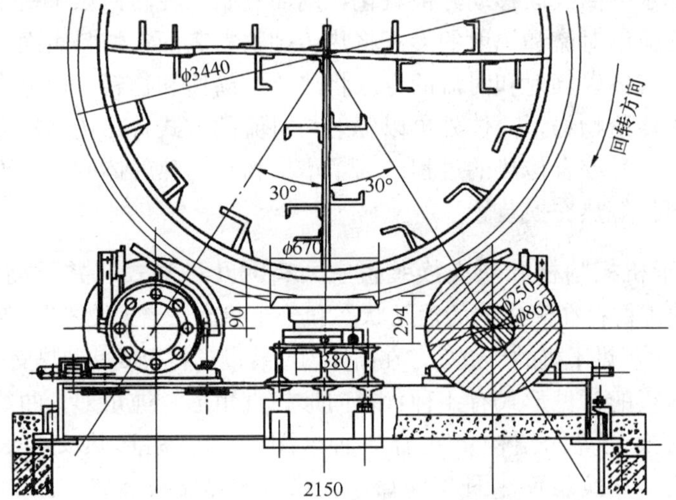

图 301　烘干机热交换的结构原理图

302. 论述烘干机筒体的设计及制造要求

筒体是烘干机的主体，是最基本的组成部分，对筒体有两项基本要求：一是要保证有足够的刚性，以防止筒体过大的弯曲变形和径向变形而影响机器的正常运转；二是筒体在高温下受物料磨损，应保证筒体有一定的耐磨寿命。一般筒体由 10～20mm 厚的碳素钢板焊接而成，在主要受力部位如大齿轮和轮带位置的筒体都要加厚，以加厚的办法加强刚性，既可将该段筒体用厚钢板制作，也可在原筒体外包上一层钢板，将其与筒体满焊成一体。

为保证筒体强度，焊缝应采用焊透形式，通常采用自动焊接。对筒体的制造质量，行业标准做了具体规定，主要如下：

（1）筒体段节做环向拼板时，沿整个圆周上的纵向焊缝条数不得多于两条，最短拼板弧长不得小于 1/4 周长；

（2）筒体段节的最短弧长应不小于 800mm，其布置不应靠近轮带附近；

（3）各相邻段节的纵向焊缝应错开，且错开距离不得小于 600mm；

（4）焊缝对口错边量不得大于 2mm；

（5）筒体同一断面上的最大直径与最小直径之差不得大于 0.20%D（D 为筒体直径）；

（6）焊缝探伤检查，当采用射线探伤时，应不低于《焊缝无损检测　射线检测》（GB/T 3323—2019）的 B 级，而当采用超声波探伤时，应不低于《焊缝无损检测　超声检测技术、检测等级和评定》（GB/T 11345—2013）的 2 级。

303. 烘干机托轮装置的结构原理有哪些

（1）托轮装置承受着回转部分的全部质量（包括筒体、物料、扬料板、轮带、大齿轮等），并在径向对筒体起定位作用，使筒体平稳地运转。

（2）托轮装置由一对托轮、四对轴承和一个大底座组成，各托轮的位置如图 303-1和图 303-2 所示。轴承座外侧设有顶丝，以便安装时将托轮调节在适当位置。

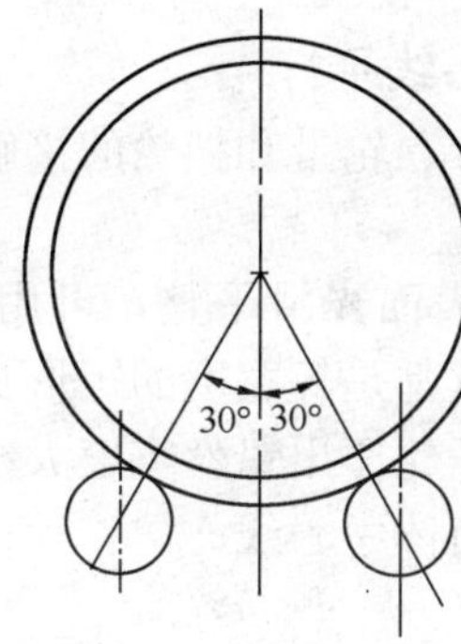

图 303-1　托轮安装位置示意图

图 303-2　托轮安装位置外观图

（3）烘干机的托轮一般采用滚动轴承。托轮装置有转轴式和定轴式两种结构。转轴式托轮结构，托轮与轴一起旋转，一对圆锥滚子轴承承受径向和轴向负荷。对于大规格（直径 3m 以上）还应加一对止推轴承承受轴向荷载。定轴式托轮结构，轴不旋转，只承受静负荷，所以轴的受力情况较好，但结构较复杂，装卸轴承不方便，使用较少。托轮材料采用 ZQ310-570 铸钢件，正火处理，加工后表面硬度不低于 HB190，并高于轮带外圆表面硬度 HB20 以上。托轮外圆表面粗糙度对于磨损影响很大，表面太粗糙会导致轮带和托轮的急剧磨损，所以外圆表面粗糙度应注意控制，以不超过 Ra3.2μm 为宜。

304. 烘干机在运转中的检查内容及常见问题的处理措施

（1）每班检查一次筒体变形情况，变形严重时应及时修理；

（2）每班检查一次托轮裂纹的发生，因为轮带的碾压，使托轮发生龟裂，发现裂纹应及时修理或更换；

（3）每班检查一次托轮轴裂纹的发生，由于重载及疲劳负荷使托轮两端和托轮内部产生裂纹，发现裂纹应及时修理或更换；轴承过热，可能给油不良，或轴承内进入粉尘、铁屑等物，注意防尘，及时清洗，保持清洁，充分供油或更换油封部件；

（4）每班检查一次大齿圈、小齿轮裂纹或变形，由于筒体、轮带、托轮等事故及地基下沉等都能发生裂纹及变形，要及早发现并用焊接等方法加以修复；大小齿轮的啮合，即使在正确的位置时，因为中心距较大、冲击较大和托轮及轮带的异常磨损，底部也会出现咬合，要特别注意；

（5）每班检查一次小齿轮轴承，轴承过热、轴承螺栓松动，由于振动和负荷变化，有时会发生螺栓松动，从而引起啮合不良，传动效率下降，加剧磨损，甚至折断牙齿，要经常检查，防止松动；经常检查轴承的润滑情况；

（6）每班检查一次弹簧式石墨块密封的安装状态及密封效果，对密封件要及时更换；

（7）每班检查一次轮带和轮带下垫板，垫板的磨损及凸凹变形。

305. 如何在使用中保证托轮轴线与筒体中心线平行

（1）经常观察托轮运转状态，判断托轮和轮带、轮带和挡轮的接触情况及筒体所处位置（即轴上端轮带处于两挡轮间位置）。

（2）在安装烘干机或定期检查时，只要托轮表面光滑平整，可用直径 2mm 左右的铅丝在轮带和托轮间碾压，若压出来的铅丝都是等宽度的矩形长条，说明托轮轴线平行于筒体中心线，同时根据各挡左右托轮压出铅丝宽度大小可知各托轮受力大小，对受力过大的托轮应平行地向远离筒体中心线方向移动；反之要向靠近筒体中心线平行移动。

（3）为防止筒体下滑，可将靠近挡轮的托轮组向某一方向调斜（调斜托轮组是通过支承装置顶丝使其两轴承在相反方向做等量移动，托轮斜度不宜调得过大，最大歪斜角最好不超过 30°，以免将托轮迅速磨成异形），使之产生一个向上推烘干机的力量，直到筒体达到平衡，使上端轮带处于两个挡轮之间。在调斜托轮时不允许一挡两个托轮呈“八”字摆法。

（4）在管理托轮时，以上端托轮作为控制轮，当筒体下滑使轮带碰到下部挡轮时，则可以在该控制托轮上浇柴油（不允许在托轮上撒沙子），增加轮带与托轮表面摩擦力，使筒体上窜；当筒体上窜到使轮带碰到上部挡轮时，则可以在控制挡轮上浇机油，减少轮带与托轮的摩擦力，使筒体下滑，最好使筒体每班上、下窜动一次，以达到轮带与托轮能均匀磨损，从而提高托轮和轮带的使用寿命。

306. 以 $\phi 3\times 25$m 烘干机为例，阐述烘干系统的主要工艺指标

（1）物料初水分≤15%，终水分≤2%时保证烘干机能力≥80t/h，$\phi 3\times 25$m

烘干机能够达到物料初水分 10.5%，终水分 0.3%时，台时产量为 89.22t/h；

(2) 煤耗折合标煤 22kg/t，$\phi3\times25$m 烘干机能够达到的煤耗折合标煤 13.41kg/t。保证系统粉尘排放浓度≤100mg/标 m^3，$\phi3\times25$m 烘干机能够达到粉尘排放浓度经环保监测部门检测为 88.6mg/标 m^3。

307. 以 ϕ3xzsm 烘干机为例，阐述烘干机的标定参数

主要标定参数如下：

(1) 以板喂机转速为 500r/min 时的投料量，喂煤频率为 10Hz；

(2) 用秒表测定喂料量为 0.52kg/s；

(3) 每小时喂煤量为 0.52×3600=1872kg/h；

(4) 烘干物料的实物煤耗为 1872/98.32=21kg/t 料。按发热量 18681MJ/kg 折标为 13.41kg 标煤/t 料。

308. 以 $\phi3\times25$m 烘干机为例简述混合材烘干系统的工艺组成一般有哪几部分

(1) 控制原煤库煤含水率低于 10%，以保证煤破碎的正常运行；

(2) 一台 SM700 煤破碎机；

(3) 一台 JDGF12B 节电高温烟气沸腾炉，主要由供煤、鼓风、燃烧室、控制系统四部分组成，供热能力为 $12\times10^3\times4.18$kJ/h，燃尽率为 99%，热效率为 99%（燃料热值 Q=3000kcal/kg 石煤）；

(4) 一台 $\phi3\times25$m 烘干机，生产能力 80t/h（矿渣与页岩配比 1∶1，初水分 ≥15%，终水分≤2%）；

(5) 一套风力除渣系统及物料输送与收尘设备。

进料口和出料罩下口均设翻板阀防止漏气。

309. 沸腾燃烧室炉体在检修施工中的安装要求

沸腾燃烧室在大修过程中，对炉体的施工要求如下：

(1) 在砌筑炉体外部砖墙和内部火砖时，砖缝要灌满浆，避免漏气，外部红砖与内部耐火砖之间应留有 20mm 伸缩缝；

(2) 在砌筑耐火砖时应在炉体转角处留 20mm 的伸缩缝，并用石棉绳密封好；

(3) 炉体砌筑施工应在烘干机试运转后，配合密封装置的安装工作一起进行；

(4) 安装风帽时，一定要松动装配在布风板上，严禁用铁锤使劲打击风帽；

(5) 布风板上的耐热混凝土浇筑前应先用布或牛皮纸将风帽小孔包上，以免混凝土堵塞小孔，影响通风；

(6) 炉框应在水平放置的环梁上与布风板、风箱的连接处用石棉绳加铅油密封，避免漏气。

2.3.4 技师/二级

310. 详细阐述烘干机常用的四种扬料板如何选用和布置

径向形扬料板一般适用于烘干黏附性大的物料，直角形、钝角形和曲线形扬料板适用于烘干黏附性小的物料。最常见的是钝角形，这种形式扬料板制造简便，使用中扬料板拐角处以及扬料板与筒体接触处粘料较少，撒料时处于筒体下半部的扬料板非径向边的背部还可起到二次抛料的作用，从而提高了撒料的密度。扬料板在筒体内的布置应注意以下几点：沿筒体圆周方向布置不宜过密，以防大块物料被卡住；沿筒体长度方向相邻两列扬料板相互错开，以增大物料与气流接触机会；每两段扬料板衔接处应有少量交叉重叠，以防形成周向缝隙，物料直接冲刷筒体。扬料板与筒体的连接可采用焊接、铆接或螺栓连接。扬料的效果与扬料板的尺寸有关。扬料板的高度一般为筒体直径的 1/8～1/12。钝角形扬料板径向边边长 A 与非径向边边长 B 的比值 K（$K=A/B$）应随烘干机的转速、物料填充率、含水率的变化做适当调整。在径向边边长 A 不变的情况下，筒体转速提高，为使物料在提升区域也能撒料，则应缩短非径向边边长；当物料填充率较小时，为防撒料偏远，也应缩短非径向边边长；对黏性物料，当含水率较高时，为防止由于黏着力使颗粒物料不宜下滑，同样应缩短非径向边边长。

311. 烘干机轮带的设计及制造要求

轮带（又称滚圈）的作用是把筒体支撑在托轮上，并能使筒体在托轮上平稳地回转，因此轮带要有足够的强度和耐久性，同时，轮带是加固筒体径向刚度的零件，要有足够的刚度。轮带的截面形状有实心矩形、箱形等。实心矩形轮带形状简单、铸造工艺性好、质量容易保证，使用寿命长，而烘干机直径比较小，实心矩形轮带比箱形轮带浪费材料的缺点并不显著，因此，目前的烘干机全部采用实心矩形轮带。轮带是回转烘干机中最大的最重要的受力零件之一，如果轮带出现问题，会严重影响烘干机的正常运转，且轮带修复或更换需较长的时间，更换新轮带价格昂贵，因此轮带的制造质量必须严格控制。轮带材质常采用 ZG310-570，铸件正火处理，加工后轮带的工作部位表面硬度不低于 HB170。铸件的缺陷应严格控制，慎重处理，缺陷焊补应符合以下规定：轮带外圆表面的切凿宽度应不超过工作宽度的 10%，切凿深度应不超过壁厚的 25%，切凿面积总和不超过该表面总面积的 2%，但连同毛坯件的切凿面积在内面积总和应不超过该表面总面积的 4%。为保证焊补质量，铸件焊补前应预热，焊补后必须进行消除应力的热处理，否则轮带容易出现裂纹等缺陷。为避免轮带上存有硬点而将托轮表面磨出沟痕或磨成异形，要求焊补热处理后的轮带硬度低于母材硬度。为保证轮带的外形表面质量，轮带应在焊补后进行精加工，交货时其工作表面粗糙度应不超过 Ra3.2μm。轮带是“活套”在筒体上的，轮带与筒体之间加垫板，垫板与轮带之间的间隙为 1～2mm，以便于安装和适应筒体的热膨胀。

312. 烘干机大齿轮的设计及制造要求

大齿轮装在筒体上，把传动部分的动力传递给筒体，是烘干机中最大的受力零件之一。大齿轮一般安装在靠近挡、托轮的部位，与筒体采用弹簧板连接，可起缓冲作用，并吸收筒体的热变形。弹簧板与大齿轮之间用螺栓或销轴连接。在销轴连接的弹簧板上焊有立板，立板和大齿轮配制铰孔，销轴的端部用开口销或螺母限位，用螺母限位时应注意不可拧得过紧，应留 0.2～0.3mm 间隙，这样，弹簧板相对大齿轮能够转动，既便于安装，又能在筒体热变形时，弹簧板受附加力较小，这种结构制造加工较方便，故采用较多。弹簧板与筒体采用铆接或焊接。目前，单冷机和烘干机上大多是铆接结构，使用经验成熟、可靠。但铆接弹簧板工作量太大，而焊接省工省料，所以近年来有的设计尝试了焊接结构，已在烘干机上使用成功，证明焊接弹簧板是完全可行的。改进后，烘干机的工作荷载和工况条件比原烘干机的优越，因此，在烘干机上焊接弹簧板也必将逐步推广应用。焊接焊缝要避开弹簧板与筒体的切点，否则容易开裂。焊接前，弹簧板必须与筒体贴合严密，齿轮找正后将弹簧板点焊，然后满焊，焊肉要饱满无气孔、咬边等缺陷。大齿轮制造采用 ZG310-570 铸钢，正火处理，齿面硬度不低于 HB170，精度应符合《圆柱齿轮精度制》（GB/T 10095—2008）中的 9-9-8 级。为使一对齿轮很好地啮合并使大小齿轮磨损程度相近，应使大齿轮齿面硬度低于小齿轮 HB30～40。对大齿轮铸件缺陷的处理办法与轮带相同。齿面精加工后不能再补焊，否则难以保证齿面粗糙度和正常齿形，对使用不利。

313. 烘干机挡轮装置的结构原理

一般来说，烘干机采用两挡支撑，即用两对托轮支撑筒体。为限制筒体轴向移动，在出料端的轮带两侧设置了一对挡轮，并与出料端托轮装置组装在一个底座上，习惯将其称为挡轮。安装后轮带与挡轮间留有 1～3mm 间隙，以免挡轮经常性地随轮带旋转，而使挡轮只在筒体蹿动时起限制作用。挡轮轴与挡轮座用键定位，挡轮用一对圆锥辊子轴承支承在挡轮轴上，当轮带与挡轮摩擦时，挡轮就随着轮带旋转，并限制筒体的轴向移动，润滑油通过顶部的注油嘴压入，为防止润滑油外泄和灰尘进入，在下部轴承盖加毡圈密封。在设计中，挡轮中心线、挡轮锥面母线与筒体中心线交于一点，在这种状态下，轮带与挡轮之间为“纯滚动”，如果制造的角度 B 与理论角度相差太多，那么接触面就存在滑动摩擦，加剧磨损，因此对轮带和挡轮的锥面角度须注意控制。

314. 论述烘干机密封装置的结构原理

密封装置是烘干机不可缺少的重要组成部分，如果进气端漏入过量冷空气，会降低热气温度，影响热工效率，如果出气端漏入大量冷空气，则有可能使废气降温至露点而结露，影响除尘设备的正常工作。同时，因操作中经常出现倒风现象，如果没有密封装置，会逸出大量粉尘，污染车间环境，因此，烘干机的密封是非常重要的。烘干机出料端一般采用毛毡密封结构；入料端常采用石墨块式密封结构。烘干机还可采用迷宫式密封，其静止环固定在炉墙或卸料罩上，活动环焊在筒体上随筒体一起回转，为避免运转中各环之间抵触，密封环之间需留有较大的间隙，一般在20mm左右，因此密封效果较差。还有可采用一种静止环可轴向移动的径向迷宫密封结构。固定座固定在烟室墙壁或卸料斗上，活动环固定在筒体法兰上。而静止环套装在固定座里边，中间填以石棉绳。由于静止环可轴向移动，因此其密封环间隙可大大缩小，密封效果较好，但固定座、静止环和活动环用灰铁铸件，各接触面和密封面均须机械加工，因此用料用工量都较大。固定座沿圆周做成两半，活动环沿轴向做成两半，以便安装。还有一种是活动环可轴向移动的径向迷宫密封，静止环活套在筒体上，可适应筒体的蹲动摆动。因密封环为焊接件不经加工，密封效果稍差，但制造简单，节省材料，是一种综合性能较好的结构。烘干机中也有采用端面密封的，为带有套筒石棉绳的轴向端面密封结构。其静止环固定在炉墙上，活动套筒与静止环之间的缝隙，用石棉绳填充，并以压紧环压紧。石棉绳的一端是固定的，另一端绕过活动套筒被重锤拉紧，活动套筒由摆动支架支撑。由于重锤的作用，使活动套筒上端面的密封环与筒体上的旋转密封环经常压紧，起轴向端面密封作用。这种结构，能适应筒体的轴向和径向摆动，密封效果好，在烘干机上采用较多，但结构复杂，维修工作量大，端面密封环磨损较快，石棉绳也容易因摩擦过重而失效，故在烘干机中，这种密封结构使用不多。

315. 以 $\phi3\times25$m 烘干机为例，列举沸腾炉热工仪表主要参数、功用及其常见故障处理办法

（1）$\phi3\times25$m 烘干沸腾炉主要仪表情况：

① 一台 ZKS-2-1022B 数字温度显示仪，量程 0～1600℃，分度号：S（LB3），监测炉膛温度；

② 一台数字温度显示仪，量程－20～650℃，分度号：BA1，监测废气温度；

③ 一台 YNJ-101 膜盒压力表，量程 0～6000Pa，监测鼓风风压；

④ 一台 YEJ-101 膜盒压力表，量程±120Pa，监测炉膛负压；

⑤ 两台 16C4 系列电流表，量程 0～10mA，监测风门开度。

（2）各种仪表的调整和常见故障的分析处理：

① ZKS-2-1022B 或 ZKS-21100B，进行零位调整（调整电位器使显示器与室温相符），如果使用过程中出现负值，则是补偿线路或热电偶断路。

② YEJ-101，进行调零，如果使用过程中指针不动，则管路脱落或游丝折断。

③ DKJ-210，进行执行器零位与毫安表对应（调整差动变压器），如果使用过程中出现电动机轴不动；无位置回馈信号，则是线路接错，电动机烧坏，轴销折断，毫安表损坏，差动变压器轴杆卡死或回馈装置损坏。

2.3.5 高级技师/一级

316. 防止发生烘干机重大事故的检查要领

（1）试运转必须确定试运转负责人，岗位负责人，各开关应专人操纵，统一指挥；

（2）检查时必须在烘干机侧主开关、现场开关处注明“检查中”；

（3）烘干机运转开始前必须检查回转、运动部位有无障碍物，检查机器内部有无遗留螺栓、螺母、工具等物品；检查机器润滑部位，应充分给油；

（4）首先回转部要进行微动运转，确认振动、声音、温度无异常；

（5）检查危险位置时要特别注意人身安全，避免手指及工作服的卷入；特别是检查轮带和托轮咬合部、齿圈和齿轮咬合部、轮带和挡轮咬合部、联轴节部位时尤应注意；

（6）向炉内观看时，有可能有热气吹出，所以要带防热面具；

（7）筒体下面有挡圈、压板等凸出点，在下面活动时要注意；

（8）当筒体内温度适宜时，方可进入内部作业，首先要彻底清除扬料板、筒体上部附着的物料等；

（9）筒体内检查必须由两人以上，要有充分照明。在一切能够启动烘干机的开关处设置“现在正进行内部作业，不许启动”的标牌。

317. 正常生产时对操作工人的要求以及如何操作烘干沸腾炉

操作沸腾燃烧室对工人的技术水准要求较高，一般操作工人经过一个月的培训，完全可以掌握这项技术。正常操作时，每班只需 1～2 名操作工人即可。沸腾炉的炉温变化是非常快的，很短时间就可能熄火或结焦，因此司炉人员必须密切监视仪表及炉膛燃烧情况，注意调整风量、风室压力及给煤量使沸腾料层保持在一定温度范围内正常沸腾，并利用增、减风煤来控制炉膛温度及供热量大小。正常生产时对烘干沸腾燃烧室的操作如下：

（1）操作人员通过观察炉内的燃烧情况，并据此调整喂煤量和鼓风量。控制室内还有烘干机入口风温度和箱内压力显示，据此调整喂煤量或确定是否需排渣。

（2）沸腾炉温度。运行中应控制沸腾料层温度在一定范围内，为了使燃烧尽可能迅速和完全，一般烧无烟煤时，料层温度为 950～1050℃。烟煤较易燃烧，料层温度可控制在 850～950℃。运行中，沸腾料层温度波动主要是由风量或煤量变动引起的；或由于风煤配比失调；或给煤不均匀，甚至因堵塞中断给煤；或运行中变换了煤种，风煤量调节不及时、不得当；或烧混煤时、混合不均匀，给煤量调节不合适。司炉人员必须注意温度变化，及时调整和控制料层温度。

正常生产时，炉膛温度应控制在900～1000℃，火焰呈金黄色。如火焰呈浅白色或局部闪金星，说明炉温较高，应适当减煤；若炉膛火焰局部呈白色，说明炉温过高，应立即停止喂煤，开大风量，并适当排渣和补充冷渣，必要时可用耙子不断翻动炉渣，以防结焦炼炉。当炉膛呈暗红色、火焰为灰白色、炉温低于700℃时，若不及时调节供煤量，很容易灭火，甚至结焦。此时，应立即停止喂无烟煤，关闭风机，铲进烟煤进行焖火，待炉温提高后再重新进行正常操作。

(3) 送风量。风压一般保持在5010Pa左右，电流表在27A左右波动（配用Y1160L-2型电动机，18.5kW、额定35.5A）。若风压长期低于3920Pa，则很容易造成灭火和结焦。风门未动而风量自动减少，风室压力自行变大，说明煤粒过大或料层增厚，遇此应排渣，保持风量均衡；一般供热功率为一定值，可改变送风量维持正常运行，温度下降时，造当减少风量，反之适当增大风量。也可调整煤量控温，但供热功率随给煤量变化。

(4) 二次风。二次风主要是补充氧气，增进扩散气泡相与颗粒相之间交换，起助燃降温的作用，如炉子负荷在80%以上，长时间工作，尤其是GXDF炉型应将二次风适当开大，以降低炉膛上部温度。

(5) 若电流升到30A以上，说明炉内渣层厚度减薄；若电流低于25A以下，说明渣层变厚。在这两种情况下可相应增减炉渣。

318. 沸腾炉施工验收标准的主要内容

(1) 炉体砌筑中的钢架结构：

① 立柱直线度：校平校直拉线检测，允许<5mm；垂直度：吊线锤用钢板尺检测，允许<5mm。

② 角钢直线度：校平校直拉线检测，允许<3mm；垂直度：用水平尺检测，允许1/1000。

③ 框架几何尺寸：拉尺检测各对应边及角线相等，允许<5mm；焊接：焊接牢固，焊缝符合行业标准。

(2) 红砖墙垂直度：吊线锤用钢板尺检测，允许≤3/1000。

平面度：墙体平整，无明显凹凸现象，整体平面允许≤10mm；灰缝：灰浆配比符合要求，缝宽8～10mm。

(3) 耐火砖结构：

① 炉型尺寸，炉膛对应边长应相等，允许<10mm；

② 炉膛对角线应相等，允许<15mm；拱顶跨度符合尺寸要求，严禁用标准砖代替刀口砖砌拱，允许±15mm；

③ 烟道宽度符合尺寸要求，允许±15mm；

④ 圆及半圆形圈内半径差，2m±15mm≤ϕ，ϕ<2m±10mm；

⑤ 灰缝，缝宽 3mm，均匀膨胀缝，缝宽 10～20mm，交错锁口，密封性强，缝内清洁；

⑥ 测温孔：定位准确，孔径合适，红砖与耐火砖间过渡处要求密封，防泄漏。

(4) 保温层：密实程度，捣实并填充满。

(5) 风帽砌筑：垂直度要求应与布风板垂直无歪斜（用工具敲击扶正），耐火泥应筑平整、牢固，高度应符合要求，允许<2mm。

(6) 炉门压实装正：耐火砖将炉门压实与砖之间相互压紧，炉门应整正，无歪斜。

(7) 下煤管：煤落点中心正对炉膛中心交点前 40mm 处。

(8) 风管：风管应直（误差<3mm），卧管应水平，竖管应垂直（误差<±5mm），无漏风。

319. 测温元件的种类

工业常用测温元件有热电偶、热电阻、双金属温度计。其中热电偶与热电阻均属于温度测量中的接触式测温，尽管其作用相同都是测量物体的温度，但是它们的原理与特点却不尽相同。

目前国际上应用的热电偶具有一个标准规范，国际上规定热电偶分为 8 个不同的分度，分别为 B、R、S、K、N、E、J 和 T，其测量温度的最低可测−270℃，最高可达 1800℃，其中 B、R、S 属于铂系列的热电偶，由于铂属于贵重金属，所以它们又被称为贵金属热电偶，而剩下的几个则称为廉价金属热电偶。

热电偶的结构有两种，普通型和铠装型。普通型热电偶一般由热电极、绝缘管、保护套管和接线盒等部分组成，而铠装型热电偶则是将热电偶丝、绝缘材料和金属保护套管三者组合装配后，经过拉伸加工而成的一种坚实的组合体。

工业用热电阻一般采用 Pt10、Pt100、Pt1000、Cu50、Cu100，铂热电阻的测温的范围一般为−200～+800℃，铜热电阻为−40～+140℃。热电阻和热电偶一样的区分类型，但是它却不需要补偿导线，而且比热电偶便宜。

双金属温度计是一种测量中低温度的现场检测仪表。可以直接测量各种生产过程中的−80℃～+500℃范围内液体蒸汽和气体介质温度。

320. 测温元件的检查与判断方法

首先是进行外观检察，将测温元件从测量点抽出，检查外壳是否磨损或是存在结皮；热电阻、热电偶要拆开接线盒检查外部接线和内部接线，看接线是否出现松动；然后用万用表测量热电阻的电阻值，一般常用的 Pt100 热电阻要选取 200Ω 挡进行测量、热电偶测量电压值一般选择毫伏挡进行测量。

321. 测温元件的工作和传输过程

热电偶是温度测量中应用最广泛的温度器件，其主要特点就是测量范围宽，性能比较稳定，同时结构简单，动态响应好，更能远传电信号，便于自动控制和集中控制。热电偶的测温原理是基于热电效应。将两种不同的导体或半导体连接成闭合回路，当两个接点处的温度不同时，回路中将产生热电势，这种现象称为热电效应，又称为塞贝克效应。闭合回路中产生的热电势由两种电势组成：温差电势和接触电势。

温差电势是指同一导体的两端因温度不同而产生的电势，不同的导体具有不同的电子密度，所以它们产生的电势也不相同，而接触电势顾名思义就是指两种不同的导体相接触时，因为它们的电子密度不同所以产生一定的电子扩散，当电子扩散达到一定的平衡后所形成的电势，接触电势的大小取决于两种不同导体的材料性质以及电子扩散接触点的温度。

热电偶的电信号需要一种特殊的导线来进行传递，这种导线称为补偿导线。不同的热电偶需要不同的补偿导线，其主要作用就是与热电偶连接，使热电偶的补偿端远离热源，从而使补偿端温度稳定。

热电阻虽然在工业中应用也比较广泛，但是由于其测温范围使它的应用受到了一定的限制，热电阻的测温原理是基于导体或半导体的电阻值随着温度的变化而变化的特性。其优点也很多，也可以远传电信号，灵敏度高，稳定性强，互换性以及准确性都比较好，但是需要电源激励，不能瞬时测量温度的变化。

工业用双金属温度计主要的元件是一个用两种或多种金属片叠压在一起组成的多层金属片，利用两种不同金属在温度改变时膨胀程度不同的原理工作而绕制成环性弯曲状的双金属片组成。一端受热膨胀时，带动指针旋转，工作仪表便显示出所对应的温度值。

2.4 破碎及输送设备部分

2.4.1 初级工/五级

322. 空气输送斜槽在运行中的操作应注意什么

空气输送斜槽在运行中应注意以下几点：

(1) 开车时先关上进风阀，启动电机后，根据需用风量逐渐打开进风阀。根据送料要求调节下槽截气阀，开始下料。

(2) 给料后，要经常通过窥视窗观察物料流动情况，结合测压计读数调节风量。

(3) 停车时，先停喂料，根据槽内料粉量减少程度逐渐关小进风口，槽内料粉输送完后 2～3min 内停止鼓风。如果是突然事故停车，并且要长时间停车，就应打开盖子人工把料清出去。

323. 斗式提升机有哪几种卸料方式，简述常用卸料方式的适用范围

由于料斗运行速度不同，提升机卸料方式分为三种：离心式、离心-重力式、重力式。离心式适用于易流动性粉末状物料；粒状及小块物料一般以离心-重力式为主；输送能力较大时常用重力式。要满足生产能力要求，就要选择不同的卸料方式，同时必须正确选择驱动轮的转速和直径以及卸料口的直径。

324. 斗式提升机具有哪些特点

斗式提升机结构简单，外形尺寸小，在平面内所占地面较小，输送能力大，有良好的密封性，提升高度高，检修方便，易损件可以自制，但不宜输送黏性物料和尽可能避免输送磨损性强的物料。

325. 斗式提升机一般由哪几部分组成

斗式提升机主要有传动装置（电动机、减速机、驱动链轮、慢驱动）、牵引装置（环链、板链或胶带）、承载装置（料斗）、张紧装置（张紧链轮、弹簧、重锤、配重）、制动装置（棘轮装置、逆止器）、机壳（进料口、卸料口、检视门）。

326. 斗式提升机开车前应做哪些检查

检查料斗有无变形；检查传动链条（环链和斗钩或胶带）是否正常，有无松动、弯曲、断裂、撕裂，与链轮啮合情况：检查导轨、导向件有无磨损和伸长；检查各部螺栓有无松动；张紧装置工作是否正常；卸料、集料斗有无磨损；轴承润滑情况是否良好。

327. 斗式提升机运转过程中都进行哪些检查工作

检查壳体有无异常振动、刮碰声音；检查电动机振动及温度情况；检查减速机振动、温度、润滑情况，检查液力耦合器或连轴器是否有异常响声；检查减速机高速轴是否有轴向窜动；检查各部连接螺栓是否紧固；检查头轮轴承温度、振动及有无异常响声；检查尾部张紧装置是否正常；检查斗式提升机工作电流是否在正常工作范围内。

328. 操作斗式提升机应注意哪些事项

严格遵守开机和停机的先后顺序，先开下一道工序的设备，待设备运转正常后再开提升机，最后开供料设备，停机顺序则相反。当要提升另一种物料时，应使机壳和斗子内的物料卸清后才能进行，以免混料影响质量。

329. 简述维护斗式提升机应注意事项

（1）经常检查和调整张紧装置，使胶带或链条松紧适当；

（2）经常检查链条或胶带卡扣，如有断裂、松动或磨损严重应立即更换；

（3）检查斗子和链条或胶带连接有无松动，链条是否长短不一；

（4）勤听运转声音，如出现斗子碰撞机壳声响，应及时停机处理，校正斗子的水平和链条的长度，如果是出现尾轮脱链，或单边断链事故应立即进行检修；

（5）加强巡回检查，加强上下工序联系，防止物料堵塞。

330. 螺旋输送机使用时应注意哪些问题

（1）必须均匀加料，以保持荷载均匀；

（2）严禁将铁器及硬性粒子喂入螺旋输送机内，防止卡压、损坏输送机；

（3）机壳连接处需加石棉绳密封；

（4）运转过程中严禁将机盖取下查看物料输送情况；

（5）注意头部轴承与尾部轴承温升不超过60℃；

（6）停机前先停止喂料，待物料走空后才能停机，做到空载停车，空载开车。

331. 气力提升泵的构造有哪些

立式气力提升泵由喷嘴、气室、进风室、进风管、逆止阀冲气室、充气板、清洗风管、泵体与输送管组成。

332. 气力输送系统的优缺点有哪些

（1）气力输送系统的优点：①直接输送松散物料不需包装，输送效率高；②设备简单，占地面积小，维修费用少；③操作人员少，便于实现自动化管理，管理费用低；④布置灵活，合理；⑤保证输送物料不受潮、污染或混进杂物；⑥可同时进行物料的混合分级干燥、加热、冷却和分离；⑦可实现集中、分散、大高度、长距离输送。

（2）气力输送系统的缺点：①动力消耗大；②配备压气系统；③不适宜输送黏性大和粒度大于30mm的物料。

333. 胶带输送机通常有几种布置形式

胶带输送机通常有5种布置形式：①水平布置；②倾斜布置；③凸弧段布置；④凹弧段布置；⑤凸弧和凹弧布置。

334. 简述胶带输送机操作重点

胶带输送机在开机前必须检查传动装置是否正常，轴承、滚筒、托辊架是否松动，胶带上有无工具、杂物，安全防护是否牢固，各润滑系统是否润滑良好；开机后观察皮带是否跑偏，皮带托辊有无损坏，皮带张紧装置张紧力是否够用，清扫器是否好用；停机前必须把胶带上物料卸净，并做好清扫工作。

335. 简述FU链式输送机的工作原理

散料在机槽内受到输送链在其运动方向上的拉力，在水平或呈一定斜度输送时，这种内摩擦力达到与物料和机槽壁的外摩擦力时，物料就随输送链向前运动。

336. FU链式输送机有哪些特点

其特点：①输送能力大；②密封好扬尘小；③使用寿命长，维修费用低；④单机长度长，可达50m；⑤在垂直立面有小于15°的爬坡；⑥驱动功率比同输送量的螺旋输送机小45%～50%。

337. 颚式破碎机试运转应达到什么样的要求

颚式破碎机安装完毕后，须仔细检查，确认安装合格后方可进行空车试运转。空车试运转合格后，方可进行有载试运转。空车试运转的运转时间为2～6h。试运转前，先以人工旋转偏心轴1周以上，确认无阻碍后方可开车。

（1）空车试运转应达到的要求：①启动和停车程序的各有关联锁系统均符合设计要求；②所有紧固件均牢固，无松动；③各润滑点润滑正常，无漏油现象；④轴承温度不超过规定值；⑤所有调整机构灵活可靠，都可达到规定的调整范围；⑥所有摩擦部件均无擦伤、烧伤和掉屑现象。

（2）有载试运转时间为48～72h应达到的要求：①破碎机无周期性或明显冲击声；②给料方向正确；③轴承温度正常；④生产能力大致符合规定值，产品粒度符合要求。

338. 简述颚式破碎机的操作与维护要点

必须按照操作规程操作，不熟悉操作规程的人不得单独操作。

（1）开车前的准备：

① 认真检查设备的主要部件，如颚板、轴承、连杆、肘板、拉杆弹簧、皮带轮及三角带等是否完好，紧固螺栓等连接件有无松动，保护装置（如皮带轮和飞轮的外罩等）是否完好、是否存在可与运动件相碰的障碍物；

② 检查辅助设备，如喂料机、皮带机、润滑站、电气设备、仪表及信号装置是否完好；

③ 检查破碎腔中有无物料或杂物。若有，须取出；

④ 检查偏心轴的偏心位置。若偏心轴处于回转中心下部，应先用吊车或卷扬机等盘动下轮，使偏心轴转到回转中心的最上部后，方可启动。若颚式破碎机以两台电动机驱动，启动力矩大，可直接启动；

⑤ 检查储油箱的润滑油量，若油量不足，应及时补足；开车前先启动油泵5～10min，待回油管有回油、油压机指针的压力值正常时才启动破碎机。在冬季气温较低时，应先合上油加热器开关，待油温预热至15～20℃后再启动油泵；

⑥ 用打开润滑部位冷却水管阀门的方式进行检查，应有水流动。

（2）启动和运行过程中的注意事项：

① 按规程规定的开车顺序启动各台设备。破碎机开动前先启动卸料输送设备，之后开动油电动机和冷却系统，待油压和油流正常时，启动破碎机。启动

时，应观察控制柜上的电流表。一般30～40s后，启动高峰电流即消失，电流表示出正常的电流。若破碎机发出敲击声，须停车消除问题后再开机。在正常运转过程中，电流表指示电流超过规定值的时间应不太长。

② 破碎机正常运转后方可启动喂料机，并据来料粒度和破碎机运行情况调节喂料量。喂料量应逐渐增大，直至满载。通常，物料在破碎机腔内的堆积高度应达到破碎腔高度的2/3以上；料块粒径不超过进料口宽度的50%～60%。这是因为在此情况下，破碎机的生产能力最大；料块粒径达进料口的80%～90%时，生产能力显著下降；料块更大时，将造成堵塞。

③ 在料量太多或破碎机堵塞时应暂停给料，待破碎机腔内的块料破碎完后再重新给料。

④ 严防铲齿、履带板、钻头等金属件进入破碎机，以免损坏机器。若已进入，应立即停机取出，以免造成事故。

⑤ 电气设备自动跳闸时，若原因不明，不要强行启动。

⑥ 机器的声音不正常或有振动，须停车处理。应先停止喂料，待破碎腔中的物料排尽后方可停机，且停电后才能检查处理。

⑦ 经常检查是否有大块物料卡住给料口。若有，应以铁钩翻动料块；若需从腔内取出大料块，应用专门的器具，不可用手。

⑧ 定期巡回检查，并做好以下各项维护保养工作：经常检查润滑系统及冷却系统有无泄漏现象；油泵的运转声音是否正常，有无振动；油量、油温、冷却水量、水温是否适当；回油中是否有金属末或杂质；机器零件是否有腐蚀迹象，紧固与连接件有无松动现象；若轴承温度超过60℃（滚动轴承超过70℃），不应立即停车，而应立即采取加大给油量、强制通风或水冷等措施降温，以防轴瓦局部过热而损坏。待温度下降后，停机处理。

⑨ 需定期更换润滑油（脂），清洗润滑油过滤器。

（3）停机注意事项：

① 按生产流程的顺序逐台停车，即先停止喂料，待喂料机上无料后停喂料机；待被破物料全部卸出破碎机后停破碎机；输送设备上的物料全部卸出后，才停输送设备。

② 破碎机停稳后停润滑油泵及冷却系统。在冬季，还应放尽轴承水冷套中的水，以防冻裂轴承。

③ 停机后，检查润滑装置、擦洗零件，并清理现场。

339. 锤式破碎机的操作注意事项

（1）开车前的检查：①检查主轴承及其他润滑部位的润滑油量是否适当，油质是否合格。②检查各部位的连接螺栓是否紧固。③检查破碎腔内是否已排空物料，各传动部位是否有障碍物，转子转向是否正确，喂料输送设备能否正常运行。④检查传动装置和其配套电动机是否正常，防护装置是否完整。⑤检查电器仪表是否灵敏，所有信号设施是否完好。

（2）开车顺序：上述检查均肯定正常，方可开车。用开车信号联系妥善后，按下述顺序启动各设备：产品输送设备→破碎机→给料装置。先启动的设备正常运转后方可启动下一台设备。

（3）运转中的操作：①观察电动机温度计和电流表的指示情况。若指示值过高应查找原因，采取措施解决。②根据物料粒度和湿度调节喂料量，防止超过规定的大块料喂入；若产品粒度不合格，应调整篦条托架高度，更换篦条或锤头。③注意破碎机的运转声。发现锤头、篦条或其他部件有敲打或摩擦声时，应停车开盖检查，并采取措施解决。④经常检查所有地脚螺栓、衬板螺栓及各部件的紧固螺栓有无松动，并及时拧紧。⑤检查主轴承及传动轴承的润滑是否良好，温度是否正常。温度超过60℃，应查清原因，超过70℃应停车处理。⑥及时处理漏油、漏灰现象。⑦破碎机的轴封应保持完整，该部位不应有摩擦声和发热现象。⑧检查防护装置和通风收尘设施是否正常。⑨保持设备整洁。⑩若遇突然停车，应查清原因，不得强行启动。⑪严禁在设备运转过程中进行检修。

（4）停车操作：①停车顺序：先停给料机，破碎腔中的物料排空后停破碎机，最后停出物料输送机。②停车后，检查各项，并妥善处理：a. 各连接螺栓有无松动和断裂，锤头和篦板的磨损状态如何；b. 三角带的松紧程度是否合适，三角带撕裂1/2以上需更换；c. 安全装置有无损坏；d. 电器仪表的指示是否为零；e. 在冬季，应放尽轴瓦水冷装置中的水，以防冻裂（停车时间较长时）。

（5）安全注意事项：①设备运转时，若有紧急事故，应立即停机。故障妥善排除前，不得开车。②电气设备的故障由电气维修人员处理。③检修破碎机时，先把给料机头部的物料清除干净，以免物料落下伤人；进入破碎机内处理故障时，须先拉掉电气设备的开关，并在开关处悬挂检修标志牌。④所有安全装置均须完好，若联系信号失灵，不可启动破碎机。⑤非本机操作人员不得操作。⑥入机输送设备上应配置性能可靠的除铁器和金属监测器。

340. 试述锤式破碎机的维护要点

（1）润滑。润滑方法和选用的润滑剂应遵守原机使用说明书的规定。主轴承以油圈带油润滑时，瓦内可注10号机油。在不漏油的情况下，每周加油1～2次，并定期更换新油。

（2）间隙的调整。篦条内表面与锤头顶端的间隙应小于10mm或10～20mm（视工艺要求而定）。间隙变大时，应及时调节，以保证产品粒度。保持转子的平衡。组装、检修和更换锤头时，须特别注意保持转子质量的平衡；其做法是，转子直径两端向对称的锤头质量相等。

341. 反击式破碎机操作注意事项

（1）开车前的检查和准备：①检查主轴承及其他润滑部位的润滑油量是否适

当，油质是否合格。②检查各部位的连接螺栓是否紧固、检修门的密封是否良好。③检查机内和各传动部件有无障碍，喂料和出料输送设备有无故障，闸板是否灵活，溜槽是否畅通。④用人工转动转子，检查转动是否灵活，有无摩擦和卡住现象。⑤检查电器仪表是否灵敏。所有信号设施是否完好。⑥检查板锤反击板等易损件磨损情况。⑦检查防护装置是否良好。⑧根据被破物料机械性能及工艺要求调节板锤和反击板的间隙或变更转子的转速。调节原则是物料较硬、出料粒度要求较小时，应调小板锤和反击板间的间隙，或加快转子的转速；反之也是。

（2）开车顺序：上述检查均肯定正常方可开车。用开车信号联系妥善后，按下述顺序启动各设备：产品输送设备→破碎机→给料装置。先启动的设备正常运转后方可启动下一台设备。启动双转子破碎机时应先启动一个转子，待运转平稳后再启动另外一个转子。

（3）运转中的操作：①观察电动机温度计和电流表的指示情况，若指示值过高应查找原因，采取措施解决。②根据物料粒度、湿度和易碎性及时调节喂料量。③注意破碎机的运转声、温度和振动情况。④经常检查所有地脚螺栓、衬板螺栓及各部件的紧固螺栓有无松动，并及时拧紧。⑤检查主轴承及传动轴承的润滑是否良好，温度是否正常。温度超过60℃，应查清原因，超过70℃应停车处理。⑥及时处理漏油、漏灰现象。⑦破碎机的轴封应保持完整，该部位不应有摩擦声和发热现象。⑧检查防护装置和通风收尘设施是否正常。⑨保持设备整洁。⑩若遇突然停车，应查清原因，不得强行启动。⑩严禁在设备运转过程中进行检修、调试和清理工作。

（4）停车操作：①停车顺序：先停给料机，破碎腔中的物料排空后停破碎机，最后停出物料输送机。②停车后，检查以下各项，并妥善处理：a. 各连接螺栓有无松动和断裂，板锤、反击板、衬板、篦条及转子端部护圈的磨损状态如何。b. 三角带的松紧程度是否合适，三角带撕裂1/2以上需更换。c. 安全装置有无损坏。d. 电器仪表的指示是否为零。e. 在冬季，应放尽水冷装置中的水，以防冻裂（停车时间较长时）。

342. 简述反击式破碎机的维护要点

（1）润滑。润滑方式和选用的润滑材料按设备的使用说明书办理。一般来说，转子的滚动轴承可用钙基润滑脂和二硫化钼润滑脂。若主轴瓦以油圈带油润滑，可用10号机油。如不漏油且情况正常，每周加油1～2次，并定期更换新油。

（2）排料间隙的调整板锤和反击板间的间隙应根据物料性质和产品粒度要求及时调整。调整方法：拧紧拉紧弹簧的螺母，以调节分腔反击板拉紧弹簧的拉紧力，并通过连杆，使分腔反击板与第一转子打击板之间的间隙变小；调整第二腔反击板下端调节弹簧的拉紧力，以缩小第二转子打击板与第二腔反击板下端的间隙。

343. 圆锥式破碎机的工作原理与颚式破碎机的异同

圆锥式破碎机由活动圆锥和固定圆锥组成。活动圆锥的芯轴悬挂在横梁上，并偏心地安装在固定圆锥内。芯轴旋转时，活动圆锥在固定圆锥内做偏旋运动，以挤压和磨削方式破碎两锥较近区域内的物料。已被破碎的较细物料，在两锥较远区域内，借物料的重力作用，从锥底排料口排出。活动圆锥连续的偏转，破碎机和卸料过程也就连续地进行。

由此可见，圆锥破碎机的工作原理是以挤压力破碎物料。这一点与颚式破碎机相似，不同的是圆锥破碎机的工作过程是连续的，且两锥还对处于其间的物料以磨削方式进行破碎。

（1）与颚式破碎机相比，粗碎圆锥式破碎机的优点：①由于破碎腔深度大，工作连续，在给矿口宽度相同时，生产能力比颚式破碎机的高1倍以上，单位电耗低1kW·h左右；②运转平稳，振动小，设备基础质量较轻；③可以挤满给矿，大型粗碎圆锥破碎机可直接喂入原矿石，从而减少矿仓和给料机；④片状产品较少；⑤启动容易，不需先转动活动圆锥。

（2）缺点：①机身高（比颚式破碎机高2～3倍），故厂房建筑费多；②机器质量大，设备投资高；③不适宜破碎潮湿和黏性矿石；④安装、维护较复杂，检修不便。

344. 试述圆锥破碎机的操作和维护要点

（1）开车前需进行的全面检查：①新装或检修后，启动之前，应用人工或吊车把破碎机回转2～3转，观察能否灵活转动；②检查破碎腔内有无铁块或矿石；若有，需取出；③检查并调整排料口宽度，使之符合要求；④检查各电气连锁装置和联系信号是否正常；⑤检查并调整油箱中的油位和油温，油温若低于20℃，应先加热至符合要求。

（2）开机：经上述检查，确认无问题后方可按下述顺序开机：位于流程下游的设备先开，运转正常后再启动紧邻的上游设备，直至启动喂料机。启动破碎机时先开油泵，油泵运行3～5min，确认正常之后，才启动破碎机。油泵启动后，其油压应为78.4～147kPa（0.8～15kg/cm^2），冷却器水压应比油压低49kPa（0.5kg/cm^2）左右，以防水渗入油中。

（3）在运行中需定时巡回检查以下各项，发现问题及时处理：①给料应均匀，给料粒径应小于进料口尺寸的80%；②严防铁件进入破碎腔；③润滑系统的油量和油温应正常，回油温度应不超过60°；④水封排水情况是否正常，若断水，不得运行；⑤水冷却系统的管路是否畅通，水量和水温是否适当；⑥电动机和轴承温度是否过高；⑦锁紧油缸的油压调整环必须处于锁紧状态；⑧各部件的紧固情况；⑨出机产品的粒度是否符合质量要求；⑩设备运转声是否正常。

（4）停车注意事项：停车顺序和开车顺序相反，即先停给矿机，破碎腔内的矿石全部排空后，再停破碎机，最后停油泵和出料输送设备。

345. 如何延缓输送管道的磨损

在物料的输送过程中经常会遇到管道很快磨漏的问题，为此，各种耐磨衬料应运而生，这些材料包括有耐磨复合钢板、耐磨陶瓷、耐磨焊条与焊丝等，它们的使用特性和性价比差别较大。

这些材料各有优缺点，但总体上由于需要稀有金属，成本都不低。在研究耐磨的课题中，对于输送管道而言，它并不像破碎与粉磨设备那样。这种磨损不能回避，所以最好的办法是设法减少物料对管壁的磨损。如在斜管道下侧加焊梯形挡板。使输送物料堆积在上，让物料与物料之间摩擦，这是在很多厂使用成功的经验，在管道转角处，设置转向球，避免了物料对弯管外侧的冲刷（也有在外侧加用混凝土灌实衬套的办法，但这不同于避免磨损的办法）。管道的设计中能使用垂直管道时，不要选用斜管道。

346. 如何防止输送物料的管道堵塞

在水泥生产中，经常会遇到物料在输送管道中堵塞，被迫停机，严重时需要安排专人不停地处理，甚至将管道割开处理。这不但影响产量，而且对产品质量也有威胁。对此，应当采取如下措施予以防止：

设计中首先考虑物料的休止角，管道的布置斜度必须略大于物料休止角，但必须考虑条件最恶化时的休止角，如水分较大时，细粉偏多时，休止角要更大些。休止角过大时物料的冲击力会对下面的受料仓有影响，或者粉尘过大；其次要考虑物料的通过量，管道内的填充料不是大于50%，这种通过量不是按平均值计算，而是按照最大量时计算；管道还要考虑耐磨情况，否则会很快磨漏。

生产中则应观察被输送物料的物理特性，如发现不合要求时应该立即制止进料。

在管道与料仓的材质上也要认真选择。现在，对关键易堵部位选择不锈钢作为衬料的效果会更好一些，如煤粉仓等。

2.4.2 中级工/四级

347. 空气斜槽的斜度范围，风压及透气层单位面积耗气量一般为多少

空气斜槽的斜度取决于工艺布置，斜度越大，则物料流动性越好，但工艺布置困难，斜度范围一般为6%、10%、14%、18%，用度数表示分别为4°、6°、8°、10°，所需风压一般为4～5.5kPa，透气层单位面积耗气量一般为1.5～2m^3/（m^2·min）。

348. 简述多孔板、透气层的材质

多孔板材料有陶瓷、水泥、钢板等材料，其中以钻孔的钢板最常用，该形式

的多孔板制作简易，使用寿命较长。透气层使用最多的是帆布织物。

349. 简述 HL 型斗式提升机掉道的原因是什么

其原因：①两根链条长短不一；②单撇链条断裂；③尾轮轴承落架；④斗式提升机反料严重，尾部积料，将尾轮抬起，导致掉道。

350. 试分析斗式提升机电流偏高的原因及处理办法

其原因及处理方法：①喂料量过高，适当减少喂料量；②磨机抽风过多，导致循环负荷增加，这时要适当调整选粉机回粉量；③隔仓板脱落或篦缝扩大也会导致电流升高，这时须停磨更换篦板；④机械方面的原因，如链条磨损或断裂、轴承缺油抱死等，须请机修人员处理。

351. 简述螺旋输送机的优缺点

其优点是结构简单，运转部件少、占地较小，操作管理简单。其缺点是运行阻力大，动力消耗大，磨损较快。

352. 简述螺旋输送机的操作

其操作：①输送机应无负荷启动后方可加料。②保证物料均匀喂入，填充率一般不超过 40%，如喂料不均匀，容易发生堵塞现象，叶片、轴和轴承等零件也容易损坏。③防止碎铁或硬物进入输送机，特别是检修后螺栓或螺帽落入机槽内，容易造成叶片夹壳，引起停机事故。④输送机停机前先停止加料，待机壳内的物料全部卸空后，方能停机。

353. 螺旋输送机的维护注意事项有哪些

其注意事项：①使用中经常检查机器各部件工作状态，注意各紧固件是否松动，如有发现，立即停机紧固。②应特别注意螺旋轴的联结部位的连接螺栓是否松动或脱落，如有发现，立即停机紧固。③输送机运转时严禁取下机盖，以免发生人身事故。④轴承要经常加润滑油并注意密封。轴承要及时调整或更换，以免磨损后螺旋轴下移，阻力增大或发生断轴事故。

354. 怎样更换螺旋输送机吊轴承

首先松开或卸开连接上下吊瓦的螺栓，即可抽出更换上部轴瓦；将螺旋轴抬起，使下部吊瓦壳与轴之间空出间隙，即可抽出下部吊瓦进行更换。

355. 气力输送管道布置设计的要求有哪些

起点与终点应尽量取最短距离，尽量减少弯路，考虑被输送物料的温度变化及季节不同而引起的气温变化，管道会产生热胀冷缩现象，应在一定的部位加装伸缩管，以适应管道沿长度方向的形变。管道上的支架除考虑支撑管道和物料质量外，还应考虑输送过程中管道产生的振动力。

356. 简述油冷式电动滚筒工作原理

带有环形散热片的电动机用左右法兰轴支撑，两个轴固定在支座上，电动机旋转带动一对外啮合齿轮和一对内啮合齿轮使滚筒旋转，在滚筒空腔内填有冷却润滑油，当滚筒旋转时，油液冲洗电动机外壳并润滑齿轮和轴承。

357. 胶带输送机拉紧装置形式有几种

其形式有螺旋式、车式、垂直式 3 种。其作用：①保证输送带具有足够张力，输送带和滚筒之间产生必要的摩擦力而不至打滑；②限制输送带在各支点间垂度，使输送机正常运转。

358. 胶带输送机常出现的不正常现象有哪些

其不正常现象有胶带跑偏、胶带打滑、胶带撕裂、接头开缝、断裂等。

359. 如何处理胶带机的跑偏

皮带如果是在尾部跑偏，可调整尾部滚筒，胶带在滚筒上往哪边跑偏就收紧哪边的轴承座，使前后轴中心线距离相等且垂直于胶带中心线；皮带如果是在下料点处跑偏，则检查下料点是否不正，物料没有落在皮带中间从而导致皮带跑偏，这时可以在下料点两侧加设活动挡料板，控制物料落点；皮带如果是在中间段跑偏可以在跑偏处加设自动调偏托辊。

360. 胶带输送机皮带接头连接的方式有哪几种

连接方式一般有 3 种，即硫化胶接、冷粘胶接、机械连接。采用硫化胶接时应严格按照接头加工、配胶、刷胶、黏合加压与硫化的操作顺序及规范进行操作，硫化接头强度可达胶带强度的 85%～90%，推荐采取此种形式。冷粘胶接适用于温度不高的物料的输送，粘接时要把接头处理好，刷胶时待胶不粘手时进行粘接，粘接后用胶锤均匀打击结合面使接头结合紧密。机械连接常用带扣螺栓连接，带扣螺栓布置时每排要交叉布置，接头强度仅为胶带强度的 35%～40%，用在紧急抢修场合。

361. 胶带输送机在何种情况下要装逆止器，其作用如何

逆止器装在倾斜向上输送物料的胶带输送机的传动装置上，其作用是防止非正常停机时，胶带反转，物料倒行堆积在尾轮以免引起设备、人身事故及环境污染。

362. 影响 FU 链式输送机输送能力的因素有哪些

因素：①输送链条没张紧。②输送钩变形或磨损严重。③输送链条上的套筒或销轴破损严重。④轨道磨损严重。⑤物料水分大。⑥机槽内物料粘结现象严重。⑦料槽内有异物。

363. 引起 FU 链式输送机振动的原因有哪些

原因：①输送构件刮壳体。②料槽内有异物。③输送链条脱轨。④输送链条或传动齿轮磨损较大产生滑动。⑤传动链条磨损产生爬链现象。⑥输送链条断裂。

364. 简述复摆式颚式破碎机工作原理

电动机通过三角皮带带动飞轮，使偏心轴旋转，悬挂于轴上的动颚则按一定轨迹做复杂往复摆动，从而使破碎腔内的物料在齿板的挤压与剪切作用下破碎，破碎的物料经出料口排出。

365. 说明复摆颚式破碎机的结构特点

复摆颚式破碎机，其前端安装固定齿板，两侧安有侧板，以防机体磨损。动颚为优质铸钢件，正面安装活动齿板，上端通过偏心轴悬挂于机体轴承座上，下端由肘板支撑于调整座上。偏心轴两端分别装飞轮和皮带轮。齿板用高锰钢（ZGMn13）铸件，具有高强度和高耐磨性，一端磨损后可调头使用。肘板支撑于动颚与调整座之间，肘板承载和传递机器的破碎应力，当超硬物料进入腔内而使机器超荷时，肘板迅速断裂，从而保护其他重要机件不被损坏。通过调整座可调整排料口大小，从而满足生产不同粒度的物料要求。

366. 简述 2PCF-2022 单段锤式破碎机工作原理

2PCF-2022 单段锤式破碎机是一种反击式破碎机，主要锤头在上腔中对矿石进行强烈的打击，并由此造成矿石对铁砧的撞击和矿石之间的碰撞而使矿石破碎。主电动机通过联组窄 V 带带动装有大带轮的轮子，矿石用给矿设备喂入破碎机的进料口，送入高速旋转的转子上，锤头以较高的线速度打击矿石，同时击碎或压下料块，被压下的料块撞击到铁砧上或自相碰撞而再次粉碎，然后被锤头带入破碎机和篦子工作区继续受到打击和粉碎，直至物料小于篦缝尺寸时从机腔下部排出。

367. 破碎机按结构和工作原理的不同分类

按结构和工作原理的不同破碎机可分为颚式破碎机、锤式破碎机、反击式破碎机、辊式破碎机、圆锥式破碎机。

368. 简述锤式破碎机的工作原理

锤式破碎机是利用高速回转的锤头冲击物料，使其沿自然裂隙、层理面和节理面等脆弱部分而破碎的机械。物料进入破碎机中，受到高速回转的锤头冲击而破碎，物料从锤头处获得动能，以高速冲向打击板而被二次破碎，粒径合格的物料通过篦条排出破碎机外，较大粒径在篦条上再经锤头附加冲击、研磨而再被破碎，直至合格后通过篦条排出。

369. 叙述 2PCF-2022 单段锤式破碎机结构特点

2PCF-2022 单段锤式破碎机主要结构由转子、铁砧、排料篦子、壳体、抽轴装置和传动部分等部件组成。

转子是破碎机的核心，它由锤盘、端盘、锤头、主轴、大带轮、轴承和轴承座组成。主轴采用优质合金材料，为适应破碎大块矿石和传递大扭矩的需要，截面设计为方形锤盘和端盘，用低合金结构和钢焊接而成。它们套在主轴上之后，用 8 个贯通螺栓紧固，宽型的双列调心 SKF 滚柱轴承可以承受很大的冲击荷载和很大跨距的要求，转子的一侧为大带轮，锤头是全回转型的，遇到大块矿石不能一击而碎时，它能完全退避到锤盘之中，有较高的耐磨性能，锤头一边磨损之后可以换边使用。铁砧位于两个转子的正下方，水平中心线上，由耐磨合金材料铸造而成。铁砧与转子外延夹角，增加了对矿石的冲击剪切作用。它的两端镶嵌在壳体上，铁砧与转子工作圆之间有间隙，以保证进入排料带的物料粒度。排料篦子由若干块篦条组成，篦子板由耐磨合金材料制成。壳体由下壳体、上壳体（包括上端板、前端板、顶壳体）、半圆侧壁组成。全部采用钢板焊接，与矿石接触的内表面均装有耐磨衬板、上壳体与下壳体铰接。当更换衬板、锤头或其他易损件时，只需拆卸上、下壳体的结合螺栓，利用液压油缸将上壳体绕铰轴旋转而开启，以达到更换的目的。

半圆形侧壁上开有锤轴抽取孔，下壳体的两端各开门一道，供抽取排料篦子和人员进入机内检修之用。驱动部分是破碎机的动力来源，它由小带轮、飞轮、联轴器、轴承座、电动机底座、滑轨、拉杆和主电动机组成。小带轮通过窄 V 带与转子的大带轮相连接来传递功率，其传动比使转子达到需要的转速以产生理想的破碎效果，主电动机、小带轮和飞轮固定在电动机底座上，通过拉杆调节器可以调节窄 V 带的松紧程度。

370. 锤式破碎机的规格型号如何表示

锤式破碎机的规格用转子的直径 D 和转子长度 L 来表示，D 是指锤头端部所绘出的圆周直径，L 是指沿轴向排列的锤头有效工作长度，单位 mm。例如，$\phi1000\times800$mm 的锤式破碎机，1000mm 就是转子直径，而 800mm 则为转子的长度。

371. 叙述 TLPC20·22A 单端锤式破碎机工作原理

TLPC20·22A 单端锤式破碎机既能粗碎也能中碎，可将块度、长度为 1500mm 的矿石破碎到 25mm 的小块。进入锤式破碎机的矿石首先落到两个吸收冲击能的橡皮辊子上，一个辊子是平滑的，另一个辊子有凸起部分，两个辊子的转速不同，这样可以防止卡住矿石，部分细料还可以通过两个辊子间的间隙漏下去，起到筛分的作用。同时，辊子还保护了转子免受大块矿石的猛烈冲击。辊子将矿石送向锤头，锤头将矿石击碎，并抛到锤式破碎机的上部反击板上，进一步破碎，然后撞击到可调整的破碎板和出口篦条得到最后破碎。合格的产品通过篦条掉下，被皮带输送机带走。在破碎机入口处悬挂着粗大的铁链幕，防止矿石被掷回喂料机上。在转子的后下方，装有悬挂式的保险门，当破碎机内进入铁器时可通过保险门安全排出破碎机外。

372. 简述反击式破碎机的工作原理

物料在设定的流道内沿第一、第二反击板，经一定时间、一定长度的反复冲击路线使物料破碎，下方的篦板起确定出料粒度大小的作用。物料的破碎是在板锤接触时进行的，随后是在抛击到反击板上实现部分破碎，一部分料块群在空中相互撞击进一步得到粉碎。

373. 简述颚式破碎机的种类及结构特点

颚式破碎机有简单摆动和复杂摆动两种类型。

（1）简单摆动颚式破碎机。简单摆动颚式破碎机主要由机架、工作机构、传动机构、保险装置等部分组成。皮带轮带动偏心轴旋转时，偏心顶点牵动连杆上下运动，也就牵动前后推力板做舒张及收缩运动，从而使动颚时而靠近固定颚，时而又离开固定颚。动颚靠近固定颚时对破碎腔内的物料进行压碎、劈碎及折断。破碎后的物料在动颚后退时靠自重从破碎腔内落下。

（2）复杂摆动颚式破碎机。从构造上看，复杂摆动颚式破碎机与简单摆动颚式破碎机的区别是少了一根动颚悬挂的芯轴，动颚与连杆合为一个部件，没有垂直连杆，肘板也只有一块。复杂摆动颚式破碎机构造简单，但动颚的运动却比简单摆动颚式破碎机复杂，动颚在水平方向有摆动，同时在垂直方向也有运动，是一种复杂运动。复杂摆动颚式破碎机的优点是它的破碎产品较细，破碎比大（一般可达4～8，简单摆动颚式破碎机只能达3～6）。规格相同时，复杂摆动颚式破碎机比简单摆动颚式破碎机破碎能力高20%～30%。

374. 简述锤式破碎机的优缺点

（1）优点：具有较高破碎比（一般为10～25，个别可达50）；生产能力大、产品力度均匀、过粉碎现象少、单位产品能耗低；另外还有结构简单、体形紧凑、设备质量轻、操作维修容易等特点。

（2）缺点：锤头和篦条磨损较大，要消耗较多的金属和检修时间，尤其在破碎坚硬物料时，磨损更快；破碎黏性物料时产量显著下降，由于篦条易堵塞，甚至由此而停机。为避免堵塞，被破碎物料含水量应不超过10%。

375. 反击式破碎机的优缺点

（1）优点：①充分发挥了冲击破碎作用，使物料受到高速的反复多次打击、反击和相互撞击的冲击后，物料沿着节理、层理等脆弱面破碎，破碎效率高，能量消耗少；②破碎比大，一般在20左右，高的可达50～60，甚至更大，因而可以减少破碎级数，简化生产流程，减少基建投资；③机器的构造简单、加工量少，因而制造成本低；④设备质量轻，工作时无显著不平衡振动，不需笨重的基础。

（2）缺点：①板锤和反击板磨损较严重、更换较频繁，尤其是在破碎坚硬物料时，磨损更快；②在运转中噪声大，粉尘也大，产品中有过大块，过大块的百分比随新旧板锤而变化；③对含水、含泥物料适应性差，在南方雨季易堵塞，堵塞后清理极困难。

376. 简述辊式破碎机的类型、结构、工作原理和性能

物料进入破碎机后，在摩擦力作用下，被旋转的辊子带进破碎腔内，并挤压成碎片。破碎后的物料，在重力的作用下，从卸料口排出。破碎机的工作是连续的，且有强制卸料作用。辊式破碎机按辊子的数量有单辊式、双辊式和多辊式之分；按辊子表面形状有光辊（表面光滑）、齿辊（表面带齿）和槽辊（表面带沟槽）之分。单辊破碎机主要由一个齿辊和一块颚板组成。颚板和齿辊保持一定距离，电动机通过减速器和一对齿轮使辊子旋转。从加料口落入的物料，在颚板与辊子的挤压力、齿尖的冲击、劈裂力下被破碎。难碎物料进入时，破碎过程产生的作用力便压缩机架上的弹簧，使颚板与辊子间的间隙增大，难碎物料排出，从而避免机件损坏。单辊破碎机的优点是结构简单、机体紧凑、能以小直径的辊子破碎较大块的物料、破碎比大、产品粒度较均齐。适用于破碎中等硬度和松软的物料，如石灰石、硬质黏土和煤块等，破碎较黏湿的物料和片状黏土时，效果比颚式破碎机的好。双辊破碎机主要由平行且水平安装在机架上的一对辊子组成。辊子做相向运动，物料落在转动着的辊子上，与辊子表面摩擦并被带入两辊之间，受挤压而成碎块，经辊子间隙下的排料口卸出。辊子连续工作，有强制卸料作用。辊式破碎机的破碎比一般为4～12，随物料的性质、辊子的直径和表面形状而定。辊式破碎机通常用于破碎中硬石灰石、硬质黏土、煤块、泥灰岩、白垩、页岩、砖块、矿渣等。在破碎系统中，辊式破碎机常用于第二或第三级破碎。

2.4.3 高级工/三级

377. 空气斜槽有哪些特点

空气斜槽无传动部件、无噪声、操作维修方便、设备质量轻、消耗低、设备简单、输送能力大和容易改变输送方向，且可多点加料、卸料。但对输送物料及其状态有限制，物料水分过大，或空气湿度过大时均会影响输送效果，在布置上有一定斜度要求。

378. 哪些原因可造成空气斜槽堵塞，如何进行检查处理

（1）多孔板磨漏，透气层损坏。

故障分析：透气层损坏后造成局部“气流短路”，致使物料不能形成流态化，最终导致斜槽堵塞。

检查处理：拆卸上壳体，更换损坏部位的多孔板和透气层。

(2) 风机出现故障。

故障分析：风机产风量不足或不产风，导致输送空气量不够，物料不能及时排出斜槽。

检查处理：查找风机故障及时予以排除。

(3) 截流阀关的过小。

故障分析：输送空气量不够，物料不能及时排出斜槽。

检查处理：调整截流阀至合适位置。

(4) 物料原因。

故障分析：输送物料颗料较大。

检查处理：检查、调整选粉机和磨机。

(5) 有大块异物进入斜槽。

故障分析：大块异物卡在上斜槽体或下料点处，导致物料排泄不畅。

检查处理：停机，清除异物。

379. 试论述斗式提升机掉道、落架的原因及应采取哪些处理措施

斗式提升机掉道，是指链条从驱动链轮上脱出，并且掉落到链轮轴上，大多是尾轮掉道。

斗式提升机落架，是指链条断裂或销轴脱出，链板分离，链环或胶带拉断引起整条牵引构件与料斗一起垮落。

(1) 主要原因：①提升机下部装置在结构上存在缺陷，使得链条脱轨、掉道事故频繁发生：a. 对于配重式张紧装置，轴承座应在滑槽中上、下自由窜动，当滑道与轴承座阻力增大时，可导致张紧失效，链条从链轮中脱出；b. 橡胶板老化后与链轮轴配合失去精度，粉尘冒出，使橡胶板、轴承座、机体间卡死，使得张紧完全失效；c. 尾轮两轴承密封装置失效或受高温影响导致润滑油脂流光，而未被及时发现，导致轴承损坏，进而使链条掉道落架。②提升机两根链条长短不一。③提升机逆止器失灵，在突然停机时反料，导致尾部链轮掉道。④提升较大块物料时，料斗在机尾底部掏去物料时容易卡死，引起断链、断带，即落架事故。⑤U 形斗钩断裂。⑥个别环链接口虚焊或焊肉太浅，抗拉强度与运行要求不符，也会造成落架。

(2) 故障处理措施：①改进提升机下部装置，减少下链轮轴承故障；②调整两根链条长度，确保头、尾轮轴的水平度和平行度；③检查恢复逆止器；④控制物料力度；⑤通过在 U 形环处加设加固板，从而提高 U 形环及环链的使用寿命；⑥检查、加固薄弱链环。

380. 试分析斗式提升机下壳体堵死，往外喷灰的原因及如何进行排除

(1) 原因：①输送能力不足；②提升机下链轮转动部分出现故障，轴承损

坏，带动其他部件磨损或下驱动轴断裂等，致使提升机下壳堵死，往外喷灰；③提升机卸料口内侧位置偏高，部分沿料斗内壁运动的物料落在卸料口下面的机壳上，落回提升机内，致使提升机下壳堵死，往外喷灰；④物料水分过大，物料糊在料斗内或者料斗破损漏料，也会导致堵塞喷灰现象。

（2）故障处理对策：①提高斗式提升机的输送能力；②提升轴承承载能力，降低提升机下链轮故障发生率；③降低提升机卸料口位置，使之与物料卸出方向相匹配，保证提升机顶部卸出的所有物料全部进入卸料口：④对于黏性物料严格控制水分，对链斗、链条定期检查维修。

381. 已知螺旋公称直径为500mm，工程长度22m，实体螺旋。单端传动，轴承用巴氏合金，试写出该螺旋输送机的规定代号

代号为：G×500×22-B1-C1-M1

382. 螺旋输送机的输送能力取决于哪几方面因素

螺旋输送机的输送能力取决于螺旋的直径、螺距、转速和物料的填充系数。

383. 如何解决螺旋式输送机被卡住

当螺旋输送机进入铁块或坚硬、较大物体时容易卡住螺旋体，使之动弹不得，甚至损坏电动机、减速机。可采取如下办法进行解决：在铰刀下料口处加设一个槽子，槽子尺寸可根据现场情况确定，一般可取长度为500mm，深度为250mm，宽度与螺旋输送机槽宽度相同。如有铁块或其他较硬物质落入机内，在铰刀的挤压下，硬质物就会进入这个槽子，定期进行清理，可确保不卡螺旋输送机。

384. 气力提升泵喷嘴直径、泵内料面高度与输送量之间有何关系

送风量和泵内料面高度不变时，喷嘴直径越小，输送能力越大，所要求的风压也随着增大；当输送风量与输送物料量保持一定时，喷嘴直径越大，泵内料面也增高，所需风压也相应降低。

385. 什么是可逆胶带输送机，在什么场合适用

传动装置转动方向的改变，可以实现输送方向的可逆。具有此功能的胶带输送机称为可逆胶带输送机。用于必须使用一条皮带，卸料却不在同一个地点和方向，通过此皮带的转动方向的调整，就可达到分开卸料的目的。

386. 若胶带输送机B800×38000，头尾轮滚筒相距38m，头轮直径800mm，尾轮直径600mm，接头长度1.2m，系数取1.05，求更换一次皮带最少需要多少米（m）

$L=1.05\times[38\times2+(0.8+0.6)\times3.14/2]+1.2=83.3$（m）

更换一次最少需胶带83.3m。

387. 简述颚式破碎机在运转中产生剧烈的劈裂声后，动颚停止摆动，飞轮继续回转，拉杆弹簧松弛是由什么原因造成的，如何进行处理

当破碎腔内进入不能破碎的物料或其他原因，造成推力板（肘板）破坏，可导致如上情况的出现。这时可松开拉杆螺母，取下拉杆弹簧，将动颚利用起重工具吊起，更换新推力板（肘板），然后放下动颚，调整好拉杆弹簧，即可试车。

388. 颚式破碎机在运转时破碎板抖动并出现异常冲击声，是什么原因造成的，如何进行处理

破碎板固定螺栓松动导致压块松动，或破碎板固定螺栓断裂。紧固破碎板螺栓，更换防松弹簧垫，如果是螺栓断裂可更换螺栓并紧固。

389. 试分析颚式破碎机在运转时推力板支座中产生异常响声和振动的原因，如何进行排除

原因及排除：①拉杆弹簧预紧度不够或断裂，这时可拧紧或更换弹簧；②推力板支座磨损或松弛，可更换推力板支座；③推力板肘头磨损严重，可更换推力板；④出料口调整装置调整得不均匀，造成推力板左右受力不均，可以重新调整出料口装置。

390. 试分析颚式破碎机产品粒度增大的原因，如何进行调整

其主要原因是动颚板底部颚板磨损严重，可调整出料口调节装置，缩小排料口尺寸，如磨损过大，不起效果时，可将颚板上下对换或更换新颚板。

391. 颚式破碎机破碎腔堵塞，主电动机的电流过高，如何进行解决

（1）颚式破碎机破碎腔堵塞、电流增高主要有以下几种情况：①大石块进入破碎腔的上方，但又不能破碎造成堵塞；②破碎机下面的输送物料设备出现故障，排料口被堵：③破碎机内进入黏性物料和其他杂物堵塞排料口；④喂料量太大，破碎机工作不过来。

（2）可采取以下办法进行解决：①停车后，用钢丝绳拴住大石块再用吊车将大石块吊出破碎机：②停止喂料，检查破碎机下部设备；③停止喂料，疏通出料口，此时破碎机尽可能不停；④减少破碎机的喂料量。

392. 简述颚式破碎机轴承温度过高，产生的原因，如何进行解决

（1）轴承超过许可温度，主要原因：①润滑油管堵塞，油脂流动不畅；②油泵漏油或损坏导致供油压力不足；③润滑油太脏，未经过滤，使得杂物进入轴承；④润滑油选择不合适，黏度过大或过小；⑤在冬季启动设备前没有开油温加热器，油太黏；⑥在夏季，从油泵打出的润滑油没有通过油冷却器，或油冷却器发生故障；⑦轴承冷却循环水装置发生故障，如堵塞、不循环等；⑧排料口调得太小（推力板太长）使偏心轴受力太大；⑨传动皮带拉得太紧，轴承受力太大。

（2）出现以上情况可按如下办法进行解决：①疏通清理油管；②修理油泵；

③清洗轴承，重新注入干净的润滑油；④根据轴承受力情况选择合适牌号的润滑油或脂；⑤冬季开设备前先启动油温加热器；⑥排除油冷却器故障，使润滑油经过冷却器冷却；⑦排除轴承循环冷却水装置的故障；⑧适当放宽排料口；⑨放松皮带，不使皮带过紧。

393. 简述锤式破碎机启动初期振动较大的原因

转子不平衡；外壳连接螺栓松动；锤头夹住转子不平衡。出现以上情况可根据具体情况重新按质量选配锤头，使一排的锤头与对称一排的锤头质量相等；检查连接螺栓，并重新拧紧；停机处理锤头。

394. 简述哪些原因可导致轴承温度升高超过规定的范围

主轴弯曲使轴承受力不均；润滑油不足或不干净；轴承迷宫密封环相互摩擦发热。此时根据具体情况可调整修复主轴；清洗轴承更换润滑油；拆卸密封环重新调整装配尺寸。

395. 简述锤式破碎机响声异常，振动过大的原因及处理办法

有铁器进入破碎机或锤头、衬板螺栓断裂。停机取出铁器，或重新更换锤头或衬板并检查篦条有无损坏。

396. 试分析圆锥破碎机传动轴旋转不均匀，产生强烈的敲击声或敲击后联轴器继续转动，而破碎机动锥却不转动产生的原因及处理办法

有可能有以下几个原因导致上述情况出现：圆锥齿轮的齿由于安装不当或运转中传动轴轴向间隙过大而磨损和破坏；齿轮的键被破坏；动锥轴由于掉入非破碎物而折断。此时，停车更换齿轮并校正啮合间隙；换键；换动锥轴并采取除铁措施。

397. 试分析圆锥式破碎机产生强烈的振动，动锥迅速自转的原因

主轴因下列原因而被锥形衬板抱紧：动锥轴与轴套间没有润滑油或油中有灰尘；由于动锥下沉或动球面破坏；锥形衬套的间隙不足。

398. 试分析反击式破碎机机体振动的原因

可能有如下原因造成破碎机机体振动：地脚螺栓松动，打击板锤质量不均，转子静、动不平衡，破碎机轴承游隙过大。此时可以紧固地脚螺栓，更换板锤或重新配重，给转子做静、动平衡，检查、更换破碎机轴承。

399. 生料配料站中有必要选用板式喂料机吗

生料配料站一般都有 3～4 个不同原料的皮带配料秤，不少典型设计仍在库下与皮带秤之间加装板式喂料机，使物料不直接压在皮带计量秤上，并通过板式喂料机的转速调节实现皮带上料面的稳定，以达到配料准确的目的。但在实际使用中存在如下问题。

（1）板式喂料机的转速调节是来自皮带秤重的指令，但由于配料中所用的板喂机与皮带机的转速都为低速，使得这种指令的调节效果相当滞后，表现出料流并不稳定。

（2）此处一般选用中小型板式喂料机，如遇到较大块状物料就会被卡住，容易造成链板变形，或断料。严重制约立磨的正常运行。

（3）遇到料潮时，板式喂料机容易被糊住，更显得不适应。因此，对于配料站为储料小仓时，将板式喂料机拆除，加长下料溜子，将板式喂料机的变频装置用于皮带秤电动机，使原来的恒速皮带秤可以调速。通过调整下料溜子上的棒阀，使喂料量相对稳定在皮带秤可控的流量范围内。皮带秤根据设定值和称重值，直接调节秤本身的转速，实现配料控制。对于配料站为圆库，要慎重考虑料重对秤的压力能否承受；当原料中的含水量过大时，也要防止皮带堵住，此时板式喂料机会缓解粘结症状。但板式喂料机的最大缺点是上面的粘料在返回行程的下方掉落，如果不是掉在下方的皮带秤上，不但影响配料准确，而且需要清理或另外输送。

400. 简述反击式破碎机机体内转子在运转过程中有噪声发出、电流大的原因

板锤、反击板的衬板螺栓有松动或脱落现象；机体内进入其他铁质硬物。可按如下方法排除故障：及时停机检查、更换衬板，拧紧螺栓；清理硬质杂物及脱落的反击板和打击板。

2.4.4 技师/二级

401. 写出空气输送斜槽输送能力的计算公式，并注明各符号代表的意义

斜槽输送能力公式为：

$$Q=3600kFu\rho\ (\text{t/h})$$

式中 k——物料流动阻力系数，$k\approx0.9$；

F——槽内物料的截面面积，m^2；

u——槽内物料流动系数，m/s；

ρ——流态化物料的容积密度，t/m^3。

402. 简述空气斜槽物料不能气化的原因及解决办法

（1）下槽壳体密封不好，漏风，使透气层上下压差变小，从而导致物料无法气化。解决办法：密封壳体，处理漏风点。

（2）物料含水分大，潮粉堵塞了透气层的空隙，湿气流不能均匀分布，物料不能气化。解决办法：更换透气层，严格限制物料水分。

（3）输送物料中粗颗粒及大块异物较多，这些颗粒异物在透气层上积累一定程度会使异物无法流态化。解决办法：定时清理异物，调整物料细度。

403. 写出斗式提升机输送能力计算公式

$$Q=3.6W_m\omega=3.6i\psi/a\ (t/h)$$

式中 Q——输送能力，t/h；

ω——料斗运行速度，m/s；

W_m——线荷载，L/m；

i——料斗容量，L；

a——料斗间距，m；

ψ——物料填充系数。

404. 胶带斗式提升机验收的主要要求有哪些

要求：①斗式提升机的头轮轴和尾轮轴应在同一垂直平面内，并且两轴中心线均与水平面平行；②中间机壳的法兰连接处，不得有显著的错误，法兰间有密封措施，每节壳体上法兰面水平度为1mm/m；③料斗中心对胶带中心线的位置偏差为±2.5mm；④为防止胶带接头脱开和料斗在胶带上配置可靠，需用力矩扳手拧紧螺栓。螺栓预紧力见表404-1。⑤在调整胶带预紧力时，须参考配重箱的配重量，配重参照表404-2。⑥安装逆止器时，必须使其旋转方向与斗式提升机的旋转方向相符，不得装反；⑦牵引胶带或链条经调整到适当的工作拉力，拉紧后，尾部链轮剩余行程应不小于全部行程的50%，螺旋拉紧装置调节螺栓和滑板调整时应灵活，不应有阻塞现象；⑧从提升机基础开始每隔10m左右或在每层楼面上应设置固定支架。安装后必须保证提升机壳体在垂直方向上能够自由伸缩。

表 404-1　螺栓预紧力（N·m）

规格	160	200	250	315	400	500	630	800	1000	1250	1400	1600
预紧力	120	210	210	210	210	380～400	380～400	380～400	380～400	380～400	380～400	380～400

表 404-2　配重箱的配置量（kg）

规格	160	200	250	315	400	500	630	800	1000	1250	1400	1600
配重	100	100	150	150	225	275	400	450	600	600	1000	1000

405. 螺旋输送机输送能力，计算公式是什么

计算公式：

$$Q=47D^2\cdot n\cdot y\cdot t\cdot C\cdot\psi$$

式中 Q——输送能力，t/h；

D——螺旋叶片直径，mm；

n——转速，r/min；

y——物料容积密度，m^3/t；

t——螺旋节距，m；

C——倾角系数；

ψ——物料填充系数。

406. 螺旋输送机检修后应该怎样试车调整

调整：①吊轴承端面与连接法兰内表面间隙，当螺旋直径为 $\phi150\sim\phi250$mm 时，间隙应不小于 1.5mm，当螺旋直径为 $\phi300\sim\phi600$mm 时，间隙应不小于 2mm。②壳内壁与螺旋面的两侧间隙应相等，其允差为±2mm，底部间隙不得小于 10mm，允差为±2mm。③螺旋叶片轴中心应成一直线，偏差不得大于±3mm。④悬挂轴承应安装在连接轴中点，其端面距两螺旋管管轴面的间隙应分别大于 10mm（$\phi150\sim\phi400$mm 时）和 20mm（$\phi500\sim\phi600$mm 时）。⑤空载试车时，如发现轴承有漏油现象，应拆下轴承，调整密封圈内弹簧的松紧，直至不漏为止。

407. 若用直径为 600mm 的螺旋输送机输送水泥，试确定其螺旋轴的极限转数（附标准转数为：30、35、45、60、75r/min）

螺旋轴的极限转数为：$n=\dfrac{K_2}{\sqrt{D}}=\dfrac{35}{\sqrt{0.6}}=45.18(\text{r/min})$

根据标准转数，将其极限转数圆整为 45r/min。

408. 已知某实体螺旋直径为 600mm，螺旋转速为 45r/min，用于输送水泥，水泥的容积密度为 1.25t/m³，填充系数为 0.3，倾斜系数为 0.9，试计算该螺旋输送机的输送能力

由公式可知：（对于实体螺旋，螺距等于 $0.8D$）

$Q=47D^2\cdot n\cdot y\cdot t\cdot C\cdot\psi$

$=47\times(0.6)^2\times45\times1.25\times0.8\times0.6\times0.9\times0.3=123.35$（t/h）

409. 螺旋输送机的螺旋体通常有几种损坏形式，如何进行处理

（1）损坏形式：①螺旋叶片外圆磨损；②螺旋叶片变形；③螺旋体轴线弯曲；④螺旋体轴（空芯轴）断裂。

（2）故障处理对策：

① 螺旋叶片的磨损补焊：a. 在叶片外圆镶贴 $\phi8\sim\phi12$mm 的钢筋（钢筋直径不大于叶片厚度的 2 倍），镶贴处可采用每隔 20mm 焊接 20mm 的方法，用间隙补焊予以修复。b. 为提高叶片使用寿命可在叶片外圆加焊一层渗碳圆钢。

② 螺旋叶片的整形修理：a. 对于局部的变形可用氧炔焰烘烤后，再用手工校正的方法加以修复。b. 对于螺旋体变曲，可以将螺旋叶片拿出，两头放在可以旋转的支点上，检验其弯曲部位和方向，确定后用氧炔焰烘烤至 600～700℃，

再进行加压或手锤敲击，达到相反方向的弯曲。

③ 空芯轴断裂的修复：a. 将断裂面处理平整，加工一根与空芯轴有一定配合程度的实芯轴，实芯轴长径比可按 3～4 考虑，将实芯轴对称插入芯管内，然后校正其直度，再进行圆周连续焊接。b. 将断裂处两头除锈，并找平两边上下尺寸基准线。加工一支轴套，其内径和空芯轴外径相同，长度为 $L=(3\sim4)d$，壁厚为 4～5mm。将轴套沿轴线锯开，形成两支半圆形的卡套，然后对称卡扣在断裂处，再进行圆套两边圆周连续焊和沿轴线剖开缝的焊接。c. 将断裂处两头处理平整后，用 5～6 块扁铁条间隔均匀地焊接在螺旋体空芯轴的四周，扁铁条长 100～150mm，宽 30～50mm，厚度为 5～6mm。也可用直径为 $\phi16\sim\phi18$mm 的废圆钢或废螺纹钢焊在上面。

410. 生产中若要增加气力提升泵的提升能力，应采取什么措施，并说明对生产有何影响

（1）若选用的鼓风机风压较小，要增加输送量，可采用大口径喷嘴输送物料。这时泵内物料面增高，风压减小，但是粉料输送浓度随之降低，耗风量将增大；若选用的鼓风机风压较高，要增加输送量，可采用小口径喷嘴输送物料。这时粉料输送浓度增大，风压增大。但单位输送量的电耗增高，特别是电源电压较低时，工作电流容易超过允许值，甚至引起跳闸，造成料满墙塞，影响连续生产。

（2）异常情况及处理：①总供气管路压力及指示值降低至规定范围，说明空气量不足，应立即减料或停止供料，直到压力计指示值恢复到正常范围为止；②当输送中及喷嘴处的压力计指示值高于正常压力时表明供料量过大，甚至管道中发生堵塞现象，应立即停止供料，直至堵塞消除为止，并及时查找原因，特别是查看储料仓内筒筛有无问题。

411. 如何计算胶带输送机的输送能力

计算公式：

$$Q=KB^2W\gamma C_1C_2$$

式中 Q——输送能力，t/h；

K——断面系数；

B——带宽，m；

W——带速，m/s；

γ——物料容量，t/m^3；

C_1——倾角系数；

C_2——速度系数。

412. 叙述胶带输送机皮带接头硫化的技术要求

（1）接头按皮带层数剖成阶梯，其阶梯长度 S 的尺寸按表 412 的规定执行。

表 412 胶带接头的剖割尺寸（mm）

皮带宽度 B	≤500	>500～600	≥1000～1600
阶梯长度 S 应不小于	200	250	300

（2）接头端部剖割处应平整，不得有凹凸破裂缺陷，表面须锉毛，并保持清洁，搭接时两接头中心线应在一条直线上，偏差不得大于±0.5mm。

（3）胶带硫化温度与时间应符合胶料的性能，一般硫化温度为 135～145℃，硫化连接剖割尺寸如图 412 所示。

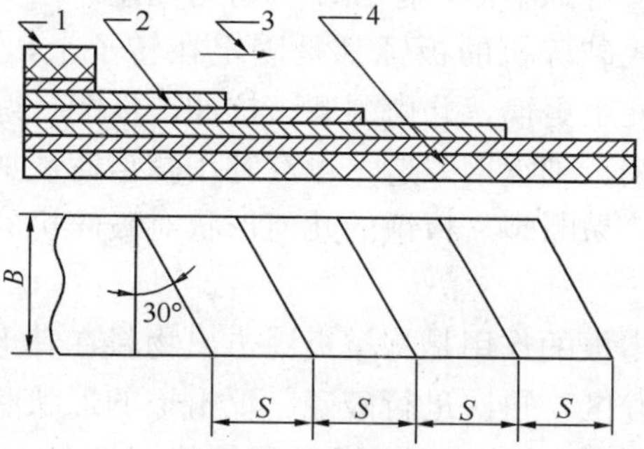

图 412 硫化接头剖割图

1—上覆盖胶；2—纤维层；3—运行方向；4—下覆盖胶

硫化温度从 100℃起，升到 143℃所需时间按下列公式计算：

① 当输送带总厚度小于或等于 25mm 时

$$T=1.4\times(14+0.7i+1.6A)$$

② 当输送带总厚度大于 25mm 时

$$T=1.4\times(17+0.7i+2A)$$

式中 T——保温时间，min；

i——纤维层数；

A——上胶与下胶的总厚度，mm。

（4）硫化时加压的压力为 1～2.5MPa，最低压力不得低于 0.5MPa。

413. 分析反击式破碎机与锤式破碎机有何区别

区别：①反击式破碎机的板锤和转子是刚性联结的，利用整个转子的惯性对物料进行冲击，使其不仅破碎而且获得较大的速度和动能；锤式破碎机的锤头是单个的，对物料进行打击破碎，物料获得的速度和动能有限；②反击式破碎机的破碎腔较大，使物料有一定的活动空间，物料受冲击破碎作用充分。锤式破碎机的破碎腔较小；③反击式破碎机的板锤是自下向上迎接投入物料进行冲击破碎，并把它抛到上方反击板上。而锤式破碎机是顺着物料落下的方向打击物料；④反击破碎机一般下部没有篦条筛，产品粒度靠板锤的速度及与反击板或篦板之间的间隙来保证。锤式破碎机由篦条筛控制产品粒度。

414. 试说明反击式破碎机的主要零部件

反击式破碎机主要由转子、板锤、反击板组成。

（1）转子。反击式破碎机的转子结构形式有整体式、组合式和焊接式三种。反击式破碎机的转子必须有足够的质量以适应破碎大块物料的需要。破碎机的转子大多采用整体式的铸钢结构，这种转子转动惯量大，坚固耐用，便于安放板锤，能满足破碎工作的要求。对小型反击式破碎机也可采取用钢板焊接结构，这种转子制造方便，容易得到平衡，但强度和耐用性差。

（2）板锤。反击式破碎机的板锤都是固定在转子上，它是破碎机的重要部件，要求安装牢固，便于更换，并由耐磨、抗冲击性能良好的材料制造。国内多用高锰钢、中碳合金钢、轴承钢锻造，也有利用高铬铸铁加工板锤以提高其耐磨性，但抗冲击性较差，易断裂。板锤的几何形状对破碎机的生产能力和使用期限都有影响。

（3）反击板。反击板的作用是将被板锤击出物料在其上冲击破碎，并将破碎后的物料重新弹回破碎区，再次进行破碎。反击板的形状和结构对破碎效率影响很大。反击板的形式很多，主要有折线形和弧线形两种。折线形反击板结构简单，但不能保证物料得到最有效的冲击；圆弧形反击板可使物料在圆心形成激烈的相互撞击而被破碎，破碎效果高。反击板的材质为高锰钢。

415. 试说明锤式破碎机的主要零部件

锤式破碎机的主要零部件由锤头、转子、篦条筛、内壁衬板、机架等。其中锤头和篦条为易损件，并在破碎过程中起主要作用。

（1）锤头。锤头是锤式破碎机的主要工作零件。锤头的质量、形状和材质对破碎机的生产能力有很大影响。锤头动能的大小与锤头质量成正比，质量越大动能越大。即锤头质量越大，破碎效率越高，能耗也越大。因此，要根据不同的进料块尺寸来选择适当的锤头质量，从几千克到一百多千克。锤头用高碳钢锻造或铸造，也可用高锰钢铸造。为了提高耐磨性能，采用高锰低合金钢 ZG30MnTi，有的在锤头工作表面对焊一层硬质合金。近年来有的用高锰钢铸铁锤头复合铸造，即锤柄采用 ZG310-570 钢，而锤头采用高铬铸铁，其耐磨性能比高锰钢锤头提高数倍。

（2）转子。锤式破碎机的转子由主轴、一组转子圆盘（或三角形、多角形挂锤体）和锤头组成。主轴是支承转子的主要零件，冲击力由它来承受。因此，要求主轴的材质具有较高强度和韧性，如用 37SiMn2MoV 合金钢锻造而成。主轴断面为圆形，最大直径为 280mm，轴承处为 200mm。锤架用 60mm 宽的平键与轴连接。有的主轴断面为正方形，锤架活套在主轴上。圆盘（锤架）是用来悬挂锤头的。破碎机在运转时，锤架与物料接触，而造成磨损。所以，选择的材质要具有一定的耐磨性，并应具有较好的焊接性能，局部出现磨损时可进行补焊。整个转子是在高速旋转下工作，所以新换锤头要按质量进行配重，确保转子运行平稳。

（3）篦条筛。篦条筛由篦条、篦架、扁钢压板等组成。篦条筛的筛格的间隙应从里向外扩展，以便使破碎了的产品能尽快排除。篦条有三角形、梯形断面等。三角形篦条间隙是大角度放射形，物料容易通过，不易发生堵塞现象。但其坚固耐用性较差，篦条容易断裂，间隙被磨大后产品粒度变粗；梯形截面的篦条坚固耐用，篦条间隙不易被磨大，但容易被潮湿物料堵塞。篦条材质通常采用锰钢铸成。

416. 试写出反击式破碎机的产量计算公式

$$N=0.0102Qu^2/g$$

式中 g——重力加速度，m/s^2；

u——转子的圆周线速度，m/s。

417. 试写出锤式破碎机的产量计算公式

$$Q=(30\sim45)DL\rho$$

式中 L——转子长度，m；

ρ——破碎物料的松散容积密度；

D——按锤头外沿计算的转子直径。

2.4.5 高级技师/一级

418. 破碎产品粒度过大有什么不利

对于已经普遍使用的立磨，确实能适应较大粒径物料，但是，它绝不应该成为不控制破碎粒度上限的理由，更不应该成为欲延长破碎机易损件寿命、降低破碎成本的措施。

因为，对物料破碎与粉磨的机理不同，破碎不充分的物料在磨机内就会降低粉磨效率。规定破碎后的最大力度值，不仅是保证磨机高效节能的需要，更是输送过程中胶带运输机上的皮带安全及皮带计量秤上指定料层厚度的需要。皮带只要遇到一块超大石块，就足以使其撕裂，也可以使皮带转运站的溜子堵塞；如果经常有过大的石块存在，计量秤料层厚度也要被迫增加，导致计量失准，继而影响配料准确。所以，当破碎设备不能控制粒度上限时，就是一种带病运转状态，应当及时纠正。

419. 破碎粒度过大应如何调节破碎机

（1）及时调整或更换锤头、篦条、板等配件。日常生产中，应该根据产品粒度的变化及易损件的磨损情况，及时做好这项工作。为此，化验室应有必要的抽检制度，并制定相应的粒度指标严格考核。

（2）保证破碎机的喂料稳定。喂料忽大忽小、时有时无，同样是增加配件磨损的重要因素。很多厂的破碎机进料靠移动机械喂料，难免会出现喂料不均衡的现象。所以，在板式喂料机前方增设专用料斗是必要的。

420. 如何延长破碎机易损件的使用寿命

（1）重视工艺设计布置中喂料能力与破碎机能力的平衡。不少工艺线都有这种情况：破碎机选型较大，而喂料能力却受运输机械，甚至交通、供货能力的制约，使破碎机不能满负荷运转，不仅电耗高、磨损严重，而且过破碎现象也十分突出。

（2）破碎机设计时，重视确定喂料点的合理位置，使被破碎物料之间的碰撞能量得到充分利用。

（3）特别重视进厂物料的含水量、粒度及硬度等质量要求。因为这类物料的物理性能对破碎机效率有着直接影响。不少企业为降低成本，尽力压低进厂原物料价格，不惜降低质量要求。其结果是使进厂后的每个工艺环节都要付出高昂代价，实际是事与愿违。当然，如果当地根本找不到合格原料，说明可行性研究报告阶段的工作没有到位，应当对现有的破碎工艺重新调整和改造。

421. 如何降低破碎机的电耗

（1）根据被破碎物料的硬度、磨蚀性、含水量以及粒度合理选择破碎机类型。在众多类型破碎机中，根据其破碎原理，正确地选择相应类型的破碎机。如破碎石灰石一般多选用锤式破碎机，在设计时，就要充分考虑粒度的控制要求，尤其要重视进料位置与破碎打击元件的相互关系；有经验的设计人员知道，如果投料点不合适，就会增加能耗和磨损，而且还易使石料从破碎机中飞出。

（2）严格控制被破碎物料的含水量、粒度及杂物的含量。

（3）严格控制喂料量的稳定。

422. 破碎后所允许的最大物料粒径是多大

当生料磨为管磨机时，最大粒度可控制为25mm；对于立磨和辊压机，最大允许粒度与磨的辊径D有关，一般为$0.05D$；但对于立磨，为了避免磨机振动，还应有下限要求，即小于$0.01D$粒径的细料应不超过10%。例如，对于磨辊直径2000mm的立磨，准许进入磨机的物料粒径最大不超过100mm，而20mm粒径以下的物料不超过10%。但近来的实践证明，并非加大入磨粒径才是避免磨机振动的唯一有效措施，为了立磨的高效率，进磨的物料粒径偏小控制仍是正确的。

与此同时，为了破碎工序的经济效益，减少过粉碎，即对粒度下限也应有所控制，它不仅使产量提高，更有利于锤头等磨损件的寿命，还有利于下道工序质量的控制。

制定破碎产品的粒度指标必须随被破碎物料特性的不同而改变，需要实际生产中反复验证指标的合理性及可行性。最终追求的目标不仅是满足下道工序的需要，也要有本道破碎工序最佳的经济效益。

423. 什么是破碎比

某次被破碎物料进出破碎机的粒径尺寸比值为该次破碎作业的破碎比。若破碎前粒径尺寸为 D，破碎后粒径尺寸为 d，则破碎比 $i=D/d$。D 取决于矿山的开采方式及采掘机具的能力，一般为 200～1500mm；d 则应根据下道工序粉磨机械的最大接受能力确定，管磨机要求为 25mm，立磨则根据磨辊直径为 60～80mm。由此可见，采掘工艺与粉磨工艺对破碎工段的总破碎比的要求为 20～40。

424. 破碎比大有什么好处，破碎粒度检验的必要性及方法

每台破碎机的破碎比都有一定限制，如果破碎机的破碎比大，可以一次完成从采掘工艺至粉磨工艺的过渡，能按一级破碎进行工艺布置，不仅电耗、磨耗大为降低，而且流程简单，设备少，占地少。如果确因被破碎物料的易破性能差，或破碎比要求过大，一级破碎难以满足，则需要二级破碎甚至三级破碎，将破碎机串联布置，完成破碎比的要求，使破碎工序复杂得多。因此，设计并选取破碎比大的破碎机械是设计水平高低的重要标志。

如前所述，破碎粒度过大与过小不仅对本工序，而且对下道工序的产量、质量、成本都会有影响，因此对破碎粒度必须有严格的要求。企业可以自制或购置小型振动筛分机，筛子的孔径按照指标规定的尺寸制作或购买。检验的频次根据生产稳定的程度而定，一般可 8h 抽检一次，在调整或更换锤头及其他配件后，应及时检测。

425. 原料中的水分含量过大有什么不利

原料中的水分不仅会使进厂的原料成为虚假数字，对物料的平衡带来更多的变化因素；而且水分过多会对生产工序的正常运行造成更多的困难。

（1）给原料输送过程带来困难。干法生产中，由于原料水分含量大，黏性较高，大大影响输送设备的输送能力，更重要的是，物料很容易将进出设备的溜子堵塞，降低物料的通过能力。

（2）降低设备产量，增加能耗。含水量较大的物料，不利于设备对物料的破碎与粉磨，而且加剧磨损件的磨蚀速度。同时，为降低入窑的生料水分，必须消耗更多的热能用于烘干。

（3）增加原料存储中堵库的风险。含水量高的原料进入储库或配料仓中，容易形成结拱形堵塞，使生产无法正常进行。

（4）增大运输成本。

426. 石灰石破碎机的扬尘如何治理

很多石灰石破碎机系统设置一台处理风量较大的脉冲袋收尘器，但扬尘治理的效果并不理想。这不但在破碎机顶部负责处理机腔内含尘风量，由于管道过长、拐点多、阻力损失大形成负压不足而没有成效，而且破碎机转子产生的旋流含尘气体在正压作用下，从收集碎石渣的集料斗及输送碎石的胶带输送机的密封罩侧边喷出，使破碎机现场环境在物料较干燥时浓尘滚滚。

根据一些厂的经验，做如下改动后效果明显改善：将破碎机顶部直通收尘器的支管用闸阀关闭；在板喂机进料链幕前 1m 处加设用旧皮带制成的橡胶挡板，可以方便取换；在集料斗管道上加装翻板式锁风阀。这三个措施的目的都是使破碎腔内形成较强的负压，所有粉尘气体全部进收尘器得到处理。

427. 提升机的电气检测保护装置构成和工作原理

斗式提升机是水泥企业常见的物料传输设备，它的电气检测保护装置一般包括上下跑偏检测、底部的速度检测、底部的料位检测。

跑偏检测装置是安装在提升机机壳两侧的检测设备，当提升机发生跑偏时，会碰触检测门，安装在检测门上的感应开关或限位开关动作，这时跑偏信号远传到中控室发出报警或联锁设备保护停机。底部速度检测开关是一种运动检测型传感器，当检测的信号在一定的可调时间内没有发生变化时，触点断开，信号经过控制电缆传送到中控室显示并进行保护停机。

底部料位检测开关是阻旋式料位开关，是利用微型电机做驱动装置，传动轴与离合器相连接，当未接触物料时，电机正常运转，当叶片接触物料时，电机停止转动，检测装置输出接点信号，同时切断电源停止转动。当物料下降时叶片所受阻力消失，检测装置依靠扭力弹簧恢复到原始状态。针对不同比重物料扭力大小可以调节。

428. 皮带机拉绳开关的作用和检查方法

拉绳开关由拉杆、复位柄、凸轮、锁槽及微动开关等组成。拉绳开关安装于皮带输送机的两侧的机架上，用钢丝绳沿着输送机两侧把开关连接起来。当输送带设备发生紧急事故时，在现场沿线任意处拉动钢丝绳，钢丝绳牵动驱动臂旋转，通过传动轴带动扭力弹簧使精密凸轮发生位移，驱动控制线路，使得输送机停止运行。

输料皮带拉绳开关属手动复位。手动复位动作后有自锁装置，能保持在操作位置上，需要手动操作复位手柄可使其返回初始位置。拉绳开关是带式输送机必备的安全保护装置，防止事故的扩大而带来重大损失。当紧急事故发生时，在现场沿线任意处拉动拉绳开关，均可发出停机信号，实现对人身及设备的保护作用。

在皮带机正常运行时，千万注意不要触动拉绳，以免意外停机。若造成停机，需立即检查拉绳开关的臂杆是否在两触点的中间位置，若是，则正面拉动臂杆上的定位螺栓，将臂杆复位，再行开机或通知控制室开机。皮带机拉绳开关要定期试验并做好记录。

429. 破碎机的电气组成及日常检查工作有哪些

破碎机电气控制系统包括给料系统、驱动系统、液压控制系统、联锁保护系统。

给料系统包括喂料电动机及其控制回路，一般常采用低压变频器进行喂料量调节，日常检查重点是电动机强冷风机的工作状态，电动机轴承温度。

驱动系统一般采用绕线式高压电动机进行拖动，启动方式多为转子回路串水电阻启动。启动前应检查水电阻水温和水位情况，启动后应检查电动机滑环室，观察滑环室内有无火花产生。巡检注意电动机轴承温升和破碎机转子轴承温升。

液压控制系统是用于调整破碎机反击板间隙的控制系统，主要是由液压油站、系统各部位液压缸、反击板位置检测元件等组成的，当反击板由于外力后退时，位置检测元件将位置反馈到 PLC，PLC 控制油泵及反击板液压缸动作，调整反击板间隙。

联锁保护系统的作用是保护检修人员和设备的运行安全，一般在控制柜的控制回路中串接有电子锁，破碎机检修门上也安装有保护电子锁，钥匙共用。当检修时检修人员关停设备断开控制回路才能拔下钥匙，此时可以打开对应的检修门，检修完毕后，只有检修门锁闭后才能拔下钥匙，用以接通控制回路电源。

430. 反击式破碎机液压油站的工作原理和故障分析

反击式破碎机液压油站是由液压泵、电磁换向阀、过滤器、压力传感器、油位传感器等组成的。当系统油位正常时，外部启动信号控制液压泵工作，液压系统传动液压缸调整反击板位置，压力达到设定值后电磁溢流阀动作，系统泄压。常见故障包括油系统故障和液压传动系统故障，油系统故障主要包含油位报警、油温报警，出现油位报警时检查油位及油位传感器；出现油温报警时主要检查油温和测温热电阻。传动系统故障检查液压缸、电磁换向阀、位置检测器的工作状态。

431. 试说明反击式破碎机驱动装置的主要组成部分

驱动装置由小带轮、飞轮、轴、轴承部分、联轴器、电动机、电动机底座和滑轨组成。

432. 试说明反击式破碎机轴承安装方法及注意事项

轴承采用热装。复核轴承的原始间隙及轴径尺寸无误后，将均匀加热的轴承快速推上轴径，并紧贴于轴套端面，轴承上的推力大小要适度、施力部位要均衡，推力持续至轴承锁紧为止。检测并记录轴承剩余间隙。安装完毕后，轴承应转动灵活。

433. 简述反击式破碎机轴承润滑脂的添加要求有哪些

主轴承和中间轴承采用油脂润滑。

润滑脂的连续运转温度范围必须符合要求。其基油运动黏度>100cst/50℃，应含有 EO 添加剂。在正常生产、检修时，添加、更换的润滑脂和原先使用的润滑脂牌号应完全相同。

主轴承：轴承的空间完全填满新脂，轴承箱空间 50%，密封环间隙完全充填，在运转过程补充量为 300g/月。

中间轴轴承：轴承的空间完全填满新脂，轴承箱充填其空间 30%～40%，密封环间隙完全充填，在运转过程补充量为 100g/月。

运转过程中密封环润滑脂的补充时间根据密封环中的杂质来确定，但是至少每周补充一次新的润滑脂，直至侧面四周溢出为止。

434. 反击式破碎机运转中常见故障及处理措施

症状	原因	措施
破碎机强烈振动	转子配重不均衡	拆下板锤重新称重装配
	衬板、板锤断裂脱落	检查并更换衬板、板锤，预紧楔紧机构
轴承温度超过正常值	润滑效果不好	检查润滑系统
	装配失误、密封间隙不当	检查、调整轴承安装
	窄 V 带初始张紧力过大	检查调整窄 V 带的张紧度
有橡胶味	窄 V 带张紧力小、打滑	检查调整窄 V 带的张紧度
	转子卡死	清除机腔里的异物
窄 V 带扭绞	窄 V 带长短不等，其长带过松	选取等长的窄 V 带重新装配
	窄 V 带磨损	更换新窄 V 带
	轮槽内有异物	清除异物，加强防护
	驱动部分偏位	对中大小带轮
破碎机内有异物	破碎机内有异物	停机清除异物，检查相关转动件
	衬板或其他件松动	进机内检查松动部位，并紧固

2.5 磨 机

2.5.1 初级工/五级

435. 管磨的发展史

人们很早就应用了粉碎食物的装置，为减轻劳动发明了简单的机械，出现了畜力、风力、水力带动的轮碾机（edge mill），大约 9 世纪因矿业的发展出现了干法捣碎磨（stampmil），1512 年有了湿法捣碎磨。但是由于原动力的限制，几个世纪没有本质的进一步变化。直到蒸汽引擎的广泛应用，在 1790 年出现了第一台辊式磨（roller grinding mills）在 Corn wall 的使用。1858 年 Blake 在美国使用了颚式破碎机（Jaw crusher）应用于硬质原料的初碎。约 1877 年出现了锥式破碎机（cone crusher）。表 435 提供了粉碎技术重要阶段的发展。与此同时，除了捣碎磨和轮碾机外，还有间歇操作的可用于细粉磨的鼓形磨（drum mills），有时几个磨同置于一根轴上。磨筒由铸铁制造。研磨体主要是卵石球或瓷球，后来也用铁球。早先这些磨机很少超过 $\phi 1.0m \times 1.0m$，所以产量很低，劳动强度很大。

表 435 粉碎技术重要阶段的发展

粉磨技术的发展		
年	发明者	粉碎机械
公元前 500		
约 900		干法捣碎磨
1512	Sigismund von Maltitz	湿法捣碎磨
		间歇式鼓形磨
约 1790		辊式磨
1842	US 专利	冲击磨
约 1850	美 Griffin	离心摆动筛
1858	美 Blake	颚式破碎机
1876	德 Gebr. Sachseng	筛板卸料球磨
约 1877	美 Gate	锥式破碎机
1891	法 Konow Davidson（专利在德应用）	连续式管磨
约 1935	德 Loesche	弹簧加载辊式磨
1935	美 Harding（1908 已得专利）	瀑布式自磨机
1969	德 Feielge	双粉细粉磨
1977	德 Schonert	辊压机

436. 管磨机按生产方法可划分为几类

按生产方法可划分为三类：

（1）干法磨。喂入磨机的为干料，出磨产品为干粉的磨机；

（2）湿法磨。喂料时加入适量的水，产品为料浆的磨机；

（3）烘干磨。喂入含有水分的物料，在粉磨过程中用外部供给的热气流烘干物料。

437. 管磨机按传动方式划分可分几类

按传动方式可划分为四类：

（1）中心传动磨。它是以电动机＋减速机带动磨机卸料端的空心轴，使磨体回转的磨机，这种磨又有中心单传动和中心双传动之分；

（2）边沿传动磨。电动机通过减速机带动固定于筒体卸料端的大齿轮驱动筒体运转；

（3）无齿轮磨。它把大型低频电动机的转子直接接于磨机的筒体上，电动机与筒体之间没有减速机；

（4）摩擦传动磨。

438. 管磨机的工作原理

管磨机是水平放置在两个大型轴承上低速回转的筒体，筒体内装有研磨体。磨机回转时，研磨体在离心力的作用下，贴附于筒体衬板表面，随筒体一起回转。研磨体被带到一定高度后，即像抛射体一样，以一定的重力和速度落下，冲击筒体内的物料。此外，在磨机回转过程中，研磨体还以滑动和滚动作用于研磨体与衬板间及相邻研磨体间的物料。在磨机回转过程中，由于磨头不断地强制喂料，磨尾又不断地抽风（湿法磨则是不断地从磨头冲水），磨细了的物料便在筒体回转过程中不断向出料端移动，直至物料排出磨外。

439. 管磨机的磨内通风方式有几种

通风方式有自然通风和机械通风两种。自然通风由磨尾排风筒排风；机械通风一般把出磨通风管道与收尘器接通，用排风机抽出磨内的风。

440. 管磨机常用的减速机有几种

常用的有单级减速机、双级侧轴式减速机、三级侧轴式减速机、双级同轴式减速机、双入轴双级减速机和双出轴减速机六种。

441. 管磨机的传动方式

其传动方式有齿轮传动和无齿轮传动两大类。水泥工业多用齿轮传动，齿轮传动的形式有边缘传动和中心传动两种。

442. 研磨体的规格

（1）球类研磨体水泥工业常用的规格：$\phi110$、$\phi100$、$\phi90$、$\phi80$、$\phi70$、$\phi60$、

ϕ50、ϕ40、ϕ30、ϕ25、ϕ20（mm）等。

（2）段类研磨体其规格以直径×长度表示，单位为 mm。段长度通常为其直径的 1.1～1.3 倍。管磨机常用的段的直径为 ϕ8～ϕ30mm。

（3）棒类研磨体其规格以直径×长度表示，单位为 mm，水泥工业常用棒类研磨体的直径为 ϕ40mm～ϕ90mm，长度一般比仓的长度短 40～80mm。

443. 物料的粉磨流程有几种

物料的粉磨有开路粉磨和闭路粉磨两种流程。在粉磨过程中，物料仅在磨内通过一次，卸出来的物料即为成品的流程称为开流磨；物料出磨后经分级设备分选，合格的细粉为成品，偏粗的物料返回磨内重新粉磨的流程称为闭路粉磨。闭路粉磨又有一级闭路与二级闭路之分：分级设备与一台磨机组成闭路时称作一级闭路系统；与两台短磨机组成闭路时称为二级闭路系统。

444. 常见的烘干粉磨系统有几种型式

常见有六种型式：风扫磨系统、尾卸提升循环磨系统、中卸提升循环烘干兼粉磨系统、选粉烘干系统、带立式烘干塔的粉磨系统、带预破碎和预烘干的烘干兼粉磨系统。

445. 干法生料粉磨管磨机的进展

进展的趋势是烘干和粉磨合二为一，形成烘干兼粉磨系统。它的显著特点是流程简单，且可充分利用窑尾废气，降低热耗。物料在这种系统中，一面被粉碎，另一面被烘干。粉碎使物料高度分散，并暴露且悬浮于热气流中，使烘干效率提高。

446. 管磨机各仓的粉磨能力为什么需相互平衡

若管磨机某仓的粉磨能力小于其他仓的粉磨能力，磨机便只能在粉磨能力低的产量下进行粉磨作业，其他各仓和整个磨机的生产能力都不能发挥出来，故需重视各仓粉磨能力的平衡问题。各仓的粉磨能力不平衡，主要原因是各仓研磨体级配和装载量、仓内衬板的型式和分布方式及磨机各仓长度比例。通过磨内物料筛余曲线的测定，可判断各仓的粉磨能力是否平衡。

447. 什么是研磨体，如何分类

（1）定义：研磨体就是用于粉磨物料的介质。

（2）常用的研磨体，根据外形可分为球类、段类和棒类；根据制作材质分为碳素钢、铸铁和合金；根据制造方法有锻打和铸造之分。

448. 隔仓篦板篦孔的排列形式

排列形式有同心圆形、多边形、放射形、斜线形、“八”字形。隔仓篦板篦孔的排列形式对物料的流速、堵塞程度、磨内状况、制造难易程度都有一定的影

响。经常使用的排列形式有同心圆形、多边形、放射形。

449. 隔仓板的作用

作用：

（1）主要是分隔研磨体；

（2）防止大颗粒的物料窜向出料端；

（3）控制磨内物料的流速；

（4）支撑磨机的筒体，防止筒体径向变形。

450. 物料为什么要进行粉磨

（1）通过粉磨，提高物料的细度，使磨细的生料易于在煅烧过程中进行物理化学反应，使磨细的水泥易于水化和发挥强度，使磨细的煤粉能充分的进行燃烧。

（2）在粉磨过程中，使不同比例的原料得到充分的混合，使产品的化学成分和细度都均匀、稳定。

451. 什么叫作过粉磨现象，有何危害

（1）过粉磨现象就是细度已达到控制指标要求的物料不能立即出磨，继续粉磨使部分物料过细造成过粉磨现象。

（2）危害：物料（过粉碎的）占据了磨机的有效空间，影响生产能力，并起缓冲作用，影响粗颗粒进一步粉磨，还会出现包球，降低粉磨效率，增加电耗。

452. 润滑剂有哪些作用

润滑剂的作用：

（1）减少磨损，降低摩擦阻力；

（2）冷却作用；

（3）冲洗作用；

（4）密封作用；

（5）改善负荷条件；

（6）防锈蚀作用。

453. 影响研磨体磨损的因素

影响研磨体磨损的因素有很多，如物料的易磨性，易磨性小，物料难磨，研磨体磨损增大；磨机喂料量的多少，过少研磨体之间相互撞击，研磨体磨损增加；磨机的内径、转速、衬板的形式、研磨体的填充率、研磨体的材质、粉磨的细度等。

454. 磨机的实际工作转速

从磨机最好的经济技术指标出发，全面考虑磨机的结构、生产方式、衬板形

式、填充率、入磨物料粒度、入磨物料的物理化学性能、粉磨要求细度等因素后，加以适当修正，所得的转速称为磨机的实际工作转速。

455. 简述磨机电耳的工作原理

磨机电耳实际上就是一个声电放大器，由一个声电转换器和一个电子放大器以及控制执行部分组成，工作时把声音换成相应的电信号，由此用来调节喂料量。

456. 什么是润滑的凝固点

装在标准尺寸的试管中的油在冷却变稠时将试管倾斜至 45°，并经过 1min 后油面不流动时的温度，称为凝固点。

457. 对入磨熟料和出磨水泥温度如何要求

入磨熟料温度应控制在 100℃以下，出磨水泥温度控制在 135℃以下，超过此温度应停磨或采取降温措施，防止石膏脱水而影响水泥性能。

458. 什么是球料比

球料比是磨内研磨体的质量与物料质量的比值。它说明在一定研磨体装载量下，磨内存料量的多少，也说明磨机正常运转时，喂料的均匀程度。

459. 什么是磨机的有效通风面积

隔仓板的进料口（小端）面上的孔隙总面积与隔仓板总面积的比值（用百分数表示），称为磨机隔仓板有效通风面积。

460. 研磨体在磨内有几种运动状态

有三种运动状态：泻落式运动状态；抛落式运动状态；离心式运动状态。

461. 水泥的生产过程大致可分为几个过程

大致可分为五个过程：①原料开采；②生料制备；③熟料烧成；④水泥制成；⑤水泥装运。

462. 磨机隔仓板篦孔宽度多少为宜

磨机的篦孔宽度一定要适宜。宽度过大，则物料流速快，给后仓增加负担，而且产品细度易跑粗，影响粉磨效率。篦孔过小，容易堵塞，物料流速慢而且容易堵磨，影响磨机产量。篦孔宽度一般以 5～10mm 为宜，为了防止篦孔堵塞，隔仓板出口面上的篦孔宽度应为进口宽度的 1.2～2 倍。

463. 什么是球耗

球耗指磨机内研磨体在粉磨物料过程中单位质量研磨体消耗的数量。

464. 选粉机卸料管漏风原因及处理办法

（1）原因：①选粉机系统锁风不好；②卸料管长期受到粉尘冲刷、磨损，致使在管壁穿洞、连接处密封失效。

（2）处理办法：①经常检查选粉机锁风装置是否正常，发现问题及时排除；②对于磨损比较严重的卸料管要及时予以更换或焊补，防止漏风；③在选粉机粗粒粉卸料管和选粉机进料提升机之间，增加一根连通管，让粗粉管漏出的风排入提升机。

465. 为什么磨机筒体要安装衬板

磨机筒体安装衬板主要是用来保护筒体，避免研磨体和物料对筒体的直接冲击和摩擦；其次是可以用不同形式的衬板来调整各仓内的研磨体的运动状态。因此，磨机筒体内要安装衬板，以适应物料粉磨过程的需要，从而提高其粉磨效率。

466. 二仓隔仓板篦缝堵塞现象及处理办法

（1）现象：①一、二仓磨声均降低；②喂料量被迫下降；③出磨提升机功率降低；④粗粉分离器出口负压上升；⑤磨机通风量不足。

（2）处理：降低喂料量（或停止喂料）进行观察；增大磨机通风量；降低入磨物料的水分。上述措施无效时，停磨检查处理。

467. 出料篦板破损的判断及处理办法

（1）判断：①磨尾排渣装置中有钢球排出；②出磨斜槽中有钢球排出；③出磨机的产品细度变粗；④入选粉机的斜槽中有钢球排出；⑤选粉机有异常的声音。

（2）处理：立即停磨，检查、处理。

468. 衬板掉落的判断及处理方法

（1）判断：①衬板掉落的地方有明显的、周期性的研磨体的冲击声；②磨声记录曲线上有明显的峰值；③掉落衬板的螺栓处冒灰严重。

（2）处理：立即停磨更换，捡出掉落的衬板，并检查筒体是否被砸坏。

469. 斗式提升机料斗掉落或损坏的判断方法

（1）判断：①提升机亮体有被碰撞的异常声音；②提升体功率呈周期性的波动。

（2）处理：打开提升机机头检查门观察；停机处理。

470. 斗式提升机断链判断处理方法

（1）判断：①提升机电流大大下降；②提升机进料溜筒堵料；③打开检查门实地观察。

（2）处理：立即停机修复。

471. 入选粉机斜槽堵塞判断及处理方法

（1）判断：提升机功率急剧上升；选粉机电流下降。

（2）处理：立即停止磨机，并检查、处理。

472. 磨内通风量不足的判断及处理方法

（1）判断：①出磨气体温度高；②系统压力上升；③产品产量偏低。

（2）处理：增大磨机收尘器排风机进口阀门的开度。

473. 磨机主轴承、减速机轴承温度偏高判断及处理方法

（1）判断：①温度指示器的示值高；②高温报警装置报警。

（2）处理：①检查供油压力和温度，并进行调整；②检查油质是否合格，油中是否有杂质或水分，并处理；③检查冷却水是否畅通，水质量是否合格，并处理。

474. 喂料均匀性对磨机产量的影响

喂料的均匀性是保证磨机正常运转、提高产量的重要因素，喂料太少，钢球自身撞击的机会增多，造成能量和金属的浪费。喂料太多，又会因粉磨能力的不足造成饱磨现象，因而降低磨机产量。当入磨物料的粒度大，硬度大而水分多时，适当减小喂料量，否则会造成一仓的物料过多，钢球的冲击作用不能充分发挥，使物料的流速慢，二仓的粉磨负荷加重，成品变粗，循环负荷加大，选粉效率低，合格的成品少，产量低。（烘干磨，烘干效果差，磨机的出口温度低，易糊隔仓板篦缝，这样磨声降低，产量下降。同时易糊斜槽，影响粉磨系统。）喂料的不均匀性和物料性质的变化，使一仓磨声发生变化，一般物料多，磨声发闷，不清脆；物料少，声音很响而且清脆，电耳反应明显。

475. 磨机“跑粗”的原因

粗磨仓的能力过强、细磨仓的能力不足是“跑粗”的主要原因，在这种情况下，即使适当降低磨机产量，产品细度仍然跑粗。粗磨仓粉磨能力显著高于细磨仓的原因：①粗磨仓的研磨体的填充率比细仓的高出过多；②粗磨仓的平均球径太大；③磨内风速过高，研磨体级配不合理，隔仓板或出料的篦板的篦缝过大是导致“跑粗”的原因；④选粉机转速和粗细粉分离器出现问题也是“跑粗”的原因。

476. 磨机喂料量过大的判断和处理措施

（1）判断：①磨声低；②磨机电流增大；③提升机功率上升；④粗细粉分离器出口压上升。

（2）处理：降低喂料量，在低喂料量的情况下让系统运转一段时间。当磨内较空时，缓慢增大喂料量。系统参数正常后，稳定喂料量。

477. 磨机喂料量不足的判断和处理措施

（1）判断：①磨声高；②磨机电流下降；③出磨提升机功率降低；④粗粉分

离器出口负压下降；⑤成品量低。

（2）处理：慢慢增大喂料量，待磨机电流、提升机功率、粗粉分离器出口压力等参数正常后，稳定喂料量。

478. 一仓隔仓板篦缝堵塞现象及处理办法

（1）现象：①一仓磨声下降，喂料量被迫减少；②出磨提升机功率降低；③粗粉分离器出口负压上升；④二仓磨声增强；⑤磨机通风量不足；⑥一仓物料含水量过高。

（2）处理：降低喂料量（或停止喂料）进行观察；增大磨机通风量；降低入磨物料的水分；上述措施无效时，停磨检查处理。

479. 旋风式选粉机锁风的重要性

锁风不良，将造成旋风筒锥底漏风，使收尘效率下降，影响选粉机效率。合格的成品不能分离导致过粉现象，影响台时产量，增加电耗。

480. 生料组合式高效选粉机由哪些构件组成的

主要由传动装置、传动支座、支架、回转部分、壳体、支座、反击锥组成。

481. 生料组合式高效选粉机回转部分由哪些构件组成的

主要由笼型转子、主轴、轴套、轴承、气封装置等组成。

482. 烘干磨饱磨（闷磨、满磨）磨头返料的原因及处理方法

（1）原因：①喂料量过多或入磨粒度硬度大；②入磨物料水分大、通风不良；③烘干热量不足；④钢球级配不恰当；⑤隔仓板损坏、研磨体窜仓；⑥选粉机粗粉回料多。

（2）处理方法：①及时调整喂料量；②降低水分或强制通风；③加大热风量、提高温度；④调整级配；⑤停机更换隔仓板；⑥调整循环负荷，检修选粉机。

483. 烘干磨结圈原因及处理办法

（1）原因：饱磨后发现和处理不及时。

（2）处理办法：减少喂料、增加热风、打开回转筛出渣溜管闸板、排渣。

484. 烘干磨磨内掉衬板螺栓孔漏料的原因及处理办法

（1）原因：①螺栓断裂；②衬板间缝隙小，受热，鼓起脱落；③衬板环向缝隙模铁板掉落；④开车预热、受热不均、某些部件如隔仓板急剧膨胀，挤压衬板卡螺栓。

（2）处理办法：停磨重新安装衬板。

485. 烘干仓有钢球砸击声的原因及处理办法

（1）原因：隔仓板磨损受热变形，钢球窜入烘干仓。

（2）处理办法：停机更换损坏隔仓板。

486. 烘干磨入料螺旋筒松动，有摩擦碰撞声的原因及处理办法

（1）原因：①固定螺栓松动；②大石块卡在叶片内，损坏螺栓；③热风烟道支架倾斜，螺旋筒受摩擦。

（2）处理办法：找出原因进行处理。

487. 烘干磨磨机轴承发热的原因及处理办法

（1）原因：①冷却水不足、水管堵塞或水压不足；②冷却水水质不合要求，残渣、杂质多；③入磨热风温度高或停水未停热风；④保护中空轴的隔热石棉绳脱落；⑤接触不良、安装不正。

（2）处理办法：找出原因对症处理。

488. 烘干磨磨机启动负荷大的原因及处理办法

（1）原因：①长期停车物料沉积，球载不抛落；②中空轴表面氧化生锈。

（2）处理办法：①卸出部分球载，松动剩余部分；②停磨停水后中空轴上加点油。

489. 检修注意事项

检修注意事项：①倒研磨体时严禁在磨机两侧站人；②检修前应先通知值班电工切断主电源，并挂好检修警告标志牌，未经指定人员许可，任何人员不得擅自启动磨机；③所有检修人员必须佩戴劳动保护用品；④修完关磨门时，应事先检查磨内各仓有无人或杂物及工具。

490. 清仓洗磨多长时间为宜

各种磨机洗磨时间：煤磨不超过 20min，水泥磨、原料磨不超过 30min。

491. MPS3150 立磨由哪几部分组成

MPS3150 立磨：①主传动（主电动机、主减速机）；②辅助传动（辅助电动机、减速机）；③磨盘；④磨辊组；⑤张紧装置；⑥分离器；⑦架体；⑧密封空气系统。

492. 蓄能器的作用

蓄能器是用来消化储存拉力过载的，一旦拉力超越所定值，多余能量将排入氮气缸压缩氮气囊，可起到保护张紧装置及磨辊，并起到缓冲压力，减少振动。当压力正常后氮气缸将多余能量释放，恢复正常状态，氮气蓄能器是拉紧装置的安全保护装置。

493. 引起立磨振动的原因

原因：①磨辊、磨盘衬板磨损不均匀；②辊倾角过大或过小；③磨辊中心未找正；④张紧力过大；⑤料层过薄或过厚，料层不均；⑥差压过大；⑦磨内进入

异物；⑧磨内热风不稳；⑨物料易磨性不好；物料粒度过大；⑩喷口环堵塞；⑪其他机械设备原因。

494. 立磨与其他粉磨设备比较有什么优点

优点：①在粉磨理论上，立磨采用了非完全限定矿床挤压粉碎的原理，与球磨机相比，其粉磨效率为球磨的165%，节约电耗30%左右。②立磨对粉磨物料适应性强，在水泥工业中可用于粉磨各种原燃料，如石灰石、砂岩（SiO_2＞90%）、煤、水泥熟料、高炉矿渣等。无论其易磨性、磨蚀性有多大差异，通过对立磨内部结构调整和合理操作，都能生产不同细度、比表面积的合格产品。③立磨设备工艺性能优越，单机产量大，操作简便，能粉磨入料粒度大，水分高的原料，兼中碎、烘干、选粉的功能，设备运转率高、噪声小、振动小、密闭性能好、无扬尘，金属磨损比球磨机低，对成品质量控制快捷，更换产品灵活，可实行智能化、自动化控制等优点。

495. 为什么要控制入磨物料粒度

入磨物料粒度的大小，是影响磨机产量的主要因素之一。入磨物料粒度过大，则第一仓的研磨体规格增大。在装载量相同的情况下，研磨体的个数减少，就会减少研磨体对物料的冲击和研磨的次数，降低粉磨能力。同时，粒度过大造成计量不准，影响配料的准确性，因此要达到优质、高产、低消耗的目的，必须严格控制入磨物料的粒度。

496. 为什么要均匀喂料

（1）若喂料过多，则磨机负荷太大，因研磨体的冲击和研磨能力不足而使粉磨效率降低，选粉机回料也将增加，这样又增加了磨机负荷，如此相互影响，最后被迫止料或减料，产量反而下降，也不利于质量控制。

（2）若喂料量过少，磨机负荷小，球料比增加，使研磨体间相互撞击，造成电耗和钢耗增加，而产、质量下降。均匀喂料，保证磨机稳定生产，提高磨机产、质量。

497. 物料在磨内的流速对磨机产、质量有何影响

磨内物料流速太快，产品细度变粗。反之，若物料流速太慢，产品细度变细和产生过粉磨现象。所以在生产中必须把物料的流速控制适当，特别是一仓物料的流速更不应太快，使粗粒物料尽可能在一仓磨得细些，否则粗粒进入第二仓将使后仓粉磨困难，产生“跑粗”而被迫减料，影响磨机产量。

498. 加强磨内通风对产、质量有何影响

干法磨机进行磨内通风，如适当增加风量，可以冷却磨内物料，改善物料的易磨性，及时排出磨内水蒸气，降低糊球和篦子板堵塞现象，增加细物料在磨内的流速，减少物料的过粉磨现象和细粉的缓冲垫层作用，因而提高粉磨产品的

产、质量。如风量过大，则加重成品收尘器的负担。对于开路磨来说，产品则易“跑粗”，因此，选择适当的风量是提高磨机产、质量的重要因素。

499. 物料在磨内停留时间与磨机产量有何关系

物料在磨内停留时间对于粉磨效率和产品质量关系很大，物料流速太快，产品细度变粗；反之，若物料流速太慢，则产品变细或产生过粉磨现象，产量低而电耗大，因而降低粉磨效率，所以在生产中应把物料的流速控制适当，特别是要注意头仓物料的流速不应太快，使粗粒物料尽可能在头仓磨得细些。否则，粗粒跑到二仓磨不细，就有可能“跑粗”而被迫减料，影响磨机的产量。

500. 磨机分类

(1) 按生产方式分为干法磨、湿法磨、烘干磨。

(2) 按卸料方式分为尾卸式磨和中卸式磨两类。

(3) 按传动方式分为中心传动磨、边沿传动磨、无齿轮磨、摩擦传动磨。

(4) 按长径比分为短磨、中长磨、长磨。一般长径比小于 2 的称为短磨，长径比在 3 左右的称为中长磨，长径比大于 4 的称为长磨。一般短磨不分仓，中长磨为双仓，长磨为 3 仓或 4 仓。

501. 球磨机的优点

单机产量大，并能够连续生产，能满足大规模工业生产要求；粉碎比大，平均粉碎比可达 300 以上，产品细度可以人为调节和控制；对物料的适应能力强，可干法，也可湿法生产，还可烘干和粉磨同时进行；结构简单，坚固、运转可靠，易维护保养；气密性好，适应负压操作，防止粉尘飞扬。

502. 球磨机的缺点

效率很低，一般磨机的电能利用率只有 20%左右，大量电能转变为热量而消耗；体积庞大、笨重，钢材用量多；噪声大，造成噪声污染；磨机筒体要求转速较低，所以一般需配用减速机拖动；研磨体、衬板、隔仓板等磨损严重。

503. 试述磨机衬板的作用和分类

(1) 作用：①保护磨机筒体内壁和端盖不被研磨体磨损；②调整研磨体的运动状态，使研磨体在磨机运转过程中获得的能量得到合理利用，如在一仓装阶梯衬板或压条衬板可使大研磨体的提升高度增大，使研磨体以较大的动能击碎物料；在细磨仓装波纹衬板或平衬板，可使研磨体的研磨作用增强；③在一定程度上增加筒体的刚度；④分级衬板可使仓内研磨体按球径大小沿磨机轴向做正向分级，从而使各直径的研磨体在粉磨过程中充分发挥作用。

(2) 分类：①按照安装部位分为磨头端盖衬板、筒体衬板和磨门衬板。②按照材质分为金属衬板、橡胶衬板、铸石衬板（水泥工业一般使用金属衬板）。③按照工作面形状分为平衬板、波纹衬板、凸棱衬板、压条衬板、阶梯衬板、半球形衬板、锥形衬板、双曲面衬板、角螺旋衬板、沟槽衬板等。④按照连接方式分为螺栓衬板和无螺栓衬板。⑤按照功能分为普通衬板和分级衬板。

504. 管磨机衬板的安装方法及适用范围

安装方法有螺栓固定法和镶砌法两种：①螺栓固定法用于管磨机的各仓；②镶砌法主要用于长管磨机三、四衬板的固定，也用来固定中长管磨机细磨仓的衬板及烘干兼粉磨煤磨细磨仓的衬板。

505. 隔仓板可分为几种

隔仓板可分为单层隔仓板和双层隔仓板：

（1）单层隔仓板由若干块扇形篦板组成，其大端用螺栓固定在磨机筒体上，小端用中心圆板连接在一起，圆板上的孔起通风和防止研磨体窜仓的作用；单层隔仓板结构简单，占的有效容积少，不易损坏，故采用较多。

（2）双层隔仓板，由前隔仓板（又称筛板）和后隔仓板（又称盲板）组成。前隔仓板的作用是通过物料，后隔仓板的作用是保护扬料板不被后一仓的研磨介质碰坏；双层隔仓板通常用于生产能力较大的三仓或四仓管磨，且多用于一、二仓之间；它使前仓物料的前进速度较快，且不受相邻仓料面高度的影响；双层隔仓板可分为选粉式隔仓板和提升式隔仓板及过渡仓式等多种；双层隔仓板的结构复杂，装于磨内后，磨机的有效容积相应较小，加上容易损坏，用得较少。

506. 磨机的临界转速如何计算

磨机筒体的转速达到某一值后，就可使最外层研磨体到达最高点而不脱落，此时研磨体刚好贴附于磨机筒体内壁上做圆周运动，此时的磨机转速称为临界转速。管磨机的临界转速计算：

$$n_o = \frac{29.98}{\sqrt{R}} = \frac{42.4}{\sqrt{D_i}}$$

式中 n_o——管磨机的临界转速，r/min；

D_i——管磨机的净空内径，m；

R——管磨机的净空半径，m。

507. 什么是扬料板，它的作用是什么

（1）扬料板是一般双层隔仓装置和出料篦板装置中的专用部件。

（2）作用是将通过隔仓板或出料篦板篦孔落入双层隔仓装置或出料篦板装置中的物料提升到一定的高度，然后沿着扬料板再滑落到或抛落到卸料锥体上，借助于锥体的锥度，物料再滑入一仓或出料中空轴内，进而将物料排出。

508. 目前使用扬料板有几种形式

（1）有三种形式：①辐射直线式扬料板；②曲线式扬料板；③斜置直线式扬料板。

（2）曲线式扬料板又有六种形式：①圆曲线式扬料板；②对数螺线式扬料板；③阿基米德螺线式扬料板；④中间同时滑落，内外端急剧弯曲式扬料板；⑤倾角变化式扬料板；⑥外摆线式扬料板。

509. 辅助传动的作用

使磨体能够准确地停在所要求的任何位置上；使磨机慢速转动；保护磨体减少停磨后的变形作为预启动之用。

510. 磨机进料装置有几种形式

有四种形式的进料装置：①物料自溜入磨的进料装置；②强制性的进料装置；③通热风的进料装置；④湿法磨机的进料装置。

511. 磨机筒体端盖及筒体断裂原因

原因：①磨机在加工制造、运输和安装过程中形成的沟痕，导致了裂纹、断裂。②不适当的维修导致了断裂。③选材不当导致了断裂。④磨机超载导致了断裂。⑤筒体厚度和端盖厚度不足，导致了断裂。

512. 磨内掉衬板的原因

原因：①由于螺栓松动，衬板随筒体回转时不断窜动而拉断螺栓。②衬板间的缝隙过小，当衬板受到研磨体砸击而延伸时，衬板鼓起，螺栓被拉断。③磨机开车预热时，热风温度过高，受热不均，磨内某些部件急剧膨胀而挤压衬板，卡断螺栓。④螺栓质量差，磨损严重时，使衬板脱落。

513. 磨机隔仓板有几种，其特点是什么

磨机隔仓板有单层和双层两种。

（1）单层隔仓板：①优点是结构简单，装卸方便，占磨内的空间少，多为小型磨机采用。②缺点是物料流速慢，产品细度难控制，易返料。

（2）双层隔仓板：①优点是物料流速快，它有强制物料通过的作用，物料通过相邻两仓料面高低的限制，甚至前仓料面低于后仓料面的情况下，物料仍可通过，从而可控制各仓适当的“球料比”。②缺点是结构复杂，占磨机有效容积大，通风阻力大。

514. 磨体定期补充的依据是什么

根据单位时间内研磨体消耗量来补充；根据磨机产量与单位产品研磨体消耗量来补充研磨体；根据磨机主电动机电流所指示的负荷降低情况补充研磨体；根据实测磨内研磨体平面降低的高度来补充研磨体；根据填充率的变化补充。

515. 风机振动的原因是什么

风机与电动机两轴不同心；风机进出口风门位置不正确；风叶本身不平衡或挂灰较多；地脚螺栓松动或基础不平。

516. 磨机的电动机功率主要消耗在哪几方面

（1）用来提升研磨体到一定高度，并使它具有一定的运动速度抛射出去，这部分能量主要用于粉碎物料。

（2）用于克服主轴承和传动系统的机械摩擦。

（3）研磨体在冲击和研磨物料过程中产生大量噪声和热量。这种声能和热能也消耗了电能。

517. 管磨机的传动主要有哪几种形式，并进行比较

目前磨机的传动方式主要有边缘传动和中心传动。边缘传动的大齿轮直径大、笨重、传动效率低；中心传动的效率较高，但其对减速机的精度要求高，齿轮热处理要求高，对生产管理要求较严格。

518. 选粉机有几种形式

选粉机主要有通过式选粉机、离心式选粉机、旋风式选粉机、O-Sepa 型选粉机、风动式选粉机。

519. 引起磨机主轴承温度过高的原因

轴瓦刮研不良，接触面精度达不到规定要求；润滑油牌号选择不正确；冷却水不足或停止；润滑油使用时间过长，未能及时更换；传动不平稳，引起机械振动；超负荷运行；轴承盖密封不严，进入杂质。

520. 引起磨机筒体变形的原因是什么，怎样预防

长期停磨时，由于筒体自重及研磨体与物料质量的影响久而久之可以引起筒体变形。因此如停磨时间较长，一定要把研磨体倒出，以防止筒体变形。另外，磨温升高，也容易引起变形，因此，应控制引起磨温升高的一系列因素。

521. 磨机主电动机电流明显增大的原因

磨内加球过多或喂入物料过多；轴承润滑不好，齿轮过度磨损；传动轴承水平不一致或联轴器偏斜；磨内有其他附加负荷，调球调料，更换润滑油、调轴承水平。

522. 磨机轴承发热的原因

原因：①润滑油供给数量不足或中断。如润滑油消耗后没有及时补充；供油系统发生漏油或堵塞现象；油环断开；喷油嘴被碰掉或位置移动，使润滑油不断喷入瓦口。②冷却水不足或中断，油箱内装油量超过挡板高度，失去冷却作用。③轴承密封不好，进入灰尘或杂物，增加了轴瓦间的摩擦。④油的黏度小或长期使用后质量变差。⑤入磨热风温度过高或断料时未停热风，保护中空轴的隔热石棉绳脱落。

523. 入料螺旋松动的原因

受开停车冷热变化的影响，固定螺栓容易松动；入磨物料（黏土）中混有石块卡死在螺旋叶片内，跟随磨机回转时，碰击喂料溜槽，卡坏螺栓。受热管的支架强度小，受高温后，发生倾斜，螺旋筒回转时受到摩擦，卡坏螺栓。

524. 开路管磨机产量低且细度细的原因

喂料量过少；磨内风速太低，物料的缓冲作用严重；隔仓板过料面积不足，也可能是隔仓板篦缝被铁屑或杂物堵塞；一仓研磨体填充率太低，平均球径太小，同时尾仓的填充率太高，球径太小。

525. 简述润滑的原理

润滑性能良好的（摩擦系数小的）物质加到机件的摩擦表面上后，形成一层液体薄膜，机件的摩擦变成润滑剂本身分子之间的摩擦，这就是润滑的原理。

526. 管磨机滑动轴承和减速机宜采用什么润滑油

管磨机滑动轴承用20、30、40、50、70号机械油润滑，其恩氏黏度一般为E（100℃）＝1.5～2.5。单位负荷大时，或高温季节及地区，宜选较大号数的油；反之，则选较小号数的油。磨机配套的减速机严格按减速机说明书规定的润滑油润滑。小型减速机用HL20、HL30号齿轮润滑油，也可使用HJ90号或70号机械油。

527. 排风机检查的内容

排风机检查的内容：冷却风机运行情况、风量情况、轴承温度和声音情况、地脚螺栓有无松动、机体温度、润滑油位情况。

528. 选粉机齿轮箱发热或"冒烟"原因及处理办法

（1）原因：①齿轮箱缺油，润滑不良，油质不良；②超载使用；③传动体本身故障。

（2）处理办法：①改进润滑加油或换油；②控制负荷或改进传动设计；③按"烧油""胶合"和"热塑变形"具体分析对症处理。

529. 选粉机齿轮箱发生振动和噪声原因及处理办法

（1）原因：①齿接触面不良；②侧隙不合适，轴向有窜动；③锥齿轮精度超差。

（2）处理办法：①调整接触面；②调整侧隙，消除窜动；③更换锥齿轮。

530. 选粉机锥齿轮裂纹或噪声原因及处理办法

（1）原因：①支承刚性差，轴承损坏，轴向窜动；②齿厚磨损过多或两齿厚相差很大，过薄一个折断；③齿轮淬火发"脆"。

（2）处理办法：①相应排除；②分析原因，做材质等的改进；③改进热处理。

531. 选粉机齿轮热塑性变形和胶合原因及处理办法

（1）原因：①润滑不良，少油、无油；②高速超载使用。

（2）处理办法：①清洗油箱，换油加油；②控制速度，控制负荷或改进设计。

532. 选粉机齿轮严重点蚀和剥落原因及处理办法

（1）原因：①轴承间隙过大，轴承磨损严重；②材质或热处理不良；③超负荷使用。

（2）处理办法：①修理或更换轴承；②改进材质，改进热处理；③控制负荷。

533. 选粉机齿轮磨损严重原因及处理办法

（1）原因：①防护密封不良；②油质不良，油中有砂粒等杂质；③材质不良。

（2）处理办法：①加强防护密封；②清洗换油；③选用耐磨材质。

534. 选粉机滚动轴承发热响声异常的原因及处理办法

（1）原因：①润滑不良，缺油磨损严重；②横轴端法兰螺栓松脱滑牙；③配合松动，游隙增大；④上部调整螺母丝扣滑牙。

（2）处理办法：①及时加油，短时加大油量；②重新车丝改大螺栓；③拆换修理；④处理轴头，重新车丝，换螺母。

535. 选粉机叶片打坏或掉落，机体摆动的原因及处理办法

（1）原因：①叶片质量不良，质量不一致；②叶片固定螺栓松动；③安装不正，产生向上或向下偏斜。

（2）处理办法：①更换叶片，称重部位要均匀安装；②检查螺栓，加垫圈拧紧螺栓；③调整安装位置。

536. 选粉机电流突然增大的原因及处理办法

（1）原因：①下部或上部滚动轴承烧坏；②涨圈变形，断脱卡死；③喂料中混入大块杂物塞死撒料盘上部出口；④立轴下端大螺母松动，撒料盘毂下降。

（2）处理办法：①检查更换轴承；②检查更换涨圈；③消除杂物；④拧紧大螺帽。

537. 选粉机风机轴承座振动的原因及处理办法

（1）原因：①风机与电动机两轴不同心；②叶轮不平衡；③风机进出口风门不在正确位置；④基础刚度不够牢固；⑤地脚螺栓松动；⑥风机叶轮积灰。

（2）处理办法：①找正，使两轴同心；②校正平衡；③调节好风门位置；

④加强基础，增加刚度；⑤检查并拧紧螺栓；⑥停机后打开门清灰。

538. 胶带输送机胶带打滑的原因及解决办法

（1）原因：①驱动滚筒和胶带间摩擦系数小或包角过小；②拉紧装置拉力过小；③承载量大于设计能力。

（2）处理办法：①提高摩擦系数、加大包角；②相对调整拉紧力；③减轻承载量，使之不超过设计量。

539. 胶带输送机胶带某一部分突然跑偏的原因及处理办法

（1）原因：①胶带有部分弯曲；②接头中心未对准。

（2）处理办法：①严重时，更换弯曲段；②重新接头。

540. 胶带输送机空载时跑偏的原因及处理办法

（1）原因：胶带机槽性不好。

（2）处理办法：更换成槽性好的胶带或用自设托辊。

541. 胶带输送机胶带边部磨损过大的原因及处理办法

（1）原因：①托辊和滚筒黏附物过多；②托辊或导向滚筒调整不好；③托架不平；④自动调整托辊和导辊不良；⑤块状物料进入胶带与托架之间；⑥卸料器不正。

（2）处理办法：①装有效的清扫器；②重新调整托辊或导向滚筒；③重新调整托架；④调整或更换；⑤清扫干净；⑥检修、设整卸料器。

542. 胶带输送机上层胶带有纵向长距离裂的原因及处理办法

（1）原因：溜槽装得不好。

（2）处理办法：重新调整装配。

543. 胶带输送机上层胶带非正常磨损原因及处理办法

（1）原因：①溜槽放料时，石灰石等有锐角的物料速度与胶带速度不一致；②回程托辊不转动；③溜槽堵塞。

（2）处理办法：①调整溜槽、改变物料下滑速度；②清洗、更换托辊；③改进溜槽。

544. 胶带输送机带边磨损成筋条状的原因及处理办法

（1）原因：挡板不正。

（2）处理办法：调整挡板。

545. 胶带输送机下层胶带非正常磨损的原因及处理办法

（1）原因：①胶带打滑；②杂物侵入回程段；③物料水分大、摩擦系数下降；④托辊不旋转。

（2）处理办法：①检查拉紧装置；②清扫并检查承载段；③降低物料水分；

④清洗调整托辊。

546. 胶带输送机的胶带有皱褶原因

(1) 原因：滚筒打滑。

(2) 处理方法：改进胶带刻纹或加大摩擦系数。

547. 托辊轴承产生异声的原因

(1) 原因：①轴承使用时间过长；②润滑不良。

(2) 处理办法：①更换检查轴承；②清洗后加润滑脂。

548. 螺旋输送机溢料的原因及处理办法

(1) 原因：①物料中杂物使螺旋吊轴承堵塞；②物料水分大，物料集结在螺旋吊轴承上并逐渐加厚，使来料不易通过；③传动装置失灵，未及时发现。

(2) 处理办法：①停机清除机内杂物；②加强原料烘干；③停机修复传动装置。

549. 螺旋输送机悬挂轴承温升过高的原因及处理办法

(1) 原因：①位置安装不当；②坚硬大块物体混入机内，产生连接轴有不正常摩擦。

(2) 处理办法：①调整悬挂轴承的位置；②清理异物，试车至正常为止。

550. 螺旋输送机机壳晃动的原因及处理办法

(1) 原因：安装时各螺旋节中心线不同心，运转时偏心擦壳，使外壳晃动。

(2) 处理办法：重新安装，找正中心线。

551. 螺旋输送机吊轴承磨损的原因及处理办法

(1) 原因：物料包围吊轴承，运转条件差。

(2) 处理办法：勤检查，及时更换吊轴承。

552. 螺旋输送机驱动电动机烧毁的原因及处理办法

(1) 原因：①输送物料中有坚硬块料或小铁段混入，卡死铰刀，电流剧增，烧毁电动机；②来料过大，电机超负荷而发热烧毁。

(2) 处理办法：①防止小铁块进入；②铰刀和机壳保持一定间隙；③喂料均衡；④停机前把物料送完。

553. 减速机断轴的原因分析

原因：①减速机剧烈振动，其启动负荷增加，甚至超负荷运转，使轴产生疲劳而断裂。②由于轴径差形成台阶，轴的截面突然改变，或者轴上有键槽，使轴产生应力集中而断裂。③减速机频繁启动，或者启动速度过快等促使轴断裂。④轴材料中碳、硅、硫成分偏高，在调质时引起裂纹或变形，并使脆性增加。

554. HRM 立式磨液压泵压力不足或无压力的原因及处理办法

(1) 原因：①电动机线反接或电动机功率不足，转速不够；②泵的进出油口反接，吸油不畅。

(2) 处理办法：①调换电动机电线，检查电压、电流大小；②将泵油出油口接正确，保证吸油通畅。

555. HRM 立式磨液压泵元件故障的原因及处理办法

(1) 原因：①泵轴向间隙大；②输油量不足；③泵内铜套、齿轮等元件损坏或精度差；④压力板磨损大。

(2) 处理办法：及时检修或更换零件，严重时换齿轮泵。

556. HRM 立式磨控制阀故障的原因及处理办法

(1) 原因：①阀的调节弹簧永久变形，扭曲或损坏；②阀座磨损，密封不良；③阀芯拉毛、变形、移动不灵活、卡死、阻尼小孔堵塞；④阀芯与阀孔配合间隙大；⑤高低压油互通；⑥阀开口小，流速大，产生空穴现象。

(2) 处理办法：及时检修，调整，更换元件，尽量减少进出口压差。

557. HRM 立式磨液压缸故障产生的原因及处理办法

(1) 原因：①装配或安装精度差；②活塞密封圈损坏；③间隙密封的活塞缸磨损大、内漏多；④缸盖处密封圈摩擦力过大；⑤活塞杆处密封圈磨损严重或损坏，运动爬行。

(2) 处理办法：及时检修，调整，更换元件，尽量减少进出口压差。

558. 减速机齿圈断裂的原因

造成减速机齿圈断裂的主要原因：①减速机运转时间过久，齿圈材料疲劳而产生裂纹；②齿圈在锻造或轧制过程中形成了内隐患，如热加工时有气孔和收缩被击扁而产生夹层等，使其中产生裂纹；③较大的过盈量装配引起的内压力，零件加工粗糙，热装时加热不均匀，齿圈材料中碳、硅、硫等成分偏高，齿圈调质后产生裂纹和变形，甚至增加了脆性；④在实际操作中，减速机启动次数过于频繁，或启动速度过快，运转中的强烈振动，以及减速机的超负荷运转（不管是瞬间还是长期）等，都会导致减速机齿圈断裂。

559. 减速机漏油主要有哪些部位

部位：①箱体与盖体的结合面；②视孔盖板与箱盖的结合面；③观察油面高度的油面指示器或测油尺与箱体的结合面；④输出轴与轴承座透盖结合处；⑤通气帽和通塞；⑥箱体或箱底裂纹处。

560. 水泥企业设备的检查方法及特点

(1) 目测法。就是直接用眼睛观察或者用放大镜观察设备零件的表面状态，依此判断零件质量，根据零件裂纹或断裂形式判断产生的原因和影响。目测法的特点就是简单迅速；缺点是准确度差，需要有丰富的维修经验。

（2）听测法。就是对机件进行敲击或者根据机器运转时发出的声音来判断设备性能的好坏。一般来说，正常的机件在运转中会发出连续的微振及清脆的金属响声，而当机件有缺陷或发生故障时就会发出沙哑的、浑浊的、不正常的声响，表明机件有脱空或裂纹。听测法的特点也是简单迅速，能够直接用耳朵或听诊器来听测；缺点是准确度略差，同样需要有丰富的维修经验。

（3）浸蚀法。利用化学方法对机件表面缺陷进行检查。如用煤油浸润机件，可以使裂纹暴露出来；再如，用10%硝酸溶液腐蚀钢件，可以使裂纹尖锐的边缘破裂而暴露出来。浸蚀法的特点是可以将明知机件有缺陷却不易用目测法等观察到的缺陷暴露出来。其缺点是比较麻烦，同时有的化学试剂对人体也有腐蚀作用，所以使用时应格外小心。

（4）机械测量法。利用各种量具或仪器测定机件损伤的程度，如几何尺寸、磨损量、弯曲度、裂纹等及修理后机件是否合格。机械测量法的特点是准确性较高，所以被广泛应用。其缺点是当检测仪器出现问题时，也会给判断带来失误。

（5）物理法。主要是对机件表面或内部孔洞、裂纹等缺陷进行破坏性检查，以判断机件的损伤程度。

561. 什么是袋式除尘器

袋式除尘器是过滤式除尘器的一种，是利用纤维性滤袋捕集粉尘的除尘设备。滤袋的材质是天然纤维、化学合成纤维、玻璃纤维、金属纤维和其他材料。用这些材料制造成滤布，再把滤布缝制成各种形状的滤袋，如圆形、扇形、波纹形或菱形等。用滤袋进行过滤于分离粉尘颗粒时，可以让含尘气体从滤袋外部进入内部，把粉尘分离在滤袋外表面，也可以使含尘气体从滤袋内部流向外部，将粉尘分离在滤袋内表面。含尘气体通过滤袋过滤完成除尘过程。

562. 布袋除尘器的结构

布袋除尘器由除尘器出灰斗、进排风道、过滤室（中、下箱体）、清洁室、滤袋及（袋笼骨）、手动进风阀、气动蝶阀、脉冲清灰机构等组成。

563. 袋收尘的分类

（1）机械振动类：用机械装置（含手动、电磁或气动装置）使滤袋产生振动而清灰的布袋除尘器，有适合间隙工作的非分室结构和适合连续工作的分室结构两种构造形式的布袋除尘器。

（2）分室反吹类：采取分室结构，利用阀门逐室切换气流，在反向气流作用下，迫使滤袋形缩瘪或鼓胀而清灰的布袋除尘器。

（3）喷嘴反吹类：以高压风机或压气机提供反吹气流，通过移动的喷嘴进行反吹，使滤袋变形抖动并穿透滤料而清灰的布袋除尘器（均为非分室结构）。

（4）振动、反吹并用类：机械振动（含电磁振动或气动振动）和反吹两种清灰方式并用的布袋除尘器（均为分室结构）。

（5）脉冲喷吹类：以压缩空气为清灰动力，利用脉冲喷吹机构的瞬间内放出压缩空气，诱导数倍的二次空气高速射入滤袋，使滤袋急剧鼓胀，依靠冲击振动和反向气流而清灰的布袋除尘器。

564. 袋收尘的工作原理

当含尘烟气由进风口进入灰斗以后，一部分较粗尘粒在这里由于惯性碰撞、自然沉降等原因落入灰斗，大部分尘粒随气流上升进入袋室，经滤袋过滤后，尘粒被阻留在滤袋外侧，净化的烟气由滤袋内部进入箱体，再由阀板孔出风口排入大气，达到收尘的目的。随着过滤过程的不断进行，滤袋外侧的积尘也逐渐增多，从而使收尘器的运行阻力也逐渐增高，当阻力增到预先设定值时，清灰控制器发生信号，首先控制提升阀将阀板孔关闭，其次切断过滤烟气流，停止过滤过程，然后电磁脉冲阀打开，以极短时间向箱体内喷入压力为0.4～0.7MPa的压缩空气，压缩空气在箱体内迅速膨胀涌入滤袋内部，使滤袋产生变形、振动，加上逆气流的作用滤袋外部的粉尘便被清除下来掉入灰斗，清灰完毕之后，提升阀再次打开收尘器又进入过滤状态。

565. 袋收尘运行前的检查注意事项

注意事项：①检查收尘器控制箱、收尘风机电动蝶阀是否在远程控制位置；②检查收尘器的油雾器润滑油是否充足；③检查储气罐压力是否正常、储气罐是否防水并即使防水，储气罐的进出阀门也保持全开；④检查收尘器是否完好，如有损坏或者糊袋应及时更换；⑤顶部端盖是否盖好并固定，提升阀阀板盖板是否牢固和碎裂；⑥检查提升阀、脉冲阀、电磁阀等是否工作正常；⑦检查收尘器集尘箱内有无积料；⑧确认收尘器内外无人，关闭人孔门；⑨检查系统有无漏风地方，有则及时处理。

566. 袋收尘运行中的检查注意事项

注意事项：①检查压缩空气是否正常；②根据声音判断提升阀、脉冲阀工作状态；③根据压差判断收尘器状况，并根据情况调整脉冲清灰周期；④检查脉冲是否正常，锥体是否积料；⑤检查油雾器是否正常；⑥检查盖板是否盖严、漏风，检查各螺栓是否松动、脱落。

567. 袋收尘的日常维护和保养事项

维护与保养：①应熟悉收尘器的结构、工作原理、性能、使用条件并掌握调整和维修方法。②机械运动部件应按规定注油和换油。发现有不正常现象应及时排除。③储气罐、气源三连体中的气水离器应每班排污一次，同时气水分离器应每隔3～6月清洗一次，油雾器应经常检查存油情况，及时加油。⑤电磁脉冲阀如发生故障，应及时排除，如内部有杂质、水分，应进行清理，如膜片损坏应及时更换。⑥使用定时式清灰控制器，应定期测定清灰周期是否正确，否则应进行调整，使用定压式清灰控制器，应定期检查压力开关的工作情况，测压口是否堵塞，并进行清理。⑦全部检修人孔门上的密封条，如有损坏或老化，应立即更换。⑧定期测定工艺参数，发现异常，查找原因并及时处理。⑨定期检查气路系统、排灰系统工作情况，发现异常应及时排除。⑩开机时，应先接通压缩空气至储气罐，接通控制电源，启动排灰装置，如果系统中还有其他设备，应先启动下游设备。⑪停机时，要工艺系统停止之后，应保持收尘器和排风机继续工作一段时间，以除去设备内的潮气和粉尘，必须注意的是，收尘器在停止工作时，必须反复对收尘器进行清灰操作（可用手动清灰）将滤袋上的粉尘除掉，以防受潮气影响而糊袋子。⑫停机时，不必切断压缩气源，尤其在风机工作时，必须向提升阀气缸提供压缩空气，以保证提升阀处开启状态。⑬收尘器在正常工作时，排灰装置不能停止工作；否则，灰斗内很快会积满粉尘以致溢入袋室，迫使收尘器停止工作。

2.5.2 中级工/四级

568. 为什么要控制生料的细度

水泥熟料矿物的形成，基本上靠固相反应进行。对于生料在物理化学性质、均匀程度、煅烧温度和时间等相同前提下，固相反应的速度与生料的细度成正比关系，其比表面积越大，颗粒之间接触面积大，同时，生料越细，颗粒的表面自由能越大，越有利于反应的进行。从理论上讲，生料粉磨得越细对熟料煅烧也越有利。但实际生产中，不恰当地提高粉磨细度，会降低磨机产量，增加能耗。研究表明，生料细度超过一定限度（比表面积大于 $500m^2/kg$）对熟料质量的提高并不明显。从经济指标的角度考虑是不合理的。因此，实际生产中综合比较技术经济指标，确定合理的生料细度控制范围，是完全必要的。所谓合理生料细度应包括两个含义：一是一定范围的平均细度；二是生料细度的均齐性，也就是控制生料中粗颗粒含量。

569. 粉磨的基本原理

开路粉磨系统：物料入磨到出磨即为合格品而中间没有分级设备，即一次粉磨为成品。闭路粉磨系统：指物料进磨内经过粉磨后，再经分级设备分选，把合格的细粉送库储存，不合格的粗粉送入磨内重新粉磨。①磨机回转时，研磨由于惯性离心力作用与筒体一起回转并被带到一定高度，在此高度下，研磨体像抛射体一样抛落下来，将筒体内物料击碎；②磨机回转的同时，研磨体还产生滚动和滑动，因而研磨体衬板与物料之间发生研磨作用使物料磨细；③由于进料端不断强制喂料，而物料又随筒体做回转运动，使物料向前挤压，再借进出料间的料面高差，使物料由进料端缓慢流向出料端，而完成粉磨作业。

570. 什么是研磨体的装载量

装入磨内的研磨体的质量称为研磨体的装载量。

571. 什么是润滑油的相对密度

温度20℃时，油的质量与温度4℃时的同体积的水的质量之比，称为油的相对密度。

572. 什么是润滑油的闪点和燃点

润滑油在加热后，其蒸汽与周围空气形成的混合气体与火焰接触时出现闪点，此时油的温度称为该润滑油的闪点；如果闪点连续不熄形成燃火，则此时的温度称燃点。

573. 试述润滑油起泡的原因

在做飞溅或油浴润滑时，若油位过高，或油的黏度偏大，浸入油中的大齿轮转速快（大于100r/min），润滑油受到剧烈搅拌；油池中的冷却水管破裂，冷水漏入润滑油中，致油变质；回油管的位置过高，回油以大的压力冲击油面；油中的机械杂质、水分、抗氧化力等指标都远不符合指标，上述原因都会引起“起泡”。

574. 减速机齿轮磨损的主要原因

原因：齿面在超负载下运行；齿面的硬度低；齿轮的侧间隙大，齿轮有滑动和撞击现象；润滑油黏度小，或油量不足；润滑油中混有杂质、粉尘、金属屑等。

575. 试述减速机齿轮擦伤的原因

齿轮接触面上若未形成连续的润滑油膜，减速机在运行过程中，齿面上受的压力便很大。齿面接触部分的温度因压力过大而很高时，某一齿面的一部分会将另一齿面的一部分咬住，较软齿面被咬住的部分甚至被撕下，使齿面上出现很多沟槽。齿轮齿面压力过大，润滑油黏度太低，齿轮接触面上不能形成连续油膜，齿轮接触部分温度过高，齿轮转速太慢均可导致减速机齿轮擦伤。

576. 选粉机出口气体温度高，怎样解决

选粉机出口气体温度高，多数是因为进入选粉机内的冷却量不够造成的，另外一个主要原因是出磨料的温度高带入选粉机内大量热量。应适当开大废气管道上的挡板开度，使更多的冷气体进入选粉机内部，加强冷却。

577. 加强磨机通风应注意哪些事项

为加强通风，应减少磨内空气阻力和增大通风面积，在不影响隔仓板强度的条件下，适当增加篦孔数量与宽度，或改进隔仓板的形式等。另外，防止漏风也很重要，如漏风多，势必减弱磨内的通风。减少管道阻力，应避免积灰及堵塞，保持良好的通风条件。

578. 试述物料的粉磨过程

物料由进料装置喂入磨内，在磨内冲击和研磨，随着进料端和出料端的料位差和磨内通风，物料由进料端缓慢流向出料端，卸出磨外。由机械输送至选粉机，细粉被选出收集入库，粗粉回磨重新粉磨，完成物料的粉磨过程。

579. 什么是循环负荷率、选粉效率，两者有何关系

（1）循环负荷率是指选粉机回料量与成品量的比值，用 C 表示。

（2）选粉效率是指进入成品中的某一规定粒级与选粉机入料中该粒级质量的百分数，用 E 表示。

$$C=\frac{G}{F}=\frac{f-a}{\alpha-g}\times 100\%$$

$$E=\frac{a-g}{f-g}\times\frac{f}{a}\times 100\%$$

式中 C——循环负荷率；

E——选粉效率；

G——回粉量；

F——成品量；

f：100——成品细度；

α：100——出磨细度；

g：100——回粉细度。

在一定的粉磨系统中，选粉效率和循环负荷之间遵循一定的关系。循环负荷增加，意味着通过磨机物料量增加，从而喂入选粉机的物料也增加，选粉机负荷增大，分离就不易完全，故选粉效率降低。从另外意义来说，选粉机的回料多，那么合格的细粉就少，选粉效率低；如选粉效率高，肯定回料就少，循环负荷也就低。

580. 管磨机检修过程中须注意哪些安全问题

先切断电源，并在开关上挂出“正在检修，禁止送电”的警告牌；检修人员须戴安全帽；安装磨门时须先检查，确认磨内无人和工具后，方可上磨门；拆卸或安装衬板、篦板及隔仓板的过程中，防止落下伤人。

581. 循环负荷率、选粉效率和粉磨效率的相互关系

选粉效率是指选粉后，产品中通过某一标准筛的细粉量与喂入选粉机物料中通过该标准筛的细粉量之比，称作选粉效率，用百分数表示。循环负荷率增大时，单位时间的物料通过量增多，物料在磨内的停留时间缩短，过粉磨现象减少，磨机的生产能力提高。但当循环负荷率过大时，一仓的料层增厚，球料比减

少，研磨体的冲击力减弱，致产量下降。且选粉机由于物料通过量增大，选粉效率下降。选粉效率增大时，磨内过粉磨现象减轻，电耗下降，但若过多以降低循环负荷率的方法提高选粉效率，将导致粉磨效率下降。粉磨效率随循环负荷率的增加而增大，随选粉效率的提高而提高；而选粉效率又随循环负荷率的增加而降低。

582. 什么是辊压机工作原理

辊压机又称辊压磨、挤压磨、高压辊压机、挤压滚轮磨或挤压粉碎机，是20世纪80年代中期开发出的、具有高效节能作用的新型粉磨设备，开始用于粉磨原料，现还可以粉磨熟料。一般用作预粉磨设备，也可用作终粉磨设备。

辊压机的工作原理是两个高压辊做相向转动，从上部喂入物料充满两辊的间隙，物料一旦进入粉碎区域，即被两压辊以很高（为150～200MPa）的纯压力粉碎成料饼，从辊间的下方排出。

583. 研磨体的作用及使用范围

（1）球类研磨体在粉磨过程中，球类研磨体与物料之间发生点接触，由于球类研磨体单球质量大，对物料的冲击力大，适用于粉碎较大粒度的物料。球类研磨体主要适用于双仓闭路磨的第一、二仓；双仓开路磨的第一仓；第三、四仓管磨的第一、二仓。

（2）段类研磨体在粉磨过程中，主要与物料发生线接触，其冲击物料的能力比球类研磨体差，粉磨效率比球类研磨体高。其主要用于双仓开路磨的第二仓；三仓开路磨的第三仓；四仓开路磨的第四仓或第三、四仓；二仓闭路烘干煤磨的第二仓。

（3）棒类研磨体在粉磨过程中，棒类研磨体与物料之间有较长的线接触，其单体质量也很大，对物料的冲击能力也很强，对物料有选择性破碎作用，粉碎效率很高，主要用于棒磨机及棒球磨机的第一仓。

584. 物料在扬料板上运动过程可分哪三个阶段

三个阶段：①物料被扬料板带起达到一定的位置，并且由此开始向下滑落；②物料沿扬料板滑落；③物料脱离扬料板，并因脱离点的径向速度与切向速度的作用呈一定的抛物线轨迹抛落。

585. 磨机停车后如何操作

（1）磨机停车后，为了避免因磨体冷缩引起擦伤中空轴轴颈和主轴瓦瓦面，不得停止润滑系统；

（2）为防止因长时间停磨而引起筒体变形，按说明书所规定的时间间隔，通过慢速驱动装置转动筒体。

586. 粉磨系统为什么要定期进行检修

磨机运转到一定时间后，由于机械磨损和易损件的消耗，使一些零件降低了原来的精度甚至损坏。因此，对一些零件如衬板、篦板等到一定时期就应更换或修理，以便保持磨机的正常运转。定期检修就是按设备零件的磨损及疲劳规律，在零件尚未失去其工作能力或精度以前，有计划地定期进行预防性修理和更换。定期检修按设备的损坏程度分为小修、中修和大修三种形式。

587. 为什么要进行研磨体级配

物料在粉磨的过程中，需要研磨体对物料进行冲击作用和研磨作用，在研磨体装载量不变的情况下，小研磨体比大研磨体总的比表面积大，与物料接触的机会多，为达到某一标准细度的物料应选择小研磨体。从另一方面看，要将大块物料击碎，才能有效地进行粉磨，这样就必须使研磨体具有较大的能量。选用研磨体的规格与被粉磨物料的粒度有关系，物料粒度越大，研磨体的尺寸也应越大。由此可见，磨机中完全使用大直径或小直径的研磨体都是不合理的，必须进行合理的级配。

588. 研磨体级配的意义是什么

为了使磨机的粉磨效率提高，不仅要考虑研磨体的装载量还必须确定哪几种规格的研磨体及其用量，即研磨体级配。磨机在进行粉磨时，物料一方面受到研磨体的冲击作用，另一方面受到研磨体的研磨作用，显然在单位时间内，研磨体与物料接触点越多，粉磨越容易完成。当磨机装载量一定时，要增加物料与研磨体的接触，则研磨体越小越好；但要想将较大的物料块击碎，则研磨体必须有足够的冲击能力才行。磨机的任务是既要保证对较大的料块进行破碎，又要将物料研磨到一定细度，因此在其他条件（如磨机各仓长度、入磨物料粒度等）一定时，这个任务只能通过选择大小适合的研磨体并将它们合理配比才能完成。

589. 级配对磨机产量的影响

影响：①研磨体的密度大，表面光滑且不粘料、不破裂、不变形时磨机的生产能力高。②球形和长圆柱形研磨体较立方形、圆盘形、圆锥形等研磨体生产能力高。③填充率在合理范围内，且装入的研磨体量可做有效工作时，填充率高则生产能力大，填充率过高或过低时，磨机的生产能力均偏低；各仓的研磨体填充率呈递减方式分布时，对产量的提高有利。④研磨体级配（包括平均球径、最大球径、最小球径、钢球级数）合理时，磨机的产量明显提高。以合理的制度补球清仓时可使磨机的高产时间维持较久。

590. 怎样计算已配合钢球的平均球径

已配合钢球平均球径的算法，通常有以下两种：

（1）质量平均球径，以各直径级钢球的质量做加权平均。

$$D_g = \frac{D_1 \times G_1 + D_2 \times G_2 + \cdots + D_n \times G_n}{G_1 + G_2 + \cdots + G_n}$$

式中　　　D_g——质量平均球径，mm；

D_1，D_2，…，D_n——各级球的直径，mm；

G_1，G_2，…，G_n——D_1，D_2，…，D_n 级球的质量，t。

（2）以各直径碳钢球的每吨个数计算。

$$D = \frac{D_1 \times N_1 + D_2 \times N_2 + \cdots + D_n \times N_n}{N_1 + N_2 + \cdots + N_n}$$

式中　　　D——个数平均球径，mm；

N_1，N_2，…，N_n——D_1，D_2，…，D_n 级球的个数，个。

591. 保护管磨机筒体的措施

措施：①在安装和更换衬板时，衬板背面与筒体间须加一层衬料（一般为石棉水泥砂浆），使衬板紧贴于筒体内壁。湿法球磨受研磨体和泥浆的冲刷较大，应在衬板与筒体间加一层木质三合板或 3～4mm 厚的橡胶板作衬垫。②衬板螺栓必须上得紧，磨机运转时须经常检查衬板螺栓是否松动和折断。衬板螺栓松动，应及时拧紧；衬板螺栓断裂或衬板脱落须立即停磨处理。③衬板磨损严重或有断裂征象时，须及时更换。④若停磨时间较长，应将研磨体倒出，以防筒体因局部受重压过久而变形。

592. 球料比对磨机产量的影响

球料比就是磨内研磨体的质量和物料质量之比；其说明在一定研磨体装载量下粉磨过程中磨内存料量的多少。如果球料比太大，会增加研磨体之间以及研磨体和衬板之间的冲击摩擦造成无用功加大，使电耗增加，产量降低；若球料比太小，说明磨内存料过多，就会产生缓冲作用，也会降低粉磨效率。一般地，一仓的钢球应露出 1/2 个球面；二仓应能见到钢球的整个球面。

593. 试分析磨尾排渣多的原因

磨机产量、质量正常时，出现磨尾排渣口排渣多的可能原因：①入磨物料易磨性差；②头仓比第二、三仓的填充量大得多；③研磨体平均球径小。

594. 电子计算机是如何对磨机生产进行自动控制的

在利用电子计算机对磨机进行自动控制时，输入计算机的工艺参数：电压、喂料量、回粉量和提升机功率，按照一定的控制方式，运算输出调整信息，再经比率给定器，自动控制仪表，调节各种物料的下料量，达到磨机运转自动控制的目的。

595. 提升机轴承有异常噪声或过热的原因及排除方法

（1）原因：轴承太脏（润滑不到，轴承磨损太大，机器耦合件中有损坏；机器中心校准欠佳。

（2）排除方法：清洗轴承，换润滑剂、更换轴承检查、修理、校准中心。

596. 斜槽堵的原因有哪些

斜槽堵的原因：①入斜槽的物料中细粉比例过少；②入斜槽的物料中含有铁块、碎研磨体；③帆布层破损；④风机风量不足。

597. 研磨体级配与磨机产品质量的关系

研磨体级配用平均球径来表达：①当平均球径小，出磨细度细，但产量也低；②当平均球径大，出磨细度粗，磨内物料流速快，产量高，但细度达不到要求；③平均球径的确定，要根据入磨物料的性能和产品要求细度来确定。

598. 安装分级衬板为什么要装挡料圈

因为安装分级衬板后，磨内钢球自动分级由大到小排列，选择物料也从粗到细，物料的流速快，产品细度粗，所以安装分级衬板必须安装高挡料圈，减缓物料流速，增加物料在磨内停留时间。

599. 什么是组合式选粉机，优点是什么

组合式选粉机是将静态和动态选粉机两者结合在一起，既起粗粉分离器的作用，又起正常选粉机的作用，并且均可用于烘干。其优点：一方面简化了粉磨系统；另一方面提高了选粉效率，因为带尘气体已经进行粗选粉，同时选粉区内没有带尘的气体循环，降低了选粉区的细粉浓度，单位气体的细粉量降低，磨机应力提高，选粉效率增加。该选粉机相当于粗粉分离器和笼型转子选粉机的结合，用于生料粉磨系统。

600. 生料组合式高效选粉机的工作原理

出磨物料由气体携带进入选粉机下部的粗料套筒的立式内筒，气体中的物料在反击锥处受到碰撞作用而转向，由于上升风速的降低，提升气力的变小，粗颗粒向下降落并通过粗料出口离开选粉机；细颗粒由混合气体继续带到上部。到达位于导向风环与旋转的笼型转子之间的选粉区，进行分选。细粉由于气力的驱动，穿过笼型转子上的笼条并离开壳体上部的出风口进入（料、气）分离设备。粗粉从选粉区降落下来进入内锥体，通过内锥体与反击锥之间的环形缝隙来实现物料的均匀分撒。这样，上升的混合气体可对此部分物料进行分选，形成选粉机内部循环分选，以提高选粉机的选粉效率。含尘气体携带细粉从位于顶部的壳体上部的出风口进入分离设备。成品从分离设备卸出，经由输送设备进入生料库。含尘气体进入收尘器，过滤后的气体通过系统风机后排入大气并可部分再循环到系统中。

601. 生料组合式选粉机停车后维护与检查的内容是什么

（1）主要是进行磨损检查和机械检查。

① 磨损检查：必须定期检查与物料接触的部件，至少每月检查一次；如果必须更换笼型转子的笼条时，应注意所更换的笼条的质量与其对面位置的笼条的质量相等，以避免造成不平衡现象；必须更换运行中已经磨薄不能再安全固定或磨损已达到了严重程度的衬板。

② 机械检查：必须按照各供应商提供的技术文件中的规定，对传动装置各部件进行检查；检查传动支座与传动部件间的连接螺栓是否紧固；对衬板的连接螺栓应随时检查；每两年应对轴承做一次全面检查，同时刮掉轴套内的旧油脂，并注入新的油脂。

（2）传动装置及回转部分的运行是否平稳；粗料出口处翻板阀的功能是否正常；选粉机各连接法兰和检查门处的密封是否严密；轴承润滑及温升情况是否良好；传动装置的设备及润滑、温升等情况，按供货商提供的技术文件中有关规定要求进行检查；粗料和成品的运输设备状况是否良好。

602. 烘干兼粉磨煤磨的结构

该磨机主要是由进料装置、主轴承、回转部分、出料装置、传动装置及高压启动装置等部分组成的。

603. 烘干兼粉磨煤磨运转过程中的检查内容

检查磨机运转是否平稳，主轴承的振幅不得大于 0.1mm 且主轴承温度应不高于 65℃；润滑冷却系统使用正常；密封良好，应无漏灰、漏油、漏水之处；电动机及其控制系统工作正常，运转中电流、电压应在正常范围内；减速机应无特殊振动及噪声，箱体振幅应不大于 0.05mm。各部轴承温度不高于 75℃；检查各部连接螺栓及地脚螺栓是否松动、折断或脱落，如发生上述现象时应拧紧或补充。

604. 烘干兼粉磨煤磨在什么情况下采取紧急停磨

主轴承振动振幅大于 0.1mm 且主轴承润滑冷却系统发生故障，温度超过 65℃，并继续上升时；各处的连接螺栓发生松动、折断或脱落；磨内机件破裂而脱落时；隔仓板堵塞而影响生产时；减速机发生异常振动及噪声，轴承温度超过 75℃时；电动机轴承温度超过 65℃时。

605. 离心通风机机壳过热的原因及处理办法

（1）原因：在出风口阀门关闭的情况下、运转时间过长。

（2）处理方法：停车、待冷却后再调整阀门开车。

606. 离心通风机密封圈磨损或损坏的原因及处理办法

（1）原因：①密封圈与轴套不同心，在正常运转中磨损；②机壳变形，使一侧磨损；③转子振动过大，其径向振幅大于密封圈径向间隙。

（2）处理方法：先消除外部影响因素，然后更换密封圈，重新调整和找正密封圈位置。

607. **离心通风机和电动机发生同样振动的原因及处理办法**

(1) 原因：①轴与密封圈强烈摩擦，产生局部高热，使轴侧曲；②双级风机的两侧进气量不等（管道堵塞或挡风板调整不当）；③叶轮积灰严重。

(2) 处理方法：①换新轴，同时修理密封圈；②清扫进气管道灰尘，调整挡板，使两侧进气口负压相等；③及时清理叶轮上的积灰。

608. **离心通风机机房共振的原因及处理办法**

(1) 原因：①基础灌浆不良，地脚螺栓松动，机座连接不牢固，连接螺栓松动；②基础机座的刚度不够，转子不平衡；③管道未留膨胀余地，与风机连接处的管道未加支撑或安装固定不良。

(2) 处理方法：①查明原因，适当补修和加固，拧紧螺母填充间隙；②查明原因，如因基础基座引起，适当补修和加固，拧紧螺母填充间隙；③进行调整和修理，加装支撑装置。

609. **离心通风机内部有摩擦的原因及处理办法**

(1) 原因：①叶轮歪斜与机壳内壁相碰或机壳刚度不足晃动；②叶轮歪斜与进气口圈相碰；③推力轴衬歪斜或磨损。

(2) 处理方法：①修理叶轮和推力轴衬；②修理叶轮进气口圈；③修理推力轴衬。

610. **离心通风机轴承温升过高的原因及处理办法**

(1) 原因：①油质不良，油量过少，有杂质；②轴承箱盖连接螺栓紧固力过大或过小；③前后轴承安装不同心；④轴承选用不当；⑤冷却水过少或中断。

(2) 处理方法：①清洗后，选用合格的油和适当的量；②调整紧力螺栓，使之适中；③找正前后轴承中心线；④重新计算后，选用合适轴承；⑤检查冷却水系统。

611. **离心通风机轴承损坏的原因及处理办法**

(1) 原因：①轴承与轴安装不良；②轴承与轴承箱体之间的过盈太小或有间隙而松动；③滚动轴承质量不良损坏；④润滑油脂量少，质差；⑤轴承磨损超过规定。

(2) 处理方法：①重新安装；②调整轴承箱上、下盖之间垫片，使之合适；③更换滚动轴承；④检查后使之符合量和质的要求；⑤更换轴承。

612. **离心通风机转速正常，压力过高，流量减少的原因及处理办法**

(1) 原因：①旋转方向相反；②进风管道或出风管道堵塞或破裂；③叶轮入口间隙过大或叶片严重磨损；④风机轴与叶轮松动；⑤导向器装反。

（2）处理方法：①改变电源接线，改变转向；②清除堵塞，修补管道；③调整叶轮入口间隙或更换磨损的叶轮；④检修紧固叶轮；⑤重装导向器。

613. 离心通风机转速正常，压力偏低，流量增加的原因及处理办法

（1）原因：①气体温度过高，气体重度减小；②进风管道破裂或法兰不严。

（2）处理方法：①降低气体温度；②修补管道，紧固法兰。

614. 离心通风机压力降低的原因及处理办法

（1）原因：①管道阻力曲线改变，阻力增大，风机工作点改变；②风机制造质量不良，或风机严重磨损；③风机转速降低；④风机在不稳定区工作。

（2）处理方法：①调整管道阻力曲线，减小阻力，改变风机工作点；②检修通风机；③提高风机转速；④调整风机工作区。

615. 离心通风机叶轮损坏与变形的原因及处理办法

（1）原因：①叶片表面或铆钉头腐蚀或磨损；②铆钉头和叶片松动；③叶轮变形后歪斜过大，使叶轮径向或端面跳动过大。

（2）处理方法：①如是个别损坏，应更换个别零件；如损坏过半，应换叶轮；②用冲子紧住，如仍无效，则更换铆钉；③拆下叶轮进行校正。

616. 离心通风机叶轮上面积灰、寿命短的原因及处理办法

（1）原因：①被输送气体粉尘浓度大，细度小，含少量水蒸气，有相互结团的特性；②叶片表层附着水泥等粉尘。

（2）处理方法：①停机，打开机壳上的人孔门清理叶轮上的结疤，每班一次。②改进叶轮结构，叶轮片进口角改为350°，达到不积灰要求。

617. 离心通风机叶轮叶片与后盘相交焊缝处磨损严重的原因及处理办法

（1）原因：灰尘质点与钢板之间反复摩擦、冲击造成。

（2）处理方法：在此部位补强，即在叶轮叶片的背面沿着与后盘相交的焊缝处补焊一条宽度和厚度相同的钢板。

618. 皮带输送机有何优点及缺点

（1）优点：①应用范围广，可做水平或倾斜输送；②运行可靠、连续、稳定；③动作较圆滑、噪声小；④摩擦阻力小，动力消耗低；⑤运输量大，效率高；⑥运输距离长，标准的可达300～400m，长的可达几千米；⑦结构简单，维修、保养容易；⑧可多点装料与多点卸料。

（2）缺点：①价格比较高；②难适于高温物料；只能做直线运输，若改变方向则要多台组合。作倾角一般要小于20°。

619. 德国莱歇（Losehe）公司生产的LM型立磨主要特点

磨辊：圆锥形；磨盘：平盘；

有2～4个磨辊，磨辊轴线与水平夹角为15°，各磨辊可以由液压系统单独加压，在检修时可以用液压系统将磨辊翻出磨外。其优点是对粉磨物料的适应性强，操作稳定。

620. 由德国兄弟 Pfeiffer 公司生产的 MPS 型立磨主要特点

磨辊：轮胎型斜辊；磨盘：浅盆形衬板；

有3个磨辊，磨辊轴与水平夹角为12°，3个磨辊装在同一架子上，统一由液压系统加压。磨辊可以翻转180°使用，可延长使用寿命。其优点是3个磨辊在磨盘上容易平衡稳定。

621. 由德国勃利休斯 Polysius 公司制造的 RM 型立磨主要特点

磨辊：由两个轮胎型磨辊组成；磨盘：双凹槽衬板；

有两组磨辊（共4个），每组磨辊装一个架子，分别用液压系统加压，磨辊与磨盘间的速差小，滑动摩擦小。双凹槽衬板对物料的啮合性能强，并形成双重挤压，提高了粉磨效率，磨辊翻转180°，可再次使用。其最大的优点是磨辊和磨盘的结构设计合理，有技术创新。

622. 由丹麦 F. LSmidth 公司制造的 Atox 型立磨主要特点

有3个磨辊、磨辊轴与磨盘水平，磨辊与磨盘之间相对滑动较大、磨损也大。其优点是结构简单、操作稳定、价格适中。

623. 由日本 kobeSteel 公司生产的 OK 型立磨主要特点

磨辊：带凹槽的轮胎型；磨盘：浅盆形衬板；

有4个磨辊，磨辊与水平的夹角为19°～20°。带凹槽的轮胎型磨辊，其专利技术要点是磨盘上的料层经磨辊内侧压研时，将料层内的空气挤向外侧，到磨辊中央凹槽处逸出料层，紧密的料层为下一次磨辊加压做好准备，以提高粉磨效率。其最大的优点是不仅能粉磨高炉炉渣和硅酸盐水泥，还能粉磨各种混有矿渣、粉煤灰或石灰石的水泥，能满足客户对产品细度的特殊要求。

624. 如何调整出磨细度

调整出磨细度措施：①调整分离器转速。②调整喂料量。③调整入磨物料粒度。④改变原料品种，改善物料易磨性。⑤调整拉风。

625. 立磨吐渣的原因

原因：①喂料过多。②风量小，风速低。③喷口环、挡料环损坏。④选粉机转速过高。⑤物料易磨性不好。⑥研磨压力不够。⑦物料离析。

626. 立磨如何控制立磨料层厚度

料层厚度控制措施：①调整喂料量。②调整分离器转速。③调整磨内喷水。④调整拉风。⑤调整挡料环高度。

627. 立式磨主减速机轴承温度超限的原因及处理办法

（1）原因：油管长、弯头多、阻力大、压力分油器供油不足。

（2）处理方法：将油管由 ϕ11mm 改为 ϕ16mm 铜管，减少弯头。

628. 立式磨磨辊液压系统漏油的原因及处理办法

（1）原因：油管接头为螺纹，加工精度低，造成漏油。

（2）处理方法：将油管螺纹连接改为法兰连接。

629. 立式磨吐渣（生产中吐渣）原因及处理办法

（1）原因：①入磨气体负压值过低；②磨盘料层薄；③入磨物料量过大；④磨辊压力不足；⑤入磨风量小，风环风速低。

（2）处理方法：①保持排渣口畅通不积料，减小排渣口漏风，并定期更换磨辊与筒体的密封；②建立稳定的料层，增加物料厚度；③适当减少喂料量；④适当提高磨盘挡料圈的高度；⑤适当减少风环面积，控制风速在 50～70m/s。

630. 立式磨吐渣（开停机吐渣）原因及处理办法

（1）原因：①落辊加压迟于入料时间造成开车吐渣；②辊减压提前于停料时间，造成停车吐渣。

（2）处理方法：①正常开车加压必须稳而快，1min 内辊压力加至所需压力；停机检修后磨盘无料开车时先落辊不加压，待物料厚度增至 50～60mm 时逐渐加压，3min 内完成加压过程；②停料后 30s 慢慢减压继而抬辊。同步操作也可避免。

631. 立式磨振动原因及处理办法

（1）原因：①入磨气体温度高，入磨物料过干；②磨辊压力不合适；③进磨物料粒度过大；④进磨物料量不均匀，黏土断料；⑤磨盘料层薄；⑥进出磨机压差值增大。

（2）处理方法：①控制入磨气体温度在 110～125℃；②降低磨辊压力，适当降低产量；③杜绝大块料进磨（石灰石＜25mm、黏土＜50mm）；④保证连续均衡喂料、无卡料、断料；⑤正确使用磨盘喷水，保持料层 20～65mm 厚；⑥调整磨内物料循环，减小磨内阻力控制压差值在 7.0～7.6kPa。

632. ATOX 立式磨拉伸杆断裂原因及处理办法

（1）原因：①拉伸杆上面没有保护套，运转中，物料经常击打拉伸杆，造成磨损；②由于螺纹头根部应力集中，中部直径增大后冲击韧性降低，长期处于交变应力作用下，加上 3 个磨滚衬板高度不同造成断裂（中部拉伸杆断）。

（2）处理方法：①在拉伸杆上焊上保护套，并避免运转中相碰；②改进拉伸杆结构。

633. ATOX立式磨连接头和内部关节轴一起从磨滚轴上脱出的原因及处理办法

（1）原因：①更换空气密封环须将连接头和关节轴承一起从磨滚轴上拔出，多次操作，轴表面被拉伤；②轴表面硬度低，上半表面受压产生变形；③轴承抱死时轴承内圈与轴相对转动；④安装时轴承内圈内端面留有距离没有到位。以上原因使轴承与轴过盈配合成为间隙配合，继而螺栓断裂，连接头脱出。

（2）处理方法：①改进空气密封环，使密封环更换方便；②将轴承内圈刷镀，恢复到要求轴径；③将轴承内圈内端面顶到位；④将轴承压盖螺栓强度提高。

634. ATOX立式磨磨滚衬板产生裂纹的原因及处理办法

（1）原因：安装不当，衬板底面与磨滚面不均匀接触，导致衬板振动。

（2）处理方法：正确安装新衬板。

635. 磨盘衬板移位的原因及处理办法

（1）原因：安装时压块底面接触到磨盘，而斜面并未与衬板接触。

（2）处理方法：将压块底面车去适当厚度；衬板内卡面卡到磨盘的卡槽，外卡面由3块压块的卡面卡住，每块压块用螺栓固定磨盘。

636. HRM立式磨液压系统液压泵空的原因和处理办法

（1）产生原因：①进油管密封不良，漏气；②泵本身密封不好，漏气；③油量不足，油液稠度不当。

（2）处理办法：①拧紧管路螺母；②更换不良密封件；③加足油，加稠度适当的油液，如耐磨液压油32号和46号。

637. 系统误差、偶然误差

系统误差是在一定的试验条件下，一种有规律的、重复出现的误差。在每次测定中，此种误差总是偏向某一方向，其大小是一个恒定的数值，所以系统误差也称作恒定误差。

偶然误差是在试验过程中由一些不定的、偶然的外因所引起的误差。

638. 分析原材料时为什么要用烘干后的试样

（1）因为水泥原材料所含的附着水分，与其本身的性质、细度及周围环境的湿度有关，含量不定。所以在设计配料方案时，一般都用原材料的干基分析结果进行计算，然后根据测定的原材料湿基水分值，将原材料的干基配比换算成湿基配比。

（2）黏土、生料、石灰石等国家表样的标准值也是以干基表示，为了比较检查分析结果是否准确，也将黏土、生料等标样在105～110℃烘干后，再称样进行分析。

639. 矿物原料的水分分为哪几种形态

矿物原料的水分，一般分为附着水和化合水两种形态存在。

（1）附着水不是物质固有的组成部分，而是通常存在固体物质的表面和孔隙中，形成很薄的薄膜。

（2）化合水则是物质的组成部分之一，在物质的组成中占有一定的比例。化合水包括结晶水和结构水两种形态。结晶水是以水分子的形态存在于物质的晶格中；结构水是以化合状态的氢或氢氧基的形式存在于物质的晶格中。

640. 什么是选粉机的选粉效率

选粉机的选粉效率是指选粉后的成品中所含的通过规定孔径筛网的细粉量与进选粉机物料中通过规定孔径筛网的细粉量之比，称为选粉效率。它也是一项直接关系到闭路粉磨系统产、质量的重要工艺参数。

641. 选粉效率计算公式

用下式计算：

$$\eta=\frac{c(a-b)}{a(c-b)}\times 100\%=\frac{(100-C)(B-A)}{(100-A)(B-C)}\times 100\%$$

式中 η——选粉效率，%；

a——出磨物料（入选粉机物料），通过指定筛孔筛的物料量，%；

b——回料（选粉机粗粉），通过指定筛孔筛的物料量，%；

c——产品（选粉机细粉），通过指定筛孔筛的物料量，%；

A——出磨物料（入选粉机物料），细度筛余百分数，%；

B——回料（选粉机粗粉），细度筛余百分数，%；

C——产品（选粉机细粉），细度筛余百分数，%。

642. 选粉机的循环负荷率

循环负荷率（K）是指选粉机的回粉量（即粗粉）（T）与成品量（Q）之比，它是一项直接关系到闭路粉磨系统产、质量的重要工艺参数。

643. 选粉机循环负荷率的表达式

$$K=\frac{T}{Q}=\frac{c-a}{a-b}\times 100\%=\frac{A-C}{B-A}\times 100\%$$

式中 K——循环负荷率，%；

a——出磨物料（入选粉机物料），通过指定筛孔筛的物料量的百分数；

b——回料（选粉机粗粉），通过指定筛孔筛的物料量的百分数；

c——产品（选粉机细粉），通过指定筛孔筛的物料量的百分数；

A——出磨物料（入选粉机物料），细度筛余百分数，%；

B——回料（选粉机粗粉），细度筛余百分数，%；

C——产品（选粉机细粉），细度筛余百分数，%。

644. 选粉机技术标准的要求

要求：①技术性能达到生产工艺要求；②设备零件完好、紧固、筒体无明显变形、人孔门盖密封良好；③传动装置齐全，大小齿轮、齿面无点蚀现象，无杂声、无振动；④润滑系统良好，润滑油质符合要求，无泄漏；⑤电动机运转正常，电气控制装置齐全；⑥设备四周环境清洁，安全装置齐全紧固。

645. 旋风筒堵的原因及处理方法

（1）原因：①耐磨涂料塌落或者龟甲网脱落，堵塞出料口；②重锤翻板阀或者分格轮电动机滚键等故障；③物料水分含量高或者斜槽走料不畅，造成物料堵塞。

（2）处理方法：检查耐磨涂料牢固性，有问题及时处理，防止脱落；加强对翻板阀轴承的润滑，合理调整配重，保证翻板阀灵活，加强巡检，对于电动机滚键及时发现处理；严格控制物料水分含量，斜槽及旋风筒做好防雨。

646. 选粉机润滑部位、加油方法及润滑剂种类

设备名称	润滑部位	加油方法	润滑脂
选粉机	减速机	油箱	220 号极压工业齿轮油
	立轴轴承	油泵	2 号极压锂基脂
	密封装置	油枪	2 号极压锂基脂
循环风机	轴承	油箱	220 号极压工业齿轮油
重锤翻板阀	轴	油枪	2 号极压锂基脂

647. 润滑点油量适中的标准

（1）有油标指示的以油标为准；满足减速机油到低级大齿轮的 2～3 个齿高，油箱油量到油箱的 1/3～2/3。

（2）轴承的油高于最低一个珠的中心线，低于一个珠的全高。

（3）干油润滑的轴承，为轴承的 1/3～2/3 位置。

648. 什么是袋收尘的清灰过程

清灰过程是指一个室从清灰开始到结束，成为一个清灰过程，时间一般在 3～10s，包括提升阀的关闭、脉冲阀的工作、提升阀的打开。

649. 什么是袋收尘的清灰间隔

从一个室的清灰结束到第二个室的开始，称为清灰间隔。

650. 什么是袋收尘的集中清灰间隔

所有室清灰完成到下一次清灰开始的时间，称为集中清灰间隔。

651. 什么是袋收尘的清灰周期

从第一个室清灰开始到最后一个室结束的时间为一个清灰周期。

652. 袋收尘压差大的原因及处理方法

（1）故障原因：①烟气结露粉尘糊袋子；②脉冲阀不工作；③脉冲阀工作时提升阀未关闭；④压缩气源压力太低；⑤一个或多个提升阀处于关闭状态。

（2）处理方法：①堵塞漏风，提高烟气温度；②清理或更换；③检查提升阀或清灰控制；④检查气路系统及空气压缩机；⑤检查提升阀或清灰控制器。

653. 袋收尘压差小的原因及处理方法

（1）故障原因：①工艺系统不工作；②滤袋破损；③测压装置失灵。

（2）处理方法：①恢复工作；②此时可见排放浓度增高，应及时更换滤袋；③更换修理测压装置。

654. 脉冲阀不工作的原因及处理方法

（1）故障原因：①电源断电或清灰控制失灵；②脉冲阀内有杂物；③电磁阀线圈烧坏；④压缩空气压力太低。

（2）处理方法：①恢复供电、修理清灰控制器；②仔细清理脉冲阀；③更换电磁阀线圈；④检查气路系统及压缩机。

655. 提升阀不工作的原因及处理方法

（1）故障原因：①电源断电或清灰控制失灵；②脉冲阀内有杂物；③电磁阀线圈烧坏；④压缩空气压力太低。

（2）处理方法：①恢复供电、修理清灰控制器；②仔细清理脉冲阀；③更换电磁阀线圈；④检查气路系统及压缩机。

656. 什么是生料质量

生料的质量主要包括生料的三率值、细度、水分含量。

657. 制备分析样品时应注意哪些问题

（1）采取的样品如果太湿，不便于破碎、研磨和过筛，可进行烘干或风干。一般样品可在105～110℃烘干；易分解的样品，如石膏（$CaSO_4 \cdot 2H_2O$），应在(45～3)℃烘干。

（2）在破碎、磨细样品前，每一件设备和用具，如药碾子、磨盘、颚板、铁锤等均应刷净，或用样品投洗干净，不应有其他样品残留。

（3）破碎和粉磨试样时应尽量减少飞溅。

（4）过筛时，如果有筛余，哪怕是一个很小的颗粒也不能弃去，直到全部通过样筛为止。

（5）用磁铁除去铁屑，保存备用。

658. 细度的检测方法有哪些

细度的检测方法分为负压筛析法、水筛法和手工筛析法，三者测定结果发生争议时，以负压筛析法为准。

（1）负压筛析法：用负压筛析仪，通过负压源产生的恒定气流，在规定筛析时间内使试验筛内的水泥达到筛分。

（2）水筛法：将试验筛放在水筛座上，用规定压力的水流，在规定时间内使试样筛内的水泥达到筛分。

（3）手工筛析法：将试验筛放在接料盘（底盘）上，用手工按照规定的拍打速度和转动角度，对水泥进行筛分试验。

659. 负压筛析法的注意事项

（1）筛析试验前，应把负压筛放在筛座上，盖上筛盖，接通电源，检查控制系统，调节负压至4000～6000Pa。

（2）实验前要检查被测样品，水泥样品应充分拌匀，通过0.9mm的方孔筛，记录筛余物情况，不得受潮、结块或混有其他杂质。

（3）负压筛析仪工作时，应保持水平，避免外界振动和冲击。

（4）称取试样精确至0.01g，置于洁净的负压筛中，放在筛座上，盖上筛盖，接通电源，开动筛析仪连续筛析2min，在此期间如果有试样附着在筛盖上，可轻轻地敲打筛盖使试样落下。筛毕，用天平称量全部筛余物。

（5）每做完一次筛析试验，应用毛刷清理一次筛网。其方法是用毛刷在试验筛正、反两面刷几次，清理筛余物，但在每个试验后试验筛的正、反面的清理次数应相同，否则会大大影响筛析结果。

（6）使用时间过长时应检查负压值是否正常，如不正常，可将吸尘器卸下，打开吸尘器将桶内灰尘和过滤布袋上附着的灰尘等清理干净，使负压恢复正常。

660. 水筛法检验细度注意事项

（1）水泥样品应充分拌匀，通过0.9mm的方孔筛，记录筛余物情况，要防止过筛时混进其他水泥。

（2）筛析试验前，应检查水中无泥、砂，调整好水压及水筛架的位置使其能正常运转，并控制喷头低面和筛网之间距离为35～75mm。

（3）称取试样精确至0.01g，置于洁净的水筛中，立即用淡水冲洗至大部分细粉通过后，放在水筛架上。

（4）冲洗压力必须保持在（0.05±0.02）MPa，冲洗时间为3min。

（5）冲洗时试样在筛子内要分布均匀。

（6）水筛筛子应保持洁净，定期检查校正。

（7）要防止喷头孔眼堵塞。

661. 手工筛析法检验细度注意事项

（1）水泥样品应充分拌匀，通过0.9mm的方孔筛，记录筛余物情况。

（2）手工筛要保持清洁、干燥，筛孔畅通。

(3) 称取试样精确至0.01g，倒入手工筛中。用一只手持筛往复摇动，另一只手轻轻拍打，往复摇动和轻轻拍打过程应保持近于水平。

(4) 拍打速度每分钟约120次，每40次向同一方向转动60°。

(5) 试样要均匀分布在筛网上，直至每分钟通过的试样量不超过0.03g为止。

2.5.3 高级工/三级

662. 正常生产时对罗茨风机应做哪些项目的检查

检查项目：①出口压力是否符合要求；②油泵注油是否良好，有无漏响声，油箱内的油量是否适量；③各处温度是否正常；④地脚螺栓有无松动；⑤电流表是否正常。

663. 离心式通风机断轴承原因

离心式通风机由转子、机壳（包括进气室）和支承部分等组成。转子包括叶轮、主轴、轴承与联轴器。

造成离心式风机断轴的原因是多方面的：

(1) 物料湿度高，管道没有保温设施，易使粉尘在风叶上结露粘结，形成偏心；

(2) 风机排风管过高，管壁结块达到一定质量脱落下来，与高速旋转的风叶形成了瞬时冲击，导致断轴；

(3) 防雨罩结构不合理，容易使雨水漂进管道，加上结露，使风机不同程度被锈蚀，尤其是停车一段时间后，这种锈蚀更严重。

664. 离心式通风机断轴的处理和预防

(1) 离心式通风机断轴后，应立即进行处理。一是对于小功率轴可立即予以更换；二是对于大功率轴，可采用镶套接轴办法予以修复，但注意装配时采用温差法，在冷却过程中适时加以辅力，使轴同心，再将断轴连接，为了安全，可在连接处增加4个ϕ30mm暗销。

(2) 在风机进风管道，全部用稻草绳包扎一圈，然后用水泥、珍珠岩粉、耐火泥等材料混合物涂抹一层，予以管道保温。

(3) 采用弧形排风管道，加大防雨罩，使雨水不能漂进风机，减少风机锈蚀。

(4) 风叶、风机内壳及管道积灰要定期清理，物料水分含量也要控制，降低进入风机的气体含量，进而减少风机系统结露。

665. 空压机发出尖声的原因及处理方法

原因及处理方法：①余隙过小，应进行调整；②活塞螺母松动，应拆下拧紧；③缸内有水，应检查冷却系统的严密性；④气阀松动，应拧紧制动器螺栓；

⑤气缸或气管道中有异物，应予清理；⑥阀片、弹簧损坏，应清除碎片，予以更换。

666. 空压机发出闷声的原因及处理方法

原因及处理方法：①连杆大小头瓦、十字头销衬套、滑道磨损严重，间隙过大，应进行修配或更换；②轴颈椭圆度过大，需要修磨；③轴承间隙过大，需要更换轴承；④皮带轮松动或皮带松弛，可紧皮带轮和皮带。

667. 空压机润滑油压力突然降低的原因及处理办法

（1）原因：①机身润滑油不足；②不定期滤器、过滤元件堵塞；③油压表失灵；④润滑油管路堵塞或破裂；⑤油泵失去作用，回油阀失灵，油经回油阀短路回油池。

（2）处理方法：①立即加油；②清洗滤器和过滤元件；③更换油压表；④清理或更换；⑤检修油泵、回油阀。

668. 空压机注油器不上油的原因及处理办法

（1）原因：①注油器滤网堵塞；②油管堵塞或油管路中破裂漏油；③泵中的逆止阀与阀套，球阀和锤形弹簧阀座磨损卡死或不起作用。

（2）处理方法：①清洗滤网；②疏通管道或更换破裂的油管；③更换磨损严重的备件，研配球阀、弹簧与阀座。

669. 空压机安全阀故障的原因及处理办法

（1）原因：①安全阀开启不及时；②阀瓣开程达不到应有高度；③安全阀关闭不严。

（2）处理方法：①重新调整；②拆卸洗涤、检修；③清除污物，重新闭阀。

670. 空压机填料箱不严密、漏气的原因及处理办法

（1）原因：①弹簧损坏或弹力小，使其不能与活塞杆完全密封；②箱中金属密封装置无法窜动，与活塞杆有缝隙；③活塞环磨损、拉伤，部分磨偏不圆等；④填料箱中的金属密封盘内径磨损与活塞杆密封不严；⑤润滑油供应不足，填料箱部分气密性恶化，形成漏气。

（2）处理方法：①更换新弹簧；②重新装配填料箱中的金属密封盘，使之在箱中能够自由窜动与活塞杆密封；③检修或更换活塞环；④更换密封盘；⑤保证填料箱中有适当的润滑油。

671. 空压机注油器注油不正常的原因及处理办法

（1）原因：①油塞与泵体过分磨损，压力达不到要求；②注油器调节得不合适，使油量过多或过少。

（2）处理方法：①更换或检修油塞与泵体；②重新调节注油泵的行程。

672. 空压机运行中出现不正常声响的原因及处理办法

（1）原因：①尖声：a. 余隙过小；b. 活塞螺母松动；c. 缸内有水；d. 气阀松动；e. 气缸或气管道中有异物；f. 阀片、弹簧损坏。②闷声：a. 连杆大小头瓦、十字头销衬套、滑道磨损严重，间隙大；b. 轴颈椭圆度过大；c. 轴承间隙过大；d. 皮带轮松动或皮带松弛。

（2）处理方法：①尖声排除法：a. 调整余隙；b. 拆下拧紧；c. 检查冷却系统的严密性；d. 拧紧气阀制动器螺栓；e. 清除异物；f. 清除碎片，更换。②闷声排除法：a. 进行修配或更换；b. 修磨；c. 更换轴承；d. 紧皮带轮或紧皮带。

673. 罗茨鼓风机振动大的原因及处理办法

（1）原因：①转子不平衡；②静压过大；③管路中出口阀未打开。

（2）处理方法：①重新对转子进行动压平衡；②适当降低负荷阻力；③及时打开出口阀门。

674. 罗茨鼓风机风量达不到铭牌要求的原因及处理办法

（1）原因：①转子和转子间的间隙过大；②转子和机壳间的间隙过大。

（2）处理方法：①调整转子间的间隙；②调整转子和机壳的间隙。

675. 罗茨鼓风机内转子与机壳有局部摩擦的原因及处理办法

（1）原因：①滚动轴承径向跳动过大；②主轴或从动轴弯曲；③转子与机壳间隙不均匀。

（2）处理方法：①更换滚动轴承；②调直或更换弯曲的轴；③检查前后墙板和机壳结合面上的定位销是否装好或松动，调整间隙后，重新配装定位销。

676. 罗茨鼓风机两转子之间有局部撞击的原因及处理办法

（1）原因：①传动齿轮键松动；②转子键松动；③齿轮轮毂和主轴的配合不良；④两转子间的间隙不一；⑤滚动轴承坏或已过使用期限；⑥主轴或从动轴弯曲；⑦齿轮使用过久，侧隙增大。

（2）处理方法：①更换齿轮键；②更换转子键；③检查配合面是否有碰伤，检查键槽是否损伤，检查轴端螺母锁紧情况和防松垫圈的可靠性；④调整两转子间的间隙；⑤更换滚动轴承；⑥调直或更换轴；⑦更换磨损的齿轮。

677. 罗茨鼓风机转子与前后墙板发生摩擦的原因及处理办法

（1）原因：转子与两端墙板轴向间隙不当。

（2）处理方法：调整转子与前后墙板的间隙，如加纸垫调整。

678. 罗茨鼓风机齿轮不正常磨损的原因及处理办法

（1）原因：①齿轮制造质量不良；②齿轮安装质量不良；③齿轮润滑不良；④转子不平衡，振动大；⑤转子轴承坏。

（2）处理方法：①提高齿轮制造精度；②提高齿轮安装精度；③加强润滑，注意油品的质和量；④转子找平衡；⑤更换轴承。

679. 罗茨鼓风机试运行正常，停下后不能启动的原因及处理办法

（1）原因：①进、出口风管上阀门没有打开，造成超载；②风机进、出口管道设计安装不当，运行后外壳受热变形。

（2）处理方法：①开启阀门，使之空载；②拆卸进、出口风管，重新改进，支撑好管道。

680. 辊式磨与管磨相比的特点

（1）辊磨由于属厚料床粉磨，粉磨方式合理，并且磨内气流可将磨细的物料及时带出，避免过粉磨现象，故粉磨效率高，能耗较低。整个粉磨系统电耗可降低10%～30%，其降低值随原料水分含量的增高而增加。且它将破碎、粉磨、烘干、分级等工序集中为一体，大大简化了生产流程和设备台数。

（2）辊磨允许入磨物料粒度较大，一般可达磨辊直径的5%，大型入磨物料粒度可高达100～150mm，因而可省略第二段破碎，节省投资。

（3）入磨热风从环缝中进入，风速可达80m/s以上，磨内通风截面也大，阻力小，通风能力强，烘干效率高。利用窑尾低温废气可烘干8%水分的物料，如采用热风炉供热可烘干15%～20%水分的物料。

（4）物料在磨内停留时间短，仅2～4min（球磨15～20min）。故生产调节反应快，易于对生料成分和细度调节控制，也便于实现操作自动化。

（5）辊磨金属消耗省，检修时间短，不需要清球，设备运转率可高达95%以上。

（6）辊磨磨机结构合理，整体密封好（漏风可降到10%以内），扬尘少，噪声低，有利于环境保护。

（7）辊磨设备布置紧凑，建筑空间小，且可以露天布置，投资低。

（8）辊式磨的主要缺点是不适用于粉磨磨蚀性强的物料，否则磨辊、磨盘的衬板磨损快，维护工作量大，维修费用增高。

681. 简述旋风式选粉机的工作原理

旋风式选粉机的循环风是由离心通风机产生，离心通风机把循环风从选粉机的中部锥体以切线方向送入挡灰体，并以螺旋形走向上升到选粉室。出磨物料从选粉机顶部喂入，并落到旋转的撒料盘上，由于离心力的作用，物料被撒料盘向四周均匀撒开，并与上升气流相遇。大颗粒物料受惯性离心力作用，克服重力和分选气流的作用力，碰到筒壁后失速被收集，作为粗粉回磨。较细的颗粒被上升气流分离出来，随气流上升到辅助风叶处时，颗粒的受力状态和离心式选粉机辅助风叶区的作用完全一样，即中等颗粒受辅助风叶产生旋风筒收集作用，沿内锥下沉，并在挡灰体处又受到循环气流的再分选。细小的颗粒，随上升气流穿过辅

助风叶，进入旋风筒，借助离心力作用而将细粉收集。旋风筒分离后的气流从出风管、空气管道再次被吸进通风机，形成闭路循环通风。

682. 如何根据磨机产量和质量来检验研磨体填充率和级配是否合理

磨机产量低，产品细度较粗，有可能是研磨体磨损过大或装载量不足，此时应检查、确定添加各种研磨体或更换新的研磨体；磨机产量较高，但产品细度较粗，有可能是磨内研磨体的冲击能力过强，研磨能力不足，物料流速快所致。此时应减少大球，增加小球，增加研磨能力，同时减小研磨体之间的空隙，降低磨内物料流速，使物料得到充分的粉磨；磨机产量低，产品细度细，有可能是小钢球太多，填充率太大，导致冲击破碎作用减弱。或者是大球太小，冲击力减弱，研磨能力较强，应适当增加大球，加强冲击能力。

683. 中卸烘干磨调整热风时应注意些什么

只有在烘干能力与粉磨能力得到平衡的条件下，磨机才能达到优质、高产。为充分发挥烘干能力，在操作上，主要调整热风，使烘干的物料能适应粉磨的需要。调整热风时，要注意以下要求：

(1) 调整入磨热风必须与燃烧炉操作协调统一。热风所含的热量是由燃料燃烧产生的，所以提高或降低入磨的热量，首先要增加或减少燃烧炉的喂煤量。

(2) 调整入磨热风时，必须使通风系统的各测点的负压值都达到规定的范围，才能保证入磨风量充足。

(3) 入磨热风的温度应不超过规定的限度，过高时要适当打开烟道和燃烧炉的冷风门，以降低热风温度，冷风门打开后，整个系统的负压就会下降，入燃烧炉的二次风也会减少，因此必须相应地调整排风量，使负压仍保持在规定的范围内，以保证燃烧炉正常操作。

684. 管磨机隔仓板篦孔堵塞的原因及处理办法

(1) 主要原因：一是入磨物料含水量过高；二是磨内通风不良；三是碎铁屑或杂物夹塞在隔仓板和出料篦板篦缝中。

物料含水量过高时，料粉潮湿，易黏住篦缝，致磨内通风不良；磨内通风不良时，水汽不能及时排出，物料和气体的含湿量增高，使篦缝堵塞现象加重，而篦缝堵塞又加重了通风困难和水分不易排出的问题。这三种原因互相影响，使问题越来越严重。

(2) 处理方法：若隔仓板篦缝被料堵塞，可用减少或停止喂料的方法，使堵塞的物料层在隔仓板和物料的自身受热膨胀的条件下开裂，并在研磨体冲振作用下脱落、排出；若隔仓板篦缝被碎铁屑或杂物堵塞，需停磨，用钢钎和铁锤从隔仓板的进料侧向出料侧冲击，或用带钩的钢筋从出料侧钩出。若长期未清仓，磨内碎研磨体和杂物过多，隔缝被堵塞过紧、过甚，就进行清仓。

685. 简述研磨体窜仓的现象及原因和处理措施

（1）研磨体窜仓的现象：出磨产品的产量不稳定且较低；产品细度反常，且有大颗粒，磨声混杂；相邻两球仓中前仓有较弱的研磨声，后仓有较强的冲击声；相邻的球段仓中，前仓有沙沙的段声，后仓有哒哒的球声；甚至前后两仓声音相近，还夹杂着大块金属的冲击声，表明磨内的研磨体已窜仓。

（2）研磨体窜仓的原因：隔仓板的材质不良，在运转过程中被研磨体冲断；隔仓板磨损严重，未及时更换，在研磨体的冲击下破损；螺栓材质质量差或紧固不良，隔仓板在磨机运转过程中脱落；隔仓板篦缝间的金属因被磨穿而掉落，两条或多条篦缝连成一个空洞。

（3）处理方法：发生研磨体窜仓现象后应立即停磨，倒出研磨体，更换损坏的隔仓板。研磨体分选后，重新装入磨内。

686. 磨头冒灰的原因及处理办法

磨头冒灰的原因是磨内通风不良，磨内负压过低，磨头部位处于正压所致；磨尾拔风筒上部直径偏小或高度不够；拔风筒上有漏风缺口；磨机出料口至拔风筒的下端严重漏风；收尘风机的叶片磨损或风量调节装置的开启度过小；磨机的隔仓板或出料篦板的篦缝被堵塞；收尘器本身或前后管道严重漏入空气，或管道内有物料堵塞；磨头进料螺旋磨损严重，或螺旋筒中卡有异物；入磨物料水分含量高或温度高，致使粉磨能力下降。发现磨头冒灰应查清原因，针对问题进行处理。

687. 简述影响中卸烘干磨操作的因素

影响因素：衬板的形式、研磨体的级配和装载量、磨机转速、循环负荷率、选粉效率、物料的含水量和粒度、喂料量、热气流的温度和流速等都影响中卸烘干磨的操作。而烘干能力和粉磨能力的平衡程度对中卸烘干磨的操作有较大影响，并对中卸烘干磨的实际生产能力起决定性的作用。

688. 中卸烘干磨的操作要点

（1）喂料量的调整：一般根据磨声和提升机运转电流调整喂料量。

（2）热风的调整：调整热风目的是调节烘干速度，在保证设备安全运转的前提下，使烘干能力与粉磨能力相平衡。热风调整包括调整入磨热风温度和风量以及控制出磨废气的温度。

（3）控制产品细度：主要从研磨体级配和装载量的调整、选粉机的调节、喂料量的增减和入磨热风的调节进行控制。

（4）防止喂料中断：黏土含水量高时，料仓下料口易堵塞，仓内壁易粘料，下料溜子易堵塞，这些现象都可导致喂料中断。

（5）严格控制入磨物料的含水量：一般入磨黏土含水量须小于20%，入磨物料综合水含量分应低于5%，以防钢球和衬板粘料、隔仓板篦缝堵塞而导致粉磨效率下降，甚至发生“饱磨”现象。

(6) 经常保持各轴承和减速机润滑良好。

(7) 检查磨机所有固定螺栓，特别是入料螺旋筒和筒体衬板螺栓是否有松动现象。

(8) 检查并及时清除燃烧炉出口烟道和斜度小、风速低的管道中的积灰。

(9) 开车前先预热磨机，做到磨机运转后即可进行烘干、粉磨作业。预热时风温不宜过高，并以辅助传动设备慢转磨机。

(10) 停车时，注意磨机主轴承的降温。停车顺序：先熄燃烧炉，再停喂料，最后停磨，打开冷风阀门，关闭热风阀门，使燃烧炉内的余热气体从辅助烟囱排出；磨机则进行慢转，待温度降到一定程度后停磨。

(11) 喂料中断时，停止送热风；事故停车时，进行磨机降温；运转中突然停电时，间断地向轴瓦间倒冷油。

(12) 粗磨、细磨两仓能力不平衡时，用调节粗磨仓回磨粗粉量的措施进行处理。

(13) 严格控制磨机出口和排风机的风温、风压。

689. 尾卸提升烘干磨引起“饱磨”的原因

喂料量过多，或入磨物料粒度大、硬度高，未及时减少喂料量；入磨物料含水量过多，以致料粉粘球、隔仓板篦缝堵塞、钢球冲击力减弱、磨内通风不良、物料在磨内的流速减慢；入磨热风量偏少，或入磨风温较低；钢球级配不当，多为小球且量太多，或钢球磨损严重，未及时补充，以致钢球的冲击粉碎作用偏弱；隔仓板损坏，研磨体窜仓；选粉机回磨粗粉量过多。

690. 尾卸提升烘干磨结圈的原因及处理办法

(1) 原因：饱磨现象若不及时处理，筒体上黏附的料量增多到一定程度时，便发生结圈。在通风管道阻塞、入磨热风量不足、燃烧炉温度显著下降或物料水分含量突然升高时，结圈容易发生，且多出现在一仓。结圈后，在结圈部位，钢球冲击声明显减弱；仓内料面升高，少数钢球窜入烘干仓，烘干仓内有钢球的冲击声。

(2) 处理方法：结圈后，须减少喂料量，增加热风量，以促进湿物料脱离筒体。结圈料层可能大量脱落，并迅速涌入磨尾回转筛，导致回转筛堵塞，此时应立即打开回转筛出料溜管闸板，使结块排至筛外。

691. 尾卸提升烘干磨衬板掉落原因

螺栓松动后，由于衬板在筒体回转时不断窜动，衬板螺栓在拉伸、剪切作用下断裂；衬板间隙过小，衬板受热膨胀变形的伸展余地不足，以镶砌法固定的衬板会因此而鼓起或脱落；以螺栓固定的衬板会因衬板鼓起而引起螺栓断裂，导致衬板脱落；镶砌法固定的衬板间隙过大，环向缝隙中的楔铁板松脱，导致衬板松动、螺栓断脱而引起衬板脱落；磨机开磨时，预热风温太高，磨内受热不均，衬板螺栓在衬板受某些部件（如隔仓板）急剧膨胀力的挤压而被卡断；螺栓质量不好。

692. 尾卸提升烘干磨轴承发热的原因

冷却水量不足或中断，可能是水管堵塞或水压过低；冷却水中渣滓多，增大了轴瓦与轴颈间的摩擦力；润滑油供给不足或中断。或是油量不足，或是供油系统有故障，如漏油、堵塞，油环断开，喷油嘴被油环碰掉或移位等；油的黏度低，或长期使用后，油质变差；轴承密封不良，进入灰尘或杂质；入磨风温过高，断料时未停热风，或保护中空轴的隔热石棉绳脱落；安装质量差，如轴瓦间隙过小，联轴器安装不正等。

693. 怎样做好辊磨液压系统的保养工作

操作人员须熟悉液压元件控制机构的操作要领，熟悉各元件调节旋钮的转动方向与压力大小的关系，如搬运和装拆蓄能器时应先打开充气阀，排除充入的空气；安装时，油口向下垂直安装等；启动液压泵时，若油温低于10℃，需先空转10min左右，方可加载运行；液压油需要定期检查和更换；不足时，需加至规定要求；注意滤油器的工作情况，定期清洗或更换滤芯；日常检查、定期检查和综合检查结果均需详细记录。

694. 试述调节管磨机成品细度的基本原则

（1）闭路磨以离心式选粉机组成的系统主要用调节隔风板打进程度和小风叶安装片数的方法调节成品细度，必要时，可调节大风叶的安装片数。一般不轻易减少喂料量。

（2）开路磨在磨内水分含量和通风正常，且主电动机电流和设备制造及安装质量允许的情况下，主要用增加研磨体装载量、调整各仓磨体填充率和级配的方法调整成品细度；细度偏细时，以增加喂料量的方法调粗成品的细度。

695. 如何加强磨机主轴承润滑的管理

根据轴承特性选用适用的优质润滑油：

（1）以油圈、油带作润滑的主轴承，应重点检查主轴承的润滑状况及润滑油质，并加强维护；

（2）带有强制润滑装置的主轴承，应重点检查润滑站及管路系统、滤油器和冷却器，并定期清洗；

（3）刮油器须能自由滑动。装上轴承盖后，须通过检查孔检查，并妥善处理，使刮油器卡在润滑槽沿上。在磨机运转过程中，油圈与刮油器相互压紧，否则将导致油圈松动，润滑不良，使滑动轴承烧毁。

磨机停车时间较长（超过24h）后重新启动时，应提前30min从检查孔向轴承注油，待新注入的油充分进入轴与轴承之间后，方可启动，以防止磨机启动时，轴与轴承被磨损。

696. 管磨机减速机地脚螺栓断裂的原因

磨机机体振动严重，引起减速机地脚螺栓疲劳；地脚螺栓材料的碳、硅、硫等成分含量偏高；内部组织不均匀；减速机基础或减速机机体不平，垫铁与机体垫的布局不当；各垫铁受力不均匀；机体与垫铁间的间隙不相等。

697. 粉碎物料的机械方法的种类

粉碎物料的方法很多，就机械方法而言常见的有下述五种：

（1）压碎。在物料两表面间施以缓慢增长的静压力，把物料挤碎。多用于脆性和坚硬的大块物料的粗碎。一般颚式、圆锥式和辊式破碎机都利用这种方法。

（2）磨碎。使物料在两个相对的滑动工作面间或在研磨体之间的摩擦作用下被磨碎。多用于小块物料的细磨。管磨机、振动磨利用这种方法。

（3）击碎。使物料在瞬间足够大的冲击力下被破碎。这种方法特别适用于脆性物料的粉碎。锤式、反击式、冲击式和管磨机利用这种方法。

（4）劈碎。使物料在尖棱状物体的作用下被劈碎。用于脆性的物料。齿辊破碎机利用这种方法。

（5）折碎。使物料在两个带凸齿金属工件之间，受到弯曲的挤压力而破碎。适用于脆性、硬性物料的破碎。颚式和圆锥式破碎机利用这种方法。

698. 管磨机的特点

（1）优点：①对物料物理性质（如粒度、水分含量、硬度等）波动的适应性较强，且生产能力较大；②粉碎比大（一般为 300 以上，进行超细粉磨时可达 1000 以上），产品的细度细，且颗粒级配易于调节；③结构简单、坚固，操作可靠，维护管理简单，能长期连续运行；④可适应不同情况的作业，可干法作业，也可以湿法作业，还可把干燥和粉磨两个工序合起来同时作业；⑤可开路粉磨，也可闭路粉磨；⑥密封性良好，可负压操作，工作场地无粉尘飞扬；⑦便于大型化，可满足现代化企业大规模生产的需要。

（2）缺点：①工作效率低。电能有效利用率仅为 2%～3%，一般认为<1%，粉磨能量的 97%～99%以上被白白浪费（转变成了热能和声能）。②电耗高。粉磨 1t 水泥的综合电耗为 90～100kW·h，粉磨电耗约为全厂总电耗的 2/3。③设备笨重。大型管磨机重达几百吨，一次性投资大。④转速低（多为 15～30r/min）。用普通电动机驱动需配用减速机，减速机价格高。⑤研磨体和衬板消耗量大。⑥噪声大，并有较强的振动。

699. 研磨体级配的原则

（1）同一仓里的研磨体级配：钢球一般采用 4～5 种规格的钢球，钢段用

1～2种规格；过多级配的研磨体可能在磨内产生自然分层现象而影响粉磨效率。研磨体的级配是受到入磨物料的性质（粒度和硬度等）和磨机的粉磨流程、规格及产品要求细度等很多因素制约的。

（2）最大球径视入磨物料粒度的大小而确定，当入磨物料料度大，硬度又高，产品要求的较粗时，最大球径需大一些，一般用下式来估算最大球径：最大球径$=28\sqrt{3d_{最大}}$（d代表入磨物料粒度），用上式和物料硬度、产品细度及磨机的规格类型综合考虑，结合生产经验，可以确定磨机的第一仓的钢球的最大球径。

（3）一仓确定最大球径后，按4～5种钢球的级配结合，每一种球依次递减10mm。几种球在磨内的加入量按“两头小，中间大”即最大和最小球加入量少一些而中间球多一些的原则。因为，小钢球磨损后就变得更小，而小钢球由中等钢球磨损后得到补充，因此小钢球要少些。最大的钢球少的原因是大钢球太多，在磨机球总装量一定的情况下，使中、小球的装填量减少，影响粉磨效率。

（4）大型中长管磨机，一仓最小的球为二仓最大的球。

700. 高铬铸铁球的使用性能

表面硬度HRC（54～64）或HRC（50～62），且有耐磨、耐热、耐腐蚀的良好特性，每吨水泥的磨耗量为16～90g，耐磨性是普通碳钢球的8～12倍，为高锰钢球的5～7倍；其冲击韧性6～10J/cm^2，破损率低于1%。另外补球、清仓次数大减，钢球级配较稳定，且用后表面光滑不粘料，有利于磨机产量的稳定提高。因此，它是一种使用性能优良的研磨体，是研磨体的发展方向。我国铬资源少，这种球的制造工艺难度较高，故价格较贵，但它的单位产品实际钢球磨耗费比采用其他材质钢球的低，有条件时，应当选用。

701. 铸造段的使用性能

（1）普通铸铁段以废钢、废铁和生铁为原料铸成，其硬度HRC＜30，每吨水泥的磨耗量为500g或稍多，价格较低。

（2）水冷硬模铸铁段硬度高，耐磨性好。

（3）高铬铸铁段和低铬铸铁段都是硬度高、耐磨性能好的段，且用后表面光滑不粘料，碎段比率小，隔仓板和篦缝隙堵塞的概率相应较低。

702. 新安装或大修后的设备试运转前，设备的准备工作内容

准备工作内容包括：①主机与各辅机内部无杂物；②操作人员各自就位，并处于安全位置；③所有连接螺栓及地脚螺栓均已拧紧；④润滑系统的水冷却系统符合设计要求，管道阀门通畅无阻，润滑用油需备足；⑤各处密封部位密封良好；⑥所有仪表、信号照明均已安装完毕，并情况良好；⑦电动机及控制系统情况良好；⑧主机及辅机确认能运转；⑨被磨物料已备足；⑩安全设施齐备。

703. 简述磨机标定的目的

标定的目的：①发现生产中存在的问题，提出技术改造措施，把粉磨技术经济指标提高到新水平；②可以帮助操作人员更全面地了解设备性能，掌握粉磨系统中各参数及其相关的规律性，从而确定最佳的操作方法。

704. 简述磨机标定的内容

（1）入磨物料性能测定：物料表面温度、含水量、容量、密度、粒度特性、易磨性。

（2）磨机粉磨能力测定：小时产量、瞬间喂料量、磨内各仓存料量、磨内物料流速、物料停留时间、粉磨系统物料筛余、绘制磨内物料筛余曲线。

（3）选粉机选粉能力测定：小时选出成品量、负荷量（小时喂料量、选粉效率、循环负荷量）。

（4）磨机通风及收尘测定：磨机通风量，磨内通风，排出气体含尘量，收尘器进口、出口的风压和风量，含尘量及收尘效率。

705. 磨机的功率主要消耗在哪几个方面，为什么磨机的能量有效利用率较低

主要消耗：①用来将研磨体和物料提升至一定高度，并使其以一定的速度抛射出去；②克服机械摩擦力；③产生声能和热能。

上面三种消耗只有第一种为有用功，能量被有效利用。而后两种消耗均为无用功，能量没被有效利用，所以功率有效利用率较低。

706. 磨机运行中对斗式提升机检查什么内容

检查内容：①有无异常声响和振动；②料斗形状运行是否良好；③轴承有无异常发热；④电动机减速机温度是否正常；⑤电动机、张紧头、牵引头、减速器等有无异常响声；⑥张紧装置工作是否正常，张紧程度是否适当；⑦油槽里的油是否保持在规定值上，油温是否正常。

707. 开车前应对磨机润滑装置检查什么项目

检查项目：①检查磨机高低压油泵技术状况是否良好；②检查润滑油在磨机中空轴上的分布情况；③检查油过滤器有无堵塞；④检查油冷却管内有无油污；⑤检查油中是否混有杂质；⑥检查中部位螺栓松动情况；⑦检查进料斗和出料罩密封性。

708. 开车前应对磨机检查的项目

检查项目：①检查磨机筒体各部螺栓是否松动；②检查磨内衬板、隔仓板是否脱落或损坏；③检查磨隔仓板、出料篦板的筛孔有无堵塞；④检查磨内研磨体装载量是否在规定数量；⑤检查磨机出口、入口中空轴衬垫磨损情况；⑥检查磨的人孔是否关闭很紧。

709. 减速机在运转中产生振动和窜轴的原因

原因：①齿轮的齿基磨薄、磨偏和磨出台；②各齿轮的啮合面接触不好和受力不匀，使齿轮的轴间窜动频繁；③高速轴和中速轴的滑缝磨损或磨出台，轴上的大齿轮连接螺栓松动或断裂；④出轴大齿轮的轮心与齿圈松动、折断，以及大齿轮的静平衡没找好；⑤轴承的间隙过大，三支点轴承不水平，滑动轴承的巴氏合金严重磨损或磨偏，局部或全部熔化，滚动轴承的滚动体磨成麻面或固定架磨坏等；⑥轴与齿轮的轴孔配合不好，如孔过大，造成轴和齿轮不同心，或是齿轮与轴装配松动。

710. 分析选粉机齿轮箱发热的原因及排除方法

（1）原因：①齿轮箱缺油，润滑不良，油质不良；②超载使用；③传动体本身故障。

（2）排除方法：①改善润滑，加油或换油；②控制负荷或改进传动计划；③按“烧油”胶合、“热塑变形”等具体情况分析处理。

711. 烘干兼粉磨煤磨的正常维护内容

新安装或新更换的齿轮、轴、轴承等摩擦部件，运转30d后，应将润滑油全部泄出，清洗油池，更换新油；新安装或检查后，各处连接螺栓应定期检查并重新拧紧；检查各润滑点的油量是否充足，温度是否正常，冷却系统是否畅通无阻；检查主辅机的仪表、信号、照明设备及控制系统是否完整；检查各密封部位是否有渗漏现象；检查主辅机是否有异常振动、噪声及温升过高现象；如发现异常情况及故障时应及时排除。

712. 提高磨机粉磨效率的因素主要有哪些

粉磨工艺流程及其配套辅机的性能（如选粉机、磨头预碎机、磨尾收尘系统）；入磨物料的特性：品种及其配比，粒度大小，综合水分含量、入磨物料温度、易磨性指数等；产品细度（筛余、比表面积及颗粒级配和形状）；磨内通风（风量、风压及磨头通风、磨尾锁风等）；隔仓板及卸料装置的构造以及磨内仓位的分配；衬板：不同仓位衬板的工作面形状；研磨体填充率及其级配；磨体的转速；粉磨生产操作和设备系统设备调控（即适应工艺条件的变动等）。

713. 袋式收尘器洁、袋堵塞（糊袋）原因及处理方法

产生的原因及相应的处理方法：

（1）滤袋因漏水被淋造成了堵塞。处理方法：解决漏水源，干燥处理，反复清灰。

（2）滤袋因悬挂方法不正确，张力不足而引起堵塞。处理方法：改进悬挂方法。

（3）滤袋因清灰不良引起堵塞。处理方法：①改善清灰装置；②加强人工

清灰。

（4）滤袋因过滤风速过高而引起堵塞。处理方法：适当调整风量。

（5）滤袋因粉尘湿含量高或气含湿量高而引起堵塞。处理方法：①尽量减少收尘器的漏风，减少冷空气侵入引起的结露；②对通风管道、收尘器外壳进行保温，防止散热；③在冬季或气温较低的地区，或处理含湿量较高的含尘气体时，最好采用加热措施，如用电热器、水蒸气或火炉（小型设备用）加热；④使用抗结露玻璃纤维滤袋或玻璃膨体纱滤布袋等新型滤袋，可较好地解决滤袋堵塞、破损过快等问题。

714. 袋式收尘器滤袋破损原因及处理办法

（1）由于滤袋框架焊接不平整，有毛刺、有棱角，或与箱体有摩擦，使滤袋在晃动过程中被磨破或被扎漏。

处理方法：一是修整框架；二是调整滤袋安装方法。

（2）由于滤袋悬挂过于松弛，引起滤袋破损。

处理方法：改善挂袋工作质量。

（3）由于滤袋拆卸或安装时与金属棱角碰撞有暗伤，使用中便破损开来。

处理方法：注意滤袋安装前后各环节，防止利器损伤滤袋。

（4）由于清灰周期过短或过长，或者在人工捅灰时，铁质工具损伤袋子。

处理方法：调整清灰周期，尽量不用人工捅灰。

（5）收含尘气体浓度过高、风速过大加重了滤袋的负担，造成滤袋的早期破损。

处理方法：适当调整风量，减小过滤风速。

（6）由于废气温度过高、滤袋材质欠佳引起滤袋烧毁。

处理方法：①控制废气进口温度；②增设温控装置；③改进滤料材质，如使用玻璃膨体纱滤布滤袋等。

715. HORO 磨机的构造和工作原理

HORO 磨机主要由水平的回转筒体和向下施压的磨辊所组成，筒体的回转犹如球磨机，采用大小齿轮、减速机、电动机驱动，有两对滑履轴承支承着筒体，筒体内部镶有凹形磨槽，磨辊表面则呈凸形，借助筒体外部的液压装置，使磨辊向下施压于磨槽。物料由筒体一侧上部的喂料口喂入，受筒体离心力的作用，平铺在其内表面，然后进入磨槽与磨辊的间隙之中，依靠磨辊的压力和磨槽的转动，在磨辊和磨槽之间形成料层粉碎，其粉碎机理与辊压机相同，因而粉碎效率相当高。物料沿磨槽的导向，经过多次料层粉碎逐步移向出料端而卸出，经过提升机到选粉机，成品由此选出，粗料则返回磨机。如果需要，可以往磨筒体内通热风，用以烘干物料。

716. HORO磨机的优点

HORO磨机的传动和支承方式与球磨机的相同，磨辊的轴承和液压装置都置于筒体外部，便于维修。筒体内的磨槽则做成易于更换和拆装的耐磨块，使HORO磨机的可靠性与运转率大为提高。然而，其粉碎机理又与辊压机的料层粉碎一致，粉碎效率高，但又有别于辊压机。主要表现如下：

(1) HORO磨机的料层粉碎是在中等压力下的多次挤压粉碎，而辊压机则是在高压下［35000bar (350MPa)］的一次挤压粉碎。一般地，前者工作压力仅为后者的1/4～1/5，这意味着机械上的安全性较高，可靠性好。

(2) HORO磨机的料层粉碎，因其料层较厚，对物料的啮入角可高达18°，因而对喂料粒度及其组成的要求也可放宽，适应性较强，操作较稳定，而辊压机的物料啮入角大多小于6°，立磨的约为12°。

717. 什么是事后维修制度，它存在的缺点

事后维修制度是指设备发生故障后或设备零件失效后再进行故障处理或设备修理，恢复设备原有性能的维修制度。(1) 事后维修制度属于被动修理，设备维修工作呈现非计划状态，备件供应、资金筹措无法按计划进行；(2) 事后维修制度使修理质量难以保证：①设备突发故障后，在修理过程中，零件临时赶制或将就凑合，无论数量还是质量都没有保证；②在修理过程中，发现有的零件已经失效或者接近失效，本应进行更换或检修，但因没有备件或不具备修理条件而无法更换或修理；③设备故障来得突然，修得匆忙，常常正处于生产任务紧张时期，为尽早恢复生产，不可能有足够的时间对设备进行彻底检修。修理质量往往被忽视。相当一部分零件处于磨损故障期，带病运转，以致频繁返修，同类事故反复发生。(3) 事后维修制度使设备维修成为抢修。磨损期内的设备故障多为突发性故障，事先根本无法预料，特别是对于缺乏现代设备状态监测手段的水泥厂更是如此。

718. 设备抢修的缺点

设备抢修的缺点：①修理质量低劣，设备技术性能无法得以恢复、改善和提高；②加速设备磨损，缩短了整个设备的寿命；③造成人力、材料的浪费，修理费用增加；④由于设备往往“带病运转”，容易扩大故障范围，诱发恶性故障及重大事故，危及职工人身安全；⑤使设备状况恶性循环，养成拼设备、赶产量、急功近利的短期行为，给设备带来更大隐患。

719. 什么是预防维修制度，它的优点是什么

预防维修制度是指在设备未发生故障之前，采用现代化故障诊断技术和状态监测维修，从预防的观点出发对设备故障进行早期发现、适时维修。也就是在设备零件尚未失效或接近、失效之前，实施设备修理，保证设备在偶发故障期内运转的设备维修制度。

（1）实行预防维修制度有利于协调设备维修计划与生产经营计划，可以在资金筹措、备品备件供应、维修人员安排等方面合理安排，有计划、按步骤实施维修计划；

（2）实行预防维修制度有利于保证设备维修质量，采取必要的技术措施，提高、改进和完善设备的技术性能，防患于未然，使设备状态良好循环；

（3）实行预防维修制度有利于减少设备故障，减少同类设备故障发生率，减少突发性故障发生率，提高设备运转率，降低修理费用，保证设备在偶发故障期内正常运转。

720. 设备故障排除方法

（1）调整法：就是采用调整设备零件的相对位置，来恢复设备的正常工况，达到排除故障的目的。这种方法强调对零件不加工或少量刮研。

（2）重新配合法：是指配合零件经过轻微修理后消除了磨损层和几何变形，恢复了零件的几何形状，仍能达到原有的配合性质，但其配合尺寸与原设计尺寸大小不一样，这时对与其配合零件进行修理、加工，使两者达到配合要求。

（3）换位法：有些设备零部件在设计制造时就做成对称形状，当一边（面）磨损后，可以换位（反面、倒个）后继续使用，消除故障，延长使用寿命。

（4）工艺修复法：指设备零件损坏后，采用各种工艺方法，使其恢复原来的几何形状、几何尺寸和应有强度，甚至恢复原有的全部使用性能，完好如初。常用的工艺方法有弧焊、镶嵌、塑变、浇铸、喷镀、镀锚等。

（5）更换零件法：对于已报废或即将报废的设备零件，或修复占用时间较长的零件，采取更换新件，重新拆装的修理办法。如已锈死的金属件、已经老化的橡胶密封件、已经断开的机器轴件等，均可采用更换法加以修复，重新开机。

721. TESu型双分离式高效选粉机的结构及工作原理

TESu型双分离式高效选粉机主要由壳体部分、回转部分、翼形导流装置、翼形导流板旋转装置等组成。

（1）壳体部分由上壳体、中壳体、下壳体、进料装置、大弯管、上部支承盖板、传动支架组成。在壳体内装有翼形导流装置、缓冲板、空气密封圈、下料锥管和折流锥装置；壳体侧面开设有检查门；上壳体、中壳体和大弯管出口处内粘贴有互压式耐磨陶瓷片，中壳体、下壳体、进料装置、翼形导流装置、缓冲板的各处均选用耐磨材料，下料锥管的内部以形成料衬来防止磨损；壳体上部支承盖板承受选粉机主轴所连接的减速机、支座和电动机等的重力。

（2）回转部分由转子、主轴、主轴套、调心滚子轴承和止推轴承等组成。转子用键固定在主轴上，主轴通过传动部分的驱动而转动。转子由撒料盘、分级叶片、二次挡料圈、折流板、上下轴套、联结板等组成，转子是选粉机的主要部分。主轴及滚子轴承和止推轴承均安装在主轴套内。轴承采用干油润滑方式，并采用橡胶骨架油封和迷宫环进行双重密封。

（3）传动部分由电动机、减速机、梅花形弹性联轴器组成。

工作原理：出磨物料由上部的4个喂料管（进料口）双分离式喂入选粉机，通过转子微料盘、缓冲板充分分散，然后落入高效选粉机选粉区，选粉气流大部分来自粉磨设备，含尘气体通过下壳体进风口从底部进入选粉机，冲击折流锥的部分粗粉在“边壁效应”的作用下落入下料管。净化后的上升气体通过导流装置进入选粉区对物料进行分选，分选主要是根据离心力与空气阻力（斯托克斯力）的平衡达到有效的分级。在选粉机内由垂直叶片组成的笼型转子回转时，使得转子内外压差在整个选粉区内上、下维持一个定值，从而使气流稳定均匀，为精确选粉创造了良好的条件。在精确的离心力和水平空气阻力的平衡条件下，每一个物料颗粒都由上而下得到了多次分选，由于选粉距离较长，最后落入下料锥管（下料灰斗）的粗颗粒经出料口排出机外返回球磨机，细粉随气流进入收尘器收集成为成品。本机为负压操作，选粉空气可以是含尘气体、外部空气或者是两种空气的混合气体，气流通过具有一定角度的翼形导流装置及转子的分级叶片形成涡流，物料受气流作用分离成粗粉和细粉。

722. TESu型双分离式高效选粉机的技术特点

特点：①采用可任意调节的调整涡流装置，可连续调整粒度分布的锐度，使得产品的颗粒级配好，分级精度高，改善了产品的颗粒级配，提高了产品质量。②采用蜗轮式异形分级叶片，使选粉区的分选空间比其他形式的选粉机大5～10倍。③在选粉机分级转子内部安装了折流装置，使得转子的空气阻力大幅度降低，能量消耗减少。④转子上的分级叶片、分散、翼型导流装置和调整涡流装置采用了特殊的耐磨材料，使得选粉机的各个零部件使用寿命延长，提高了粉磨系统的运转率。⑤在内锥体下部设了折流锥装置，可对选粉区降落下来的粗粉进行选粉机内部循环分选，提高分选效率，而且制作简单，安装方便。⑥转子主轴承的润滑方式由稀油润滑改为干油润滑，使得设备的运转率和可能性得到提高，可降低成本和维修强度。⑦采用下进风形式，适合用于辊压机联合粉磨系统，布置合理，工艺简单，投资省。

723. TLS组合式选粉机结构

组合式选粉机是笼式高效选粉机和粗粉分离器以及旋风收尘器的紧凑组合，从功能上兼具粗粉分离器和选粉机的性能。该选粉机有多种形式，如T1S型、DS型、WXW型、XW型、ZX型和WZX型等，但它们的结构和功能类似。

TLS组合式选粉机由壳体部分、回转部分、旋风筒、传动部分和润滑系统构成。壳体部分由上壳体、下壳体和内锥体组成。上壳体内装设笼型转子，顶部有出风管和4个进料口；在其空腔内沿四周设置了导向风环。进风口和粗粉出口设置在下壳体，在其内部和笼型转子底部设有内锥体。在内锥体下部出口有反击锥，笼型转子由微料盘、水平分隔板、垂直涡流叶片、上下轴头等组成，在粉选机壳体两侧有 4 个旋风筒。

724. TLS 组合式选粉机工作原理

TLS 组合式选粉机工作原理：物料由选粉机上部喂入，经撒料盘离心撒开，均匀地沿导流叶片内侧自由下落到分级区内，形成一个垂直料幕。含尘气体直接进入选粉机底部，沿进风管传动装置上升至上部出口，气体中的物料在反击锥处受到避撞作用而转向，气体则沿四周进入由内锥体和壳体组成的内腔，继续上升。由于上升风速的降低、提升力的变小，粗颗粒向下降落并通过粗料出口离开选粉机；细颗粒随气体继续上升。当气体到达位于导向风环与旋转着的笼型转子之间的选分区后，汇合上部喂入的物料一并分选。

由于气力的驱动，细粉（即成品）穿过笼型转子上的篦条并离开壳体上部的出风口进入旋风筒。粗粉进风口细筒，成品从旋风筒下部出口卸出，含尘气体则从其上部出口进入收尘器。粗粉从选粉区降落下来进入内锥体，通过内锥体与反击锥的环形缝隙来实现物料的均匀分撒，如此上升气体可对此部分物料进行再次分选，从而提高选粉效率。分选后的粗粉最终经过卸料口卸出。TLS 组合式选粉机具有较高的分选效率和烘干能力，其分离粒径范围为 25～150μm。在此分离粒径范围内，粗粉含量仅为 3%左右。产品细度主要靠调节回转部分的转速来控制，若在允许转速范围内仍达不到要求的细度，可调整导板开度调整通风量。转子转速的提高和导板开度的减小均使产品粒度变细。

725. 辊压机磨辊辊面耐磨层厚度的检测方法

辊压机磨由轴身、过渡层、耐磨层及“菱”字形花纹组成，其材料、化学成分及金相组织均不相同。其中轴身为中碳钢锻件，其余各层均是堆焊。耐磨层及“菱”字形花纹构成磨辊辊面强硬的抗磨损层，直接与物料接触，过渡层的作用是用以连接轴身与耐磨层，解决轴身的可焊性，它与轴身同样不具备耐磨性能。

在磨辊工作中，只有“菱”字形花纹及耐磨层可以参与磨损，而过渡层及磨辊轴身是绝对不能让其直接与高压下的物料相接触，否则将会使这些材料及零件发生极度磨损而失效。因此，在磨辊整个工作周期中必须定期、严格检查耐磨层的实际厚度，防止因耐磨损而损伤过渡层及轴身。

磨辊辊面的磨损可分为两种情况：其一是整个耐磨层均匀磨损，各个方向上磨损量相差不大；其二是因为磨辊耐磨层某一点或某一块堆焊合金剥落，造成局部磨损。两种形式均可使耐磨层失效。为防止其发生，必须在对耐磨层做定期厚度检测的同时，还应不定期地经常观察耐磨层有无剥落，以便及时修复。

对磨辊耐磨层所做的定期检测，称为标准检测。在新辊层开始使用后，每个月一次对磨辊剥落点或剥落块的检测，称为特殊检测，从磨辊开始工作之日起就应保证每天对辊面进行一次观察（可不必停机），发现剥落点或块，应立即停车检测其深度，确定是否立即修复。

具体耐磨层厚度检测方法如下：

（1）停机，将辊罩上观察门打开。

（2）将辊压机检测圆柱段圆周中 1600mm 表面清洗干净。

（3）以中 1600m 辊段的圆弧表面为基准，将检测仪的 V 形块卡于其上，前后滑动几次，确信在其接触面上无异物。

（4）用深度尺以检测仪的基准梁（下侧）为基准，检测磨辊耐磨层距基准梁的高度，并做记录。

（5）标准检测时，深度尺应在基准梁上所刻位置上依次测量。沿圆方向每 30°检测一组，并将每次每组的数据记录在表上。

（6）特殊检测时，必须准确测出耐磨层上最深点至基准梁的高度。

726. 质量波动的原因

（1）人：操作者对质量的认识、技术熟练程度、身体状况等。

（2）机器：机器设备、工夹具的精度和维护保养状况等。

（3）材料：材料的成分、物理性能和化学性能等。

（4）方法：加工工艺、工装选择、操作规程等。

（5）测量：测量时采用的方法是否标准、正确。

（6）环境：工作地的温度、湿度、照明和清洁条件等。

727. 原燃材料的最低储存期有何规定

石灰质原料最低可用储存量应保持 5d。黏土质原料储存量不少于 10d。

728. X 荧光分析有什么优缺点

（1）X 荧光分析的优点：①可定性、定量分析样品；②荧光分析简便易行，甚至可以不加试剂进行分析；③荧光分析法谱线简单，快速准确，重现性好；④取样容易，试样需要量少；⑤测定元素多，可测含量范围大；⑥对样品状态适应性强，能直接分析固体、粉末和料浆样品。

（2）X 荧光分析的缺点：①轻元素荧光产额低，不易测定。②干扰因素比较多，如溶剂的性质、温度、溶液 pH 值和放置时间等，这些在测定时都应加以控制。

729. 分析结果偏高，有哪些因素

（1）来自试剂的“因素”，如磷酸中的铁、氯化钾中的硅等。

（2）自来水中的“因素”，如阳离子交换水中的硅酸、水中的碳酸等。

（3）来自试验器皿中的“因素”，如高温灼烧样品后，高温样品将玻璃容器中硅带入等。

（4）来自溶液中共存离子的干扰，如配位滴定中，钛对铝的干扰等。

730. 分析结果偏低，有哪些因素

（1）操作中造成的试样损失。

（2）试样未全部进入溶液中。

（3）试样成分发生变化。

（4）称量法中沉淀漏失在溶液中，或沉淀生成不完全。

（5）标准标定溶液表观浓度值不正确。

731. 袋收尘脉冲阀的常见故障

（1）绷簧损坏，脉冲阀阀芯上的绷簧简略损坏，构成的表象是脉冲阀长时间向喷吹口放气，处理方式是替换绷簧。

（2）胶垫损坏，运用时间长了以后，脉冲阀阀芯上的胶垫简略损坏，构成的表象是脉冲阀长时间向喷吹口放气，处理方式是替换胶垫。

（3）阀芯尘垢，因为进气不清洁，构成阀芯处的尘垢积结，构成的表象是喷吹口长时间进气或得电后脉冲阀不动作，处理方式是清洁阀芯。

（4）膜片损坏，长时间作业后，膜片易疲倦、氧化等，构成的表象是泄压口长时间放气，脉冲阀不作业，处理方式是替换膜片。

（5）节省孔阻塞或损坏，进气不清洁易致使节省孔阻塞，表象是脉冲阀长时间向喷吹口放气，处理方式是清洁节省孔；节省孔损坏或缺失，令节省孔失掉截留作用，致使泄压不正常，表象是得电后脉冲阀有动作，泄压口放气，但脉冲阀不进行喷吹，处理方式是替换节省孔。

732. 袋收尘的重要性能指标

（1）滤袋性能。滤袋不仅要寿命长，而且要阻力小，过滤风速高。滤袋的寿命又与滤料的材质、滤袋架的材质与加工以及清灰的方式有关。过滤风速则完全取决于滤料的性能。目前所知，进口滤料最大允许过滤风速是1.1m/s，而目前国产滤料只能达到0.6m/s。该指标关系到是否能减少袋子的数量、减少收尘器体积的重大问题。

（2）清灰方式。大致分机械及风扫两大类，机械振打清灰由于效果不理想，已基本退役；风扫中又有反吹及脉冲之分，反吹已有被脉冲取代之势。脉冲根据脉冲阀的布置及用量，又分成气箱脉冲、行喷脉冲及大型引射三大类别。美国的气箱脉冲技术已普遍应用了20余年。近年来，欧洲在线行吹技术更为进步，它以用风少、结构简单、效果显著而占优势。

733. 袋收尘电磁阀和脉冲阀的区别

（1）电磁阀只有流体排放过程；脉冲阀有一个储存释放过程。

（2）电磁阀（Electromagnetic Valve）是用电磁控制的工业设备，是用来控制流体的自动化基础元件，属于执行器，并不限于液压、气动。用在工业控制系统中调整介质的方向、流量、速度和其他的参数。电磁阀可以配合不同的电路来

实现预期的控制，而控制的精度和灵活性都能够得到保证。电磁阀有很多种，不同的电磁阀在控制系统的不同位置发挥作用，最常用的是单向阀、安全阀、方向控制阀、速度调节阀等。

（3）脉冲阀指受电磁或气动等先导阀的控制，能在瞬间启闭高压气源产生脉冲的膜片阀，靠气流经气阻、气容的延时作用，使输入的长信号变为脉冲信号的阀类。

2.5.4 技师/二级

734. 石灰石质原料的指标要求

我国根据资源条件和当前水泥生产情况，对石灰石质原料的一般指标要求如下：①CaO 含量不低于 45%，以高于 48%最佳；②MgO 含量不高于 3%，最好低于 2.7%；③碱（K_2O+Na_2O）含量不高于 1%；④三氧化硫（SO_3）含量不宜高于 3%；⑤燧石和石英（SiO_2）含量，不超过 4%；⑥氯离子（Cl^-）含量高于 0.015%。

石灰石中的白云石是熟料中氧化镁的主要来源，为使水泥熟料中氧化镁含量低于 5%，应该控制石灰石中氧化镁含量低于 3%。但对石灰石中 MgO 含量要求，应根据黏土质原料中含氧化镁多少而酌情考虑。当黏土中的 MgO 低于 1%时，则石灰石中氧化镁可适当放宽，若黏土中氧化镁含量较高，则石灰石中氧化镁含量最好低于 2.7%，其目的是保证熟料中的 MgO 低于 5%。

735. 对黏土质原料的一般指标要求

（1）化学成分硅率 2.5～3.5，以 2.7～3.1 最佳。铝率 1.5～3.0，若高于或低于上述范围，一般要加校正原料。

（2）MgO 低于 3%，（K_2O+Na_2O）低于 4%，三氧化硫低于 1%，氯离子（Cl^-）低于 0.03%。

（3）黏土中的燧石、砾石、钙质结核（粒径大于 3mm）的总和宜低于 3%，最多应不高于 5%。

（4）黏土的 900 孔/cm^2筛余（粒径大于 0.2mm 的粗砂），宜小于 5%，4900 孔/cm^2筛余（粒径大于 0.08mm 的粗砂），以 10%最佳。

（5）用于成球时，要求塑性指数大于 13。

常用的硅质校正原料有砂岩、粉砂岩、河砂和硅藻土等，一般要求硅质校正原料的 SiO_2 含量为 70%～90%，高于 90%时，由于石英含量高，难以粉磨和煅烧。最好使用风化砂岩或粉砂岩，而不采用结晶更完整的粗大的石英组成的河砂。

736. 提高粉磨效率的一般工艺措施

降低入磨物料粒度和水分含量，如是中卸烘干磨：提高入磨气体温度；提高入磨物料的易磨性；选用先进合理的衬板；选用优质研磨体及其合理的级配方案，确定合适的仓长；采用节能技术，降低磨机主电动机电流，适当增加研磨体的装载量，通过技术改造适当提高磨机转速；选择合理的球料比和物料流速；开路粉磨改为闭路粉磨；采用预粉磨技术或分别粉磨的新技术；采用助磨剂等方法。

737. 研磨体级配的一般原则

原则：①根据被粉磨物料粒度的大小、硬度或要求成品的细度，确定研磨体的级配，一般入磨物料粒大、硬度高、产品细度粗时研磨体平均球径应大；反之应小。②磨机直径小，平均球径也应小。③单仓磨一般用球，双仓磨一般前仓用球，后仓可用球或段。④各级研磨体的比例可按两头小，中间大的原则配合，用两种段时可以各占 1/2 即可。⑤各仓研磨体的级配的级数见表 737。

表 737 磨机研磨体的级数

种类	双仓磨		三仓磨		
	一仓	二仓	一仓	二仓	三仓
开路磨	4～5 级（球）	2～3（段）	4 级（球）	3～4 级（球）	1～2 级（段）
闭路磨	4～5 级（球）	3～4（球）	4 级（球）	3～4 级（球）	2～3 级（球）

738. 磨机“两仓能力”平衡的含义

当磨机一仓最大冲击作用所表现出来的破碎能力与二仓的研磨作用所表现出来的研磨能力相适应时，磨机两仓能力达到了平衡，此时磨机发挥了最大的粉磨效率。如一仓的最大冲击作用大于二仓的研磨作用，磨机只能在以最大研磨作用的情况下工作，磨机最大冲击作用发挥不出来，这时称一仓能力过大或二仓能力不够；反之，二仓的研磨作用大于一仓的最大冲击作用，磨机只能在最大冲击作用状态下工作。而磨机的最大研磨作用发挥不出来，这时二仓研磨能力过大，或一仓能力不足。上述两种情况都称两仓能力不平衡，都需要调整研磨体的数量、级配以及两个仓的长度等，可根据筛余曲线的情况适当地进行调整。

739. 磨机产量降低而产品细度难以控制时，应从哪几方面检查原因

研磨体的补充是否及时、补充量是否充足、补充的规格是否合理；球内研磨体小球和碎金属块是否过多；篦缝有无严重堵塞现象，篦缝宽度是否磨损过大；篦板是否破裂或脱落，衬板是否磨损严重；物料性质有无变化等。

740. 随着水泥生产技术的发展，干法生料磨机系统的发展有哪些特点

原料的烘干和粉磨作业一体化，烘干兼粉磨系统得到广泛的应用；磨机与新型高效的选粉机和先进的输送设备相匹配，组成了各种新型干法闭路粉磨系统，以提高粉磨效率，增加粉磨的有效利用率，降低系统电耗；设备发展大型化、单一化，简化设备和工艺流程，同窑的大型化相匹配；采用电子计量喂料秤—X 荧

光分析仪—电子计算机自动控制系统，控制原料配料，为入窑生料成分均齐稳定创造条件；磨机系统操作自动化，电子计算机控制生产，保证了生产稳定有序地进行。

741. 在生料制备方面应注意哪些问题

对于生料，要切实做好以下几方面的控制工作：以配料方案确定的配合比为依据，检查各种原料的用量。配料要准确，计量要严格，操作要精心，力求生料成分均匀稳定；对出磨生料要定时进行细度和碳酸钙滴定值的测定。碳酸钙滴定值的允许波动范围为±0.5%，其合格率要求达到60%以上；出磨生料不得直接入窑，要采取空气搅拌或机械倒库、多库搭配等措施，进行生料均化；入窑生料还应进行化学分析，对主要成分也做快速分析，供煅烧熟料时参考。

742. 磨机工艺系统设计应注意什么

（1）磨机的中心高可取磨机直径的0.8～1倍，并保持磨筒体下部净空高度不小于0.8m，两台以上磨机并列布置时，两磨中心距可取直径的3～5倍。

（2）磨机的传动装置和电气控制要与磨机以隔墙隔开，以防止粉尘的污染。

（3）在磨房内或附近，应有存放研磨体和衬板的地方。

（4）磨房的净空高度，可取磨机直径的3～5倍，并应结合磨房内检修设备要求的最小起吊高度来决定。

（5）对于大、中型磨机，其上方须设检修吊车，用以吊装衬板、篦板和空心轴承盖等，也可采用电动葫芦。大型磨机的减速机和电动机的上方应设吊车，以便检修用。

（6）当磨机为集中润滑时，油泵站的位置须考虑回油管的斜度不小于2.5%，这样能减少输油管道堵塞。

（7）根据检修部件的大小，考虑检修空间与部件出入车间门洞的尺寸。

743. 简述风扫式煤磨的操作要点

控制入磨总风量。在磨机正常运转时，通过测量，确定合理的入磨风量，并把该风量下排风机风门的调节位置加以确定。在设备和生产正常的情况下，确定的风门位置一般不动；控制入磨和出磨气体温度。入磨气体温度太低，煤烘不干，粉磨效率低；温度太高，不能保证安全生产；根据入磨煤的粒度、水分含量、性能，以及温度计、压力计的示值和出磨煤粉的细度，及时调节入磨煤量；控制出磨煤粉的细度；防止爆炸，必须严格遵守安全操作规程；发生“堵磨”时，应减少喂煤量，或停止喂煤数分钟，同时关小热风阀门。

744. 试述辊磨操作注意事项

（1）控制磨机进出口压差，磨机进出口压差的变化是反映磨内负荷量变化最有代表性数据。压差增大，说明料床增厚，磨内负荷加大；压差减小，表示料床减薄，磨内负荷下降。

（2）控制磨内通风量。风量不足，磨细的料不能及时带出，致料床增厚，排渣量增多，产量降低；风量过大，料床过薄，也影响设备的操作。

（3）控制磨机出口热风的温度。磨机出口热风温度反映了磨内温度。磨内温度须基本稳定。温度变化太大会导致磨体振动，甚至跳闸，还可能损伤选粉机轴承；温度太低，不利于物料的烘干，且影响收尘作业的正常进行。

（4）控制磨机入口的负压。磨机入口负压一般主要通过调整磨机入口热风管上冷风阀的开启度实现。

（5）控制粉磨液压。磨机拉紧装置向磨辊施的压力称为粉磨液压。粉磨液压加上磨辊自身的重压力为研磨压力。研磨压力是稳定磨机运行的重要因素，也是影响主机输入功率、产量和粉磨效率的主要因素。

（6）保持磨内下料层厚度稳定。磨盘上的料层稳定，辊磨才能高产。喂料量波动还会引起辊磨压差和吐渣量发生变化，致辊磨振动。稳定原料质量。特别要稳定石灰石的粒度和成分，以有利于稳定入磨物料配比和磨内料层厚度，防止磨体振动、电流增大和发生吐渣。

（7）控制入磨物料水分含量。力求控制在适当范围内，且波动较小，以有利于辊磨的平稳运行。

（8）控制出磨生料的细度。生料细度受选粉机转速、系统用风、物料负荷量等因素的影响。

（9）严禁大块硬物料和铁件入磨。

（10）严格控制并缩小入磨物料粒度。入磨物料中的大块，对辊磨生产影响很大，会影响辊子的压力，即加大磨辊摇臂的摆动幅度，以增加吐渣量，降低产量，故应严格控制入磨物料粒度，以有利于辊磨的正常运转。

（11）选择合理的挡料圈高度。挡料圈高度太大时，磨盘周边料量多，阻力大，磨盘上的细粉不能及时分离，引起磨辊压力大，主电动机电流大，电耗上升；挡料圈高度太小时，磨盘上的物料少，风环的负担过重。

（12）搞好辊磨密封，提高入磨气体负压值。磨内气体负压值大（即气体流速大）可有效地防止吐渣。

（13）力求降低磨机振动。一般要求振动小于 3mm/s，若磨机因振动过大（如大于 12mm/s）而跳闸，应认真查找原因，排除故障。

（14）设备正常时，若主电动机电流低于控制值，则增大喂料量；反之则减少喂料量。

（15）经常了解入磨物料的粒度、成分、配比和综合水分含量等参数，适当调整油缸工作压力和入磨风量及风温。

（16）尽量保证辅机安全运转，以减少辊磨和排风机的频繁开停和空转。

（17）定期检查易磨件（如排风机叶片、辊套等）的磨损状况，及时修复。

(18) 实行规范式操作法。岗位工须经培训，确实掌握基本知识和操作技能后方可上岗。

745. 尾卸提升烘干磨启动负荷大的原因

原因：磨内湿料因长时间停磨而结硬，磨机启动时，研磨体抛不起来；中空轴表面氧化生锈；停磨后，中空轴在温度高且表面沾水的情况下生锈，生锈后，摩擦阻力增大，启动负荷大，故不宜经常停磨，停磨后，待中空轴冷却后方可停水，并在中空轴上加点油。

746. 管磨机减速机振动的原因

(1) 齿轮的齿面（工作面）磨薄、磨偏和磨出台阶；

(2) 各齿轮的啮合面接触不良，受力不均，致使齿轮轴向窜动频繁，发生轮齿断裂或齿圈断裂及轮辐出现裂纹等；

(3) 高速轴和中速轴的滑键磨损或出台阶，轴上小齿轮的连接螺栓松动或断裂；

(4) 轴承间隙过大，三支点轴承不水平，滑动轴承合金严重磨损、磨偏、局部或全部熔化，滚动轴承的滚动体磨成麻面，或固定滚动体位置的固定架磨坏；

(5) 大齿轮的轮心与齿圈松动，侧压板松动，压条螺栓松动或折断；

(6) 齿轮与轴装配不当，发生了松动；

(7) 各轴与齿轮的配合过大，轮在配合处的轮毂中断裂；

(8) 各齿轮加工过于粗糙，轴与轴承磨损加重；

(9) 磨机停磨时发生了轴向窜动，在这种情况下启动时，减速机容易振动，遇到这种情况，应立即停磨，重新启动。若停磨时发生反向窜动，振动现象即可消除。

747. 进行研磨体级配应注意的问题

钢球级配的主要内容：根据入磨物料的性质、产品细度要求和磨机的结构、性能和流程等确定平均球径；并选择经济的研磨体填充率；最大限度地缩小中碎仓和细磨仓研磨体的直径。力争在研磨体填充率既定、研磨体冲击力足够的条件下，尽量增加研磨体的装入个数，以最经济的研磨体消耗使磨机产量最高、产品质量较好，且单位产品电耗最低。

(1) 力求一仓的钢球级配合理。在多仓磨中，各仓的钢球级配一般都是交叉一级或逐级相连。这样，上一仓的最小球径就决定了下一仓的最大球径，一仓的钢球级配实际上主导着其他仓的钢球级配。

(2) 选择一仓钢球的级配时，应使出一仓物料与二仓的粉磨能力相适应。因此：①钢球的冲击能力应大于物料的强度极限；②仓内应有适当的存料能力，以使物料在仓内有足够的停留时间，从而得到充分破碎；③在冲击能量足够的前提下，球径应较小，以便增加钢球的个数，使钢球对物料的冲击次数增多，从而提高粉磨效率。

(3) 钢球的级数应恰当，级数过少，球间空隙大，物料的流动速度过快，各级球的作用不能合理利用。级数过多，钢球的自然分层现象严重（大球处于空层），粉磨效率低。级数过多还使球间空隙太小，排列难度增大，缓冲作用加剧。干法磨尾仓中应有5%～10%的比最小级段（球）还小的段（球）。

(4) 在一般的情况下，相邻两仓钢球的尺寸一般交叉一级，也可不交叉。在双仓开路磨中，若一仓的填充率低于二仓，一仓最小级球的直径一般不宜小于50mm以防止一仓的球料比大。

(5) 各级钢球的质量比例一般是两头小、中间大。若物料中的大块比例大或硬度高，则适当增加大球的比率；反之，可适当增加小球的比率。

(6) 同一仓不宜全部采用新研磨体进行级配。因新研磨体表面粗糙，难以与物料充分紧密接触，又易于黏附细粉，而致开路磨第一星期，甚至半个月的粉磨效率变差。

748. 生料细度波动的原因

(1) 入磨物料的粒度。在磨机产量不变的情况下，生料细度将随着入磨物料的粒度增大而变粗。一般控制入磨物料粒度小于15mm为宜。对于大型磨机，因其破碎能力较强，可以将入磨物料粒度提高到25～50mm，对于大型立磨生料入磨粒度可达100mm，因此具体的入磨物料粒度应视各种不同条件而异。

(2) 入磨物料的易磨性。易磨性系数大，物料易磨；反之则难磨。易磨性大小又主要体现在其硬度的高低上，物料硬度高则易磨性系数小；反之则大。生料细度随入磨物料的易磨性系数增大而变细，因此，物料易磨性变化会带来细度的波动。

(3) 入磨物料的水分含量。入磨物料水分含量过高，会造成糊磨、粘堵隔仓板，从而使粉磨过程难以进行，少量的水分可以降低磨温，有利于减少静电效应，加之水的极性劈裂作用将会提高粉磨效率。因此，入磨物料粒度的平均水分含量一般控制在低于1.5%为宜，对于烘干磨的设备也应低于6%。

(4) 入磨喂料量。喂料量的波动会较大地影响产品细度，保持喂料的准确与均匀性，才能消除产品细度的波动。

(5) 磨机结构和研磨体级配。磨机各仓的长度、隔仓板和衬板的形式，都会对产品细度的合理性产生影响，进出料的螺旋的磨损、粘料，也会对细度产生影响；研磨体的磨损、消耗、研磨体的级配的变化，会造成产量、细度的变化，所以在磨机操作过程中，应定期清仓、补球，保证磨体研磨体的填充率和球的平均直径，以降低产量和细度的波动。

(6) 选粉设备及循环负荷的变化。闭路粉磨系统选粉设备结构的变化及正常喂料情况下的循环负荷变化，均会导致产品细度的波动，如离心式选粉机辅助风叶的增减、控制板插入多少；旋风式选粉机选粉室气流上升速度、主轴转速、辅助风叶的片数等。此外，选粉机内壳破裂、风叶脱落、控制板缺损、内壳下料管堵塞，都会造成产品细度的波动。

749. 磨机操作会产生哪些不正常情况，如何解决

磨机操作不正常情况主要有以下几种：

（1）饱磨：是磨机进出物料失去平衡，磨内瞬时存料过多。其现象是磨声“发闷”，磨尾出料少而磨头可能出现返料。磨机主电动机电流增大，提升机电流下降。解决办法：一般是先减少喂料量，如果效果不大，则需停止喂料，或加入助磨物料，待磨声正常，喂料再逐渐转入正常。

（2）包球：包球就是研磨体表面黏附较厚的细粉，其征兆是磨声低沉，出磨筛上水蒸气浓，物料较潮湿，粉磨能力减弱，以致磨尾排出大量未被粉碎的粗颗粒物料。“包球”的产生原因及解决办法：若入磨物料水分含量太高，此时则要加强物料烘干，改用干料或临时采用加少量助磨物料，使之逐渐消除。若因通风不良，磨内水蒸气不能排出，应及时改善通风。若因入磨物料温度高，磨内无喷水及磨体未淋水，通风又不良，致使磨内温度过高，引起研磨体静电吸附细粉现象加剧，此时不能减少喂料，应采用降低入磨物料温度和加强磨内通风以及磨体淋水或向磨内喷水的方法。

（3）隔仓板篦孔堵塞：篦孔堵塞将引起磨内物料流速减慢，容易造成“饱磨”。造成篦孔堵塞的主要原因：入磨物料太湿或通风不良，磨内水蒸气不能及时排出，使潮湿物料粘结于篦孔中，或碎研磨体等杂物夹在篦孔中而堵塞。

（4）篦孔过大或过小：篦孔过大或过小是生产中经常出现的现象，如果篦孔过小或堵塞时，一般隔仓板的前仓磨声发闷，而后一仓磨声很响。篦孔过大，磨内物料流速快，细度难以控制。检查篦孔过大或过小，采取缩小或扩大篦孔的办法，或更换为符合要求的篦板。

（5）研磨体窜仓：出现这种情况后，磨内声音混杂，出磨物料细度反常，产量不稳定且较低。研磨体窜仓原因：一是一仓隔仓板固定不良，篦板脱落；二是篦孔磨大，没有及时更换，以及研磨体磨损至很小直径所致。这种情况一旦出现，应立即停磨处理，更换或临时焊补篦板。

750. 详细说明球磨机磨头漏灰原因

（1）进料斗外径表面粗糙，而且不圆，工业毛毡浸油后固定在它上面，随同中空轴一起旋转，故毛毡极易磨损。毛毡与进料斗相互摩擦一段时间后就会出现缝隙，进料斗（接料管）倒圆锥处有空间，物料在此不易被输送，产生滞留和返料，为漏灰提供了前提条件。毛毡磨损后，由于更换毛毡不太容易，频繁更换更不可能，因而缝隙越来越大，吐料冒灰越来越严重。

（2）中空轴内螺旋槽的输送能力达不到要求，再加上进料螺旋叶片由于长期

运送块状物料而造成叶片磨损或者螺旋叶片设计高度不够，以致物料料位高出叶片高度，特别是当进料速度超出它的输送速度时，高出螺旋叶片的一部分物料进磨速度减小，不能被及时输入磨内，粉料就会溢漏。

（3）研磨体级配和装载量不合理，片面强调了提高一仓研磨体平均球径或增大装载量可以提高磨机产量，使得磨内研磨体填充率提高，进而球料整个填充率提高，料面超过螺旋叶片高度，喂料螺旋筒内始终有部分物料积存，造成磨头漏灰。

（4）选粉机循环负荷率过高，回料多，进料速度超过螺旋筒输送高度，回料不能及时进入磨内，在磨头缝隙处形成堆料死角，加大了封闭缝隙处由螺旋始端运转带来的向外压力，使密封缝隙受到堆积物料和向外压力的双重挤压而加大，导致磨头漏灰。

（5）磨机正压操作或微负压操作，致使磨头处灰料溢出。

751. 磨机主轴瓦磨损原因及处理办法

（1）磨损原因：①合金层浇铸有缺陷，存在微细裂纹或有脱壳隐患，表面粗糙，内有气孔，投入运行后自然磨损较快；②轴承衬的润滑油不干净，有杂物，或者循环油路不够畅通，运行中供油不及时，增加了主轴瓦与中空轴颈的摩擦力，导致轴瓦过早磨损；③灰尘或物料进入主轴瓦，导致主轴瓦过早磨损；④球面瓦下中空轴配研不好，轴承底座的内球面与主轴瓦球面配研不好，接触斑点分布不均匀，使主轴瓦局部磨损快；⑤磨机过载，加重了主轴瓦的工作负荷，也会造成主轴瓦过早磨损。

（2）处理方法：①如果主轴瓦工作表面磨毛或轻微磨损，一般可采用直接刮研的方法修理。如果主轴瓦有轻微的裂纹、掉块或局部磨损等缺陷，可以采用刮研加补焊的方法进行修理；②对于主轴瓦比较严重的磨损，一般采用以下三种抢修方法：a. 当本厂设备和技术力量比较好时，可熔去巴氏合金旧衬，重新浇铸、加工、刮研修复；b. 不熔去巴氏合金旧衬，采用专用金属喷枪在旧衬上喷上一层新的合金，然后重新进行机加工，刮研修复；c. 不熔去巴氏合金旧衬，另在衬上用气焊堆焊巴氏合金。

752. 磨机中空轴法兰与筒体连接螺栓频繁断裂的原因及处理办法

（1）断裂的原因：①螺栓材质达不到设计要求，螺栓结构设计不当；②装配质量差；③螺母压紧力衰减，螺母自锁性丧失；④铰制孔用螺栓与铰制孔配合过松，造成中空轴与筒体端盖之间产生径向相对滑移，这时的螺栓（如有个别螺母松动，情况更严重）不仅承受轴向撞击拉力作用，而且受到径向撞击剪切力作用，螺栓受力条件恶劣，导致螺栓在螺栓头与光杆交界处或在光杆处，也有在螺纹内径处断裂；⑤磨机筒体端材料刚度差，或者筒体端盖内表面与中空轴大法兰外表面不平行，也会导致螺栓断裂；⑥磨机工作温度高，筒体法兰连接螺栓机械性能降低，有时甚至造成螺栓螺纹牙型变形，连接强度降低而折断；⑦维修方法不当也会造成螺栓断裂。

（2）处理方法：①提高螺栓自身质量；②建立设备定期检查与不定期巡检制度，发现问题及时解决；③磨机两端中空轴螺栓分别用左右旋螺纹，以适应磨机的左侧传动和右侧传动，至于左右螺纹螺栓如何配置可用如下判别方法：即站在磨机一端，沿中空轴线看其转向，如果是逆时针方向旋转，则中空轴这一端宜用右螺纹螺栓，另一端用左螺纹螺栓；如果是顺时针方向旋转，则中空轴这一端用左螺纹螺栓，另一端用右螺纹螺栓；④在磨机使用过程中，要定期检查中空轴与筒体端盖蝶、母是否有松动现象；⑤对于断裂螺栓，为使其更换后不再造成新的断裂即螺栓频繁断裂故障，可将这一端所有的连接螺栓彻底更换。

753. 磨机筒体变形的原因及处理办法

（1）变形的原因：①磨机长期停止作业时，研磨体和部分物料没有及时卸出，在筒体自身重力和研磨体及物料重力共同作用下，引起筒体变形；②正在作业的磨机停磨后，筒体温度（受磨内温度影响）比较高，在自然冷却过程中，由于筒体受力不均匀而导致筒体变形。

（2）处理方法：①在筒体最下部做出标记（可用粉笔等）；②将筒体翻转180°；③设法往筒体内部通入热风。如不具备条件，可在磨机筒体下边放置若干火炉，烘烤筒体（注意在烘烤时火炉不能挨近轴瓦，火苗不能窜上筒体且远近适宜）；④每30min或1h，将磨运转1/2圈，直至目测磨机筒体恢复正常为止；⑤撤出筒体升温装置，对磨内衬板及各部位连接螺栓进行检查，修复由于筒体变形带来的连带故障；⑥磨机因故障停止作业时，若停机时间在1h以上，应在停磨后每隔30min，将磨运转1/2圈，停在原来相反的位置上，直到磨机筒体完全冷却为止；⑦若打算长期停机，应将磨内研磨体和物料全部倒出（清仓），再按上述方法操作，直到磨机筒体完全冷却为止。

754. 球磨机衬板螺栓断裂的原因及处理办法

（1）断裂的原因：①螺栓的材质；②螺栓的加工；③磨机运转时，由于一仓钢球直径大，冲击力强，使得衬板在钢球的撞击下极易产生径向向心弓起变形，使螺栓轴向拉应力增大；④当磨筒体转动时，衬板和筒体发生切向相对位移，使得螺栓在与筒体相切的两截面上承受剪切力的作用。

（2）处理方法：①将磨机甩空后停机，使螺栓折断处位置朝上，露出料面；②将磨头检修门打开，为便于拉出，可将钢丝前端事先做成尖钩状；③用一前端弯成钩形的圆钢筋从磨头检修门穿入，把钢丝拉出来；④在需要更换的螺栓上焊一垫片（也可事先焊好备用），将垫片拴在钢丝上；⑤顺螺栓孔往外拉钢丝，使螺栓套在螺栓孔洞上，再穿上垫圈（可用高压橡胶石棉板制作，也可用废旧皮带制作垫圈）的垫片，拧紧螺母即可。

755. 分析入磨物料易磨性、粒度、水分对磨机产量的影响

（1）易磨性是表示物料本身被粉磨的难易程度的一种物理性质，一般用易磨性系数表示。它与本身的性质有关，如物料的强度、硬度、矿物结构等。易磨性系数越大，物料越易磨，磨机产量越高。

（2）粒度过大，使磨机一仓研磨体的尺寸增大，在一定程度上增加了一仓的破碎作用，同时也增加了研磨体对物料的冲击研磨次数，增强了粉磨能力。其次是粒度减小后，物料在粗磨仓的停留时间缩短，这样能够增加喂料量，提高磨机的产量，降低电耗。

（3）水分含量高，会使研磨体及衬板上产生“黏附”现象，形成“缓冲垫层”，影响研磨体对物料的冲击和粉磨作用。水分含量高，水蒸气不能及时排出，易使篦缝堵塞，阻碍物料的流动，通风量降低，使粉磨效率降低。因此，应适当控制入磨物料的水分含量。

756. 空气输送斜槽堵塞原因及处理办法

（1）主要是物料湿度高。导致物料湿度高的原因：①磨内喷水量大、强制通风不好，使物料吸水；②磨机筒体淋水时，水从松动的螺栓处渗入物料中；③入磨物料本身湿度高。

处理办法：①当入磨物料温度低于50℃时，应关闭冷却水；②控制磨内喷水量不超过磨机产量的2%；③入磨物料水分含量高时，应进行预烘干；④磨机筒体外淋水时，如出现螺栓松动，应及时停水紧固螺栓；⑤开磨前先开空气输送斜槽，几分钟后再开磨，并开冷却水；⑥当出磨物料含渣较多时，及时排渣阻止其进入斜槽；⑦需要停车时，应将斜槽内物料输送干净后再停车；⑧开车时，先开斜槽几分钟，再喂料，从而避免因物料冷凝导致的输送困难。

（2）斜槽方面：①斜槽安装斜度偏小，槽内物料流动慢，在被输送物料性质突然变化或风量风压突然减小时，就容易使斜槽堵塞。②斜槽密封不严，漏风较多，物料不能充分流态化，以致输送困难，斜槽堵塞。③斜槽内多孔板破裂，鼓风机鼓入的空气有一部分从破裂处或缝隙处喷出，形成一股股气柱，物料在此受阻，越积越多，最终堵塞斜槽。④斜槽的上槽体排气不及时，槽内物料上方余气较多，上槽体内处于正压状态，透气层上有物料受到向下的压力，不悬浮、不易流态化，导致斜槽堵塞。

处理办法：①在斜槽进料端安装自动报警装置，发生堵塞能自动关闭进料口或自动停车；②经常检查斜槽工作状况，发现异常，及时处理；③及时更换破裂后的多孔板。判断多孔板破裂与否，可通过斜槽观察窗或打开斜槽上部排气口进行观察，当发现槽体内物料有“鼓泡”现象时，大多是多孔板破裂了；④对斜槽漏风处可用石棉绳、橡皮等密封材料加以密封；⑤斜槽进料端上部要设置锁风装置；⑥在斜槽侧部和上部每隔一段装一个测压装置，当压力变化时，及时查找原

因予以处理；⑦在斜槽尾部上方，设置排气管或布袋排气，在每节上槽体可设1～2个排气口，并用过滤层如布袋、铁丝网封口，使上槽余气能被及时排出；⑧斜槽安装斜度，要根据物料粒度、黏度、湿度、自然止角、输送距离因素合理选取。当无其他原因，而物料流动不畅时，应适当增大斜槽斜度或增大风机风量风压，以此提高物料流动速度，减少堵塞。

757. 减速机漏油的原因分析

引起减速机漏油的原因很多，可归纳为以下四个方面。

（1）设计方面：①润滑结构的设计不够合理；②润滑材料选择不合理；③减速机结构设计不合理。

（2）制造安装方面：①零件油封部位粗糙度不符合要求；②加工错误未被发现，或发现了已经无法返工，如润滑件的不通孔的钻通等；③零件变形；④机壳有微裂纹、砂眼、气孔等；⑤O型密封圈环槽超深；⑥安装不合格。

（3）维修方面：①漏装密封件或未更换失效密封件；②未更换磨损超差零件，致使其“带病”运行；③安装粗糙，形成裂缝或变形；④未按装配要求涂密封胶。

（4）使用方面：①没有使用规定的润滑材料，采用与季节相悖的润滑脂，导致泄漏；②加油过多，引起泄漏；③通气孔小或被堵塞，形成内外压差漏油；④没有及时更换失效密封件；⑤设备维护不精心，使超负荷运转或已松动的螺栓未及时紧固等引起零件失效，导致泄漏。

758. 辊压机辊面损坏原因及处理办法

辊压机辊面损坏主要表现是辊面产生裂纹，逐渐扩展为裂缝，导致辊面产生凹坑或辊面硬质耐磨层剥落。

（1）原因：

① 辊压机辊面的微裂纹，一般是由于辊面堆焊工艺措施不当而产生的，如果微裂纹没有相互贯通，没有延伸扩展，辊面还能使用，否则将会造成辊面破坏的后果。

② 在运行过程中，往辊压机中喂进的物料里混入了块状金属杂物，它们在两个辊子间强大的挤压粉磨力的作用下，会直接对辊面构成挤压、冲击、摩擦等，加剧辊面微裂纹的扩展、延伸、贯通，使辊面产生凹坑或辊面硬质耐磨层崩落。

③ 辊压机辊面是由几层复合金属堆焊而成，辊子的基体是合金锻钢制造，在工作圆周面有一层中等硬度的过渡层，在过渡层上堆焊合金硬化层，在硬化层上堆焊更硬的耐磨花纹。硬化层虽然坚硬无比，但韧性相对差些，当碰到较硬的物质时，就会导致辊面缺陷，损坏辊面。

（2）处理方法：

① 辊压机制造厂要采取有效措施改进堆焊工艺，确保辊面堆焊硬质耐磨层

的质量。辊压机用户不仅要严格检查进厂辊子的辊面质量，还要掌握必要的辊面堆焊工艺技术。

② 在辊压机喂料皮带输送机上加磁性金属分离器（即除铁器）和金属探测器，将喂料皮带上混杂在物料中的铁磁性金属物吸起来，甩到一个带快速执行机构的分叉板溜子里排掉。

759. **辊压机轴承损坏原因及处理办法**

（1）辊压机的轴承有微裂纹，运转中逐渐扩展为裂缝，爆裂损坏。轴承是辊压机的重要部件。辊压机粉碎物料的粉磨力通过液压缸施加于轴承座，推动辊子由电动机驱动使得压辊转动，这些关键动作都离不开轴承。一旦轴承损坏，辊压机就必须停机。其损坏原因：

① 辊压机轴承在制造过程中有质量问题，存在自身缺陷，有微裂纹。

② 辊压机在使用过程中过载、非正常振动等，导致辊压机轴承负荷加剧，最终损坏。

③ 辊压机安装不当留下了隐患，产生轴承失效。

④ 辊压机轴承润滑不良，过度磨损和剥落，轴承密封失效；轴承座及辊轴冷却不好导致轴承内外圈温差太大，极易造成轴承爆裂损坏；轴承内进灰；供油不足，致使油脂干枯，轴承发热，若发现不及时，就会烧坏轴承。

（2）处理方法：

① 辊压机轴承制造厂要采取有效措施改进生产工艺技术，确保出厂轴承质量过硬。辊压机轴承用户要严格检查进厂轴承的质量，轴承质量不过关不能进厂，更不能投入使用。

② 严格控制喂料量，避免辊压机过载。同时对辊压机的振动，特别是非正常振动，要查明原因，及时处理，提高辊压机的运转平稳性，避免辊压机剧烈振动。

③ 辊压机一般应布置在地面上。由于工艺流程需要而将辊压机布置在楼面上或钢结构平台上时，应充分考虑辊压机的工作荷载系数，若楼面或钢结构平台无加强梁，设计单薄，平台刚性太差，应重新考虑加强措施，避免机体剧烈振动导致轴承当量负荷成倍增长而损坏轴承。

④ 切实重视轴承润滑工作和轴承密封事宜。由轴承寿命计算公式可知，在轴承选型即轴承的额定动荷载已经确定的情况下，轴承的寿命很大程度上取决于一个与材料和润滑有关的系数。要精心选择润滑油脂的牌号特征，选用既有一定黏度（较高值）又易流动的适合本厂辊压机轴承使用的润滑油脂（必要时，可进行一些平行实验，加以确定）。

⑤ 还要控制进入辊压机物料的温度，一般情况下进机物料温度不得超过500℃；还要注意轴承的密封，加强对轴承座和辊轴的冷却，降低润滑脂的工作

温度，减小轴承内外圈温度差。定期清洗冷却水道，确保轴承安全运转。

760. 磨机磨尾出料圆筛堵塞原因及处理办法

（1）堵塞原因：

① 入磨物料水分含量较高，尤其在雨季更厉害，若非烘干磨，必然导致粉尘黏附在出料圆筛孔上，以致堵塞圆筛；

② 入磨物料粒度太大，造成出磨水泥（或生料）中的粗颗粒较多，磨尾筛中的粗颗粒不能及时被排出，以致磨尾筛在回转运转中被粗颗粒堵塞，降低了物料流速，加大了磨尾筛的负荷，影响了磨机通风，降低了磨机生产能力，也缩短了磨机法兰的寿命；

③ 磨机设计结构不尽合理，也会造成磨尾筛堵塞频繁。

（2）处理方法：

① 当物料水分含量较高，却又无法用烘干等措施有效降低物料水分含量时，可在磨尾圆筛处上半部正中间靠中心线位置上开孔，用旁路连通的办法与加热炉连通；安装加热后，一般可解决物料水分含量高而引起的堵塞问题；

② 当入磨物质料粒度较大，粗颗粒多引起堵塞时，可调整磨研磨体级配，减少粗颗粒；

③ 对出料圆筛的结构予以改进，增设振打、导渣装置，提高磨尾筛出料能力和防堵性能。

761. 根据磨机产、质量怎样判断研磨体装载量和级配情况

（1）磨机产量较高，产品细度较粗，有可能是磨内物料流速太快，冲击能力过强，研磨能力不足所致。此时应适当减少大球数量，增加小球或钢段数量，用来加强研磨作用。

（2）磨机产量低，产品细度较粗，有可能是由于研磨体磨损量过大或没有及时补充球或原装载量不足所致，此时应检查确定添加研磨体或重新进行级配。

（3）磨机产量低，产品细度较细，可能的原因有两种：①小球太多，填充率过大，导致冲击作用减弱，此时应减少小球数量，适当增加大球数量，降低磨内研磨体的填充率；②大球数量太少，冲击能力弱，粉磨能力较强，此时应适当增加大球数量。

762. 磨机产量降低而产品细度难以控制时，应从哪几方面检查原因

（1）研磨体的补充是否及时、补充量是否充足、补充的规格是否合理；

（2）磨内研磨体小球和碎金属块是否过多；

（3）篦缝有无严重堵塞现象，篦缝宽度是否磨损过大；

（4）篦板是否破裂和脱落，衬板是否磨损严重；

（5）物料性质有无变化等。

763. 斗式提升机掉道落架原因及处理办法

（1）原因：

① 提升机下部装置在结构上存在缺陷，使得链条脱轨，乃至断链故障频繁发生。链条收缩时，轴承座向上滑行，从受力分析可知，由于杠杆作用，会产生一个水平分力，使得轴承座中的滑槽与滑轨之间有一个正压力，滑行时有较大的摩擦阻力，收缩量越大，这种摩擦阻力也越大。反之，当链条伸长时，也会产生一个方向相反的水平分力，伸长量越大，摩擦阻力也越大；提升机大多数时间处于这两种情况，轴承座难以滑动，特别是新安装的提升机，其滑行行程相对长，其阻力当然更大，这样张紧效果就会不佳，容易导致链条出轨，严重时会使链条断裂；

② 提升机两根链条长短不一，容易发生掉道故障；

③ 提升较大块状物料时，料斗在机尾底部舀取物料时容易卡死，引起断链，断带即落架事故；

④ U形环钩与料斗的连接无加固板，经过一段时间运行，连接孔扩孔变形、环钩在牵引件运行方向上承受的拉力增大。另外，因加工过程中部分环钩存在过烧或热处理工艺中出现了偏差，都会导致脆性断裂，造成牵引件落架事故；

⑤ 个别链环接口虚焊或焊肉太浅，抗拉强度与运行要求不符，也会造成落架；

⑥ 斗式提升机在运行过程中，因头轮毂块磨损或因其固定螺栓松动，都可造成形环沉底，使牵引件中的U形环及立链部分直接与轮毂相撞，将拉伸应力变为弯曲应力，导致U形环脆断。也可能是由于U形环材质选用不当，只注意了耐磨性而忽视了韧性，当头轮毂块安装不平整时，料斗在头轮换向时与头轮镶块撞击荷载和来自传动环节的变力，引起U形环随机脆断，或者是U形环受荷载产生疲劳断裂，造成落架事故。

（2）处理方法：

① 建立岗位巡检制度，适时安排更换头轮镶块及部分牵引件。提高安装精度、严格选配配件，减少累积误差；

② 改进提升机下部装置，减少下链轮轴承故障；

③ 提高U形环链及链条使用寿命；

④ 对头轮镶块进行改造。

764. 破碎机和辊压机转子表面的堆焊应注意什么问题

（1）焊前须清除堆焊表面上的铁锈、黄油、机油和其他脏物；异常裂纹、严重变形的表面层须进行打磨，以防止焊接金属颗粒从基体金属或堆焊层脱落；

（2）焊件表面需在37.8～93.3℃预热；

（3）防止焊件变形，应采用刚性加固、预融合等方法控制变形；

（4）熔敷和表面堆焊的工作时间不应拖得太久，以防焊层开裂，并免除再预热；

（5）焊层厚度不要超过规定，以防止收缩应力增大而引起剥落。若需较厚的堆焊层，应分层堆焊，堆焊前须修复；每焊一层应以锤轻敲堆焊层，以释放应力；

（6）刚性强的零件、热压件、大型铸件和热处理淬硬件在表面堆焊过程中可能出现应力破坏。避免应力破坏的方法：①特种基体金属的预热应缓慢，并应热至上限温度；②整个零件应预热均匀；③堆焊工作不要长时间中断；④焊后的冷却应缓慢而均匀。

765. 试述辊压机液压系统漏油、压力上不去的原因

（1）密封圈（包括各连接部位及各种溢流阀、换向阀内部的密封圈）破损。更换密封圈即可。

（2）油缸漏油。若是内泄，可能是缸内的 Y 形密封圈破损，应进行更换，也可能是油中的杂物沉积于油缸下部，随缸内活塞的来回运动，应将油缸内壁补镀一层，可再机械加工至设计要求；若是油缸外泄，即活塞杆与端盖接合处的泄漏，应在活塞外壁补镀一层，再进行外圆磨加工；若油缸磨损严重，无法修复，应更换油缸。

（3）若为系统压力上不去，可能是泵站溢流阀有问题，应检修、清洗。

（4）如果油缸压力上不去，可能是电磁溢流阀有泄漏，可连续进行几次加压，卸压操作，将其中杂物冲刷掉；若无效，则应检修。

766. 空压机传动机构润滑失效

（1）原因：

① 设计不当，连杆小头瓦轴向中间位置径向有 8 个 ϕ2mm 均布小孔，供应连杆小头瓦与十字头销轴摩擦面、十字头体与滑道摩擦面的润滑都是由这 8 个均布小孔供应的。由于孔深，油路不畅，使得到达摩擦面的油形不成油膜，造成润滑失效；

② 由于橡胶老化，缩口小弹簧失效，使精滤器和曲轴前端连接小油嘴处密封不好，造成润滑油回流，油压下降，使得空压机不能启动或在运行中突然自动停机；

③ 齿轮油泵磨损严重，间隙大，使得供油量和供油压力达不到技术要求，也是传动机构润滑失效的原因之一；

④ 机身底部油箱润滑不洁净，也是造成润滑系统堵塞，乃至失效的重要原因。

（2）处理方法：

① 及时更换磨损超限的轴瓦、销轴及齿轴泵等，使润滑系统零部件始终处

于良好状态；

② 定期更换润滑油，并采取有效措施防止润滑油被污染；

③ 定期更换曲轴前端橡胶骨架轴承油封，改善曲轴前端与精滤器连接小油嘴密封状态，防止润滑油回油，使润滑油供应可靠；

④ 在连杆小头瓦的外侧轴向中间小油孔处，增设径向油槽，沟通 8 个小孔；在连杆小头瓦的内侧径向每个小孔处，也增设油槽，从而改善各润滑面的供油状况，据介绍，如此改进连杆小头瓦使用效果很好。

767. 袋式收尘器收尘效果未达标的原因

收尘效果达标应该同时具备两个标准：被治理的污染点的空气含尘浓度达标；收尘后的废气排放含尘浓度达标。

（1）排放废气含尘浓度超标的原因：袋子破损，未及时更换；脉冲电磁阀或文丘里管工作不正常，或压缩空气压力不足；时间继电器控制振打间隔时间过长或过短，使袋子阻力不均；锁风阀失灵，漏风严重，使收下的粉尘无法排出，而又被漏风气流带回收尘器；收尘灰的输送能力偏小，将收尘器箱堵塞；卸灰口与吸风口离得很近，收下的灰又重新被吸入收尘器内，使待处理气体中含尘浓度越来越高。

（2）被收尘点治理效果不良的原因：由于烟道堵塞、滤袋被糊、灰斗积灰过多等，使内部排风阻力变大，管道口径变小，表现为进出口压差大；或是一台收尘器带三四个扬尘点，距离远或管径小，收尘器产生的负压不够，不足以将含尘气体吸入收尘器内处理。

768. 如何判断袋收尘器排放不合格的具体原因

（1）对有气室的袋收尘器，手动关闭某室提升阀板，观察烟筒粉尘排放量，如有所降低，说明该室有破袋。也可多室同时关闭判断。此时应当关闭该室的脉冲阀和提升阀，检查破损滤袋的位置，更换新袋或用有机硅橡胶粘结。如果没有新袋或粘结料，可以暂时用盖板将花板孔堵上。

（2）如果没有发现破袋，应该检查花板口和滤袋间有无间隙，有无滤袋脱落或花板处粉尘短路。尤其不要忽略对烟道隔板的检查，如有砂眼和磨漏现象，进风短路排出，当然粉尘排放不会合格。

769. 引起袋式收尘器内部阻力变大的原因

凡是使粉尘容易在收尘袋上集结的原因，就是使袋收尘器内部阻力增加，表现为收尘处理风量不足的原因。

（1）当原物料含水量高于 2%时，待处理废气入收尘器的水汽含量较高，由于废气温度较低，水汽很快降至露点温度而粘结在袋子上。

（2）水泥磨后的袋收尘被处理的废气温度高于 120℃时，含水汽量又高，容易使涤纶针刺滤袋材质制作的袋子板结。

（3）空压机系统的油水分离器效果不好，储气罐又不定期排水，压缩空气中含水量较高，容易使袋子糊住。

（4）脉冲阀、电磁阀及气缸等部件出现故障，清袋气压或各箱体之间的密封出现问题，袋子上的收尘灰清理不净，越积越厚。

（5）脉冲阀与提升阀的控制时间不当，或长或短，清灰效果不理想。

（6）某些被处理的粉尘性质不利于清袋。

770. 袋式收尘器脉冲振打的间隔时间应如何设置

对大型袋收尘器，由于每个循环的总时间被厂家设定，每个脉冲阀的间隔时间过短，最后反而有过长的等待时间。因此，通过观察控制后的清灰效果和变化情况，实行定阻清灰的自动控制，并设定压差的高低限值，是较科学的方法。

771. 操作中如何延长收尘器的使用寿命

设计选型中正确确定袋子的长径比、挂钩结构、滤袋材质与质量、气流均布等因素以延长滤袋寿命。

（1）过滤风速不能大于袋子材质所允许的速度。

（2）在挂滤袋时，要注意张紧度，不可过分松弛，也不能过分张紧。

（3）清灰振打时的脉冲用风压力设置应恰好使积灰清除，间隔时间要符合粉尘的积存量。

（4）停窑时要及时维修气流均布设施，避免运行中气流过于集中。

（5）做好袋收尘器的外保温，防止系统漏风，尤其是排灰阀的密封，以防止袋子产生结露。

772. 增湿塔有哪些常见故障

由于采用高压喷雾，4～6MPa 的水压使喷头及水泵都需要较大的维护量及较大的配件更换量；增湿塔下面的螺旋输送机要求密封，而又很难满足；如果喷头或水压出现故障，还会有“湿底”问题威胁正常运行。

773. 控制窑尾废气进入收尘器温度有什么意义

（1）该温度值表示了窑系统排出的废气热量，如果过高，说明预热器系统热交换状态不好，或系统用煤量过多；如果过低，则要判断系统测点之前是否有漏风或预热器保温不好。

（2）此值是保证收尘器安全运行的必要条件，收尘器对它所要处理的废气温度有严格的上限要求。

（3）此温度增高，需要处理的风量体积增大，收尘器及风机的负荷都会增加。温度过低，会使废气中的水汽结露，收尘器无法正常运行。

（4）当废气经过立磨后再进收尘器，此温度高将有利于生料的烘干要求。

774. 如何控制窑尾废气进入收尘器温度

（1）努力降低系统一级预热器出口温度是最主动的措施。

（2）设置增湿设施。喷入适量雾化到位的水，以能同时满足降温与增湿两方面的要求。

（3）增加其他降温设施。在废气进入收尘器之前，增设空气热交换器，或设置冷风门等措施。

（4）充分利用余热，是控制废气温度最为积极的措施。

775. 易磨性实验的原理

用规定的磨机对试样进行间歇式循环粉磨，根据平衡状态的磨机产量和成品粒度，以及试样粒度和成品筛孔径，求得试样的粉磨功指数，来表示原料的易磨性。

776. X 射线分析方法测定的依据是什么

要保证测定结果的准确度，就必须在允许的范围内最大限度地克服影响准确性的各种效应的影响，因此应依据：

（1）配制合适的标准样系列，用标准试样校准。

（2）样品称取量适当，减少各类样品质检、测定试样与标准试样之间的基体差异。

（3）采用熔融制样技术，同时消除颗粒效应和矿物效应。

（4）选择有效的熔剂和稀释比，减弱以致消除元素间效应的影响。

（5）对于受到残留元素间效应影响的少量成分，施以简单的计算校正。

（6）尽量减少误差来源，如校正烧失量的影响、监视仪器的漂移等。

777. 石灰石原料的化学组成和矿物组成有哪些

钙质原料是水泥化学组成中最多的成分，一般约占总量的 80%，我国水泥原料主要采用天然矿石。常用的天然钙质原料有石灰岩、大理岩、泥灰岩、白垩等。我国大部分水泥厂使用石灰岩，少量使用大理岩和泥灰岩，白垩则很少。石灰岩是由化学与生物化学沉积而成，最纯级的石灰石为方解石和文石；一般石灰岩含有白云石、硅质和黏土等杂质。石灰石是石灰岩的一种天然石灰质原料，一般为细粒晶体结构的致密岩石；由于含有各种杂质，颜色常呈灰色、黑色、褐色等，最纯的石灰石为白色。石灰石的硬度取决于地质年代，通常地质年代越老，石灰石越硬；石灰石硬度在莫氏标准为 1.8～3.0，相对密度为 2.6～2.8。

778. 脉冲阀关闭迟缓或常开的原因及处理办法

这种情况导致稳压气包内压力低，或者完全没有压力。当脉冲阀的节流通道局部堵塞时，会导致关闭迟缓，若全部堵塞，则脉冲阀完全不能关闭。另外电磁阀损坏，膜片组件的垫片破损，膜片破损、弹簧失效，也是产生这种故障的原因。判断这种故障的依据是脉冲阀喷吹时间长，每次喷吹后气包压力下降过多，或者气包完全没有压力。解决方法是拆开脉冲阀，疏通节流孔，重新安装膜片，更换或维修控制阀，更换滑膜片组件和弹簧。

2.5.5 高级技师/一级

779. 影响生料易磨性的因素有哪些

影响易磨性的因素有如下三个方面：

（1）石灰石的易磨程度。其取决于石灰石的地质成因、矿物结构，游离二氧化硅含量越高，易磨性越差。

（2）生料中配入的铝、硅、铁质校正原料的比例及它们的易磨程度。

（3）进入磨机前的原料含水量。

780. 立磨相对于管磨有什么特点

相对于管磨，立磨是采用对物料实施碾压的原理进行工作的，它集粉磨、烘干、选粉等功能于一体，具有以下优势：

（1）可以提高在粉磨物料过程中的能量利用率，比管磨机的能耗降低约 1/2。

（2）占地面积小而紧凑，不需要厂房，节约资金。

（3）可以提高原料入磨粒径的上限。立磨允许的最大粒径是管磨允许上限的 3～4 倍。

（4）对入磨物料的含水量可以适当放宽至 8%左右。

（5）物料在磨机内的停留时间仅为 2～4min，约为管磨机的 1/5，可基本消除过粉磨现象。

（6）设备噪声小，有利于满足环保要求。

但是立磨容易出现物料在未达到选粉机之前就返回磨盘的情况，造成物料的无效循环。

781. 如何对立磨进行带负荷调试

（1）做好立磨带负荷试车的各项准备工作。逐个对粉磨系统中风量调节阀的阀位准确程度进行校正，包括高温风机入口阀、热风阀、冷风阀、系统风机入口阀、循环风阀及废气风机入口阀；对原料配料站定量给料机进行砝码标定及外排实物标定；检查系统漏风点，特别是喂料锁风阀和旋风筒锁风阀的密闭；检查立磨进风通道是否畅通等。

（2）向磨盘布料。利用磨机辅助传动铺上粒度与成分合格的配料，料层厚度在 110mm 左右。布料过薄易引起磨机振动，布料过厚磨辊容易被料挤偏甚至翻辊。

（3）喂料量的确定。这是冷态调试成功的关键，取决于物料的含水量；当易磨性好、综合水分含量低于2%时，喂料量可以设定在磨机额定产量的75%；易磨性较差，综合水分含量高于5%时，喂料量则可设定在额定产量的65%。但喂料量过少，开磨后料层迅速变薄，甚至连调整参数的时间都没有，磨机就会振停。当开磨后，发现吐渣量多、料层变厚、出磨压力及压差变大时，说明喂料量偏多，此时磨机也会有较小振动，但能有时间迅速调整。

782. 如何降低立磨（辊磨）的磨耗

可以从两方面考虑：一是降低物料对磨损件的磨蚀性；二是提高磨损件对物料的耐磨性。前者即为粉磨的功耗，后者即为粉磨的磨耗。

对于降低物料磨蚀性问题，实践证实，原料中的游离二氧化硅含量对物料的磨损性影响最大，因此，在选择原物料，尤其是硅质原料时，最好避免使用含游离二氧化硅高的原料。

为提高磨辊与磨盘的耐磨程度，以往主要从耐磨件的材质及热处理工艺上着手，国内外厂家都在这方面付出了极大努力，展开了激烈的技术竞争，最终在耐磨件的使用寿命上有了显著提高。

783. 如何降低立磨（辊磨）的电耗

（1）避免不顾消耗片面追求高产的操作。例如，当风机风量超过某一数值后，磨机的产量已到此时条件的最大值，再过多开大风门，其结果只能无端增加电耗而无效果；再如，当磨机的溢出量已经不少，仍继续增加喂料量，其结果只能增加物料在磨体外的循环量。

（2）减少不应有的开停车次数。消除由于某种原因使磨机突然“跳停”的故障，如由于振动的跳停、回转锁风阀卡住引起“跳停”、物料过干的“跳停”等。引起如此之类“跳停”的原因很多，需要逐项摸索排除；合理调度开停车时间。掌握生料库存料线，料线过低，影响生料均化效果，料线过高，开停车次数频繁；合理利用峰谷电价价差开停车，降低峰价的运转时间，而充分利用谷价时间。

（3）正确制定产品细度的考核指标。

（4）减少辅助设备的运行时间。以下现象应该避免，如：磨机正常运行时，无料外排时外排设备在运行，无须喷水时水泵也在运转，而磨机停机时，相关的收尘设备仍在开启等。

784. 不同粉磨压力对立磨运行有何影响

在用LV技术改造之前的很多磨机，由于风机的性能不足，并不能吸收磨盘上的全部能量。很多磨机实际是在以比供应商设计的数据要低的粉磨压力下运行，原因很简单，较高的粉磨压力使磨机振动加剧。而当磨机改造后，大多数情况下，增加粉磨压力并从磨盘上最大吸收电机功率成为可能和必要。

785. 操作中如何提高立磨台时产量

（1）控制磨机总排风的合理风量。因为总排风量直接影响风环风速的大小。如果用风相对过小，磨好的物料不能及时被带出，磨机压差加大，磨机料床很厚，甚至造成磨机“塌料”而使磨振停；但如果用风过大，也会因为物料被过多带出，磨盘上料层变薄，不仅不易控制产品质量，而且磨机易振，这种情况多发生于调试阶段。

（2）控制磨机差压。磨机压差可实时表现出料层的厚薄情况，通过观察压差及时通过增减料调节料层厚度，提高台时产量。

（3）控制磨辊研磨压力。它决定料层在磨盘上所承受的粉磨力量，压力过小，物料无法压碎；压力越大越有利于产量的提高，但增大压力要消耗更多电能，当压力达到一定数值后，产量增加的幅度远低于能耗增加的幅度。

（4）控制磨机废气温度。根据入磨物料的含水量，调节烘干气体温度及磨体内的喷水量，以保持磨机废气温度在 80℃左右。温度过低说明烘干能力不足，料层与生料含水量过高，不利于磨机稳定运行；温度过高不仅会使料层过干（虽有利于磨机提产），但磨机轴承温度升高，缩短设备寿命。

（5）适当调整细度指标。细度指标控制得过高，将会影响磨机产量的提高。

786. 如何稳定立磨的压差

在一定喂料量、研磨压力及系统风量不变的前提下，磨内压差增大时，主电动机负荷大、波动大、内循环量大、外循环量小、提升机负荷小，导致系统风量极不稳定，塌料振停的可能性大。此时，应适当降低喂料量，在产品细度合格的情况下降低选粉机转速，并加大系统风机的抽力；磨内压差低时，说明磨机料层变薄而易振，此时应检查系统风量及配料站下料是否有故障，如有，需要迅速排除。根据磨机大小，一般控制差压为 5500～6200Pa。

磨机压差的大小不只取决于排风能力，还取决于喷口环的开度及气流方向。开度大，降低喷口风速，立磨外循环量增加，此时，磨内的压差明显下降。磨主电动机的负荷变小。同时，喷口环的气流方向直接影响粉碎后的成品在立磨上方选粉区的数量，因此，必须调试喷口环的方向以取得该区细粉的最大化。

此外，还要防止系统漏风，尤其喂料锁风阀及外旋风筒锁风阀的密封问题是提高产量不可缺少的条件。特别是回转锁风阀容易卡料、堵料或由于摩擦联轴器的打滑，使磨机频繁跳停。

787. 如何控制立磨磨盘上的料层厚度

（1）磨盘上的料层厚度适宜是实现高产的必要前提，而影响料层厚度的因素又很多，除了上述的辊压、排风风压等操作参数外，还与挡料环的高度正确选择直接相关，它应该与磨辊及磨盘的磨损量相互对应（利用停机时检查）。料层过薄时，磨机会振动；但过厚时，会发现磨盘上存有一层硬料饼，磨辊与磨盘的碾压面也不光亮，此时主电动机的电流很大，还降低了研磨效率。

一般来说，对于特性不同的物料，应该有不同的料层厚度。干而细、流动性好的物料不易形成料层。调试期间的主要任务就是摸索出合理的料层厚度。调试的原则：喂料量不能过于偏离额定产量，尤其是开始喂料时不要偏低，喂料中过粉碎的细粉不要太多；排风量与选粉效率能满足产量与细度要求，使回到磨盘上的粗粉中很少有细粉；严格控制漏风量；磨辊压力适中，保持立磨溢出料量不要过多，在调节中要注意液压系统的刚性；当蓄能器不起作用时，要适当降低蓄能器的充气压力；挡料环的高度不宜过低，一般为磨盘直径的3%，运行中不断摸索与磨辊磨损量适宜的合理高度；物料过干或过湿都会破坏稳定的料层。所以，要掌握好喷水量及进入磨机的热风温度。

(2) 磨盘上的料层稳定是保证立磨稳定运行的前提条件。不仅与喂料角度及位置有关（因为随着喂料量的提高和物料的配比、水分含量等因素的变化，物料在磨盘上的落点不一定会在磨盘中心），而且还受喷水量及喷水方式的影响。为此，要求调整好入磨的下料溜子角度，确保物料落在磨盘中心位置，使物料在离心力作用下能均匀进入辊道下粉碎，并调整磨盘上方两侧的刮板，使其起到刮平料层的作用。对磨内喷水一定要由电动阀门控制，甚至在每个支管上也装有电动阀门，严格调整其水管的长度和角度，并在喷水出口加焊一个直径为10mm的圆环，使每处喷水位置合适、流量均匀。

788. 造成立磨振动的影响因素有哪些

(1) 控制料层厚度不当，或“料床”（指在磨辊与磨盘之间的料层）不稳定是造成磨机振动的关键原因。料床过薄，容易振动；料床过厚，则会形成更剧烈的振动。影响料层厚薄的因素有喂料量、物料粒度、排风量与漏风量、选粉效率、辊子压力、挡料环高度、物料含水量及喷水量、入磨热风温度等。

(2) 磨内通风量不合理是影响料床厚度与稳定的重要因素。如当风机各风门开度较小或不匹配时（如循环风机风门开度相对过大），磨内风量过小，部分碎石被带至热风管道变径处无法排出，逐步形成积料，加大了通风阻力，大量的成品不能被风带走，磨盘上以及吐渣中细粉含量逐渐增多。在这类磨机振停之前，进风口压力变化较大，造成磨内压差波动较大，磨内料层不稳，主电动机电流有不规则峰值出现。

(3) 如果在稳定的运行中，各种参数未做调整，磨机突然因振动跳停，最大的可能就是有金属异物已被碾压。

除了注意这些操作中的异常情况外，值得提醒的是当立磨本身有故障时，也会引起磨机的振动。虽然这种情况很少见，但当上述操作调整后，振动仍然不止时，一定要检查设备是否有故障，如各蓄能器是否压力正常，必要时充氮；液压拉杆是否断裂；密封装置是否损坏等。

789. 影响立磨回转下料锁风阀正常运行的因素有哪些

立磨的喂料装置对防止漏风有严格要求，否则会影响磨机的产量与电耗。为此，制造商先后开发了三道闸板锁风阀及回转锁风阀两种装置用于锁风。从使用实际效果看，前者的结构过于复杂，容易堵料，润滑漏油严重，后者已被普遍使用，但是它在运行中也会因为以下因素造成停车。

（1）物料将锁风阀卡住。这是由于物料粒径较大，尤其是片状颗粒较多时，这种颗粒更容易卡在转子叶片与壳体之间。这可以通过控制破碎机产品粒径及改变喂料管道内的导料板方向解决。

（2）联轴节自动脱开。驱动电动机与锁风阀的连接是靠摩擦式联轴节，目的是保证锁风阀受卡时，不会有过大的力矩使电动机烧毁。但这类摩擦式联轴节要求必须有足够的摩擦力；否则自身就会由于脱开而使回转阀停转，磨机便因此而跳停。解决的办法是，增加联轴节的摩擦力，而不应当轻易地将摩擦式联轴节更换为刚性联轴节，威胁电动机的安全。

（3）内部的耐磨易损件磨损。尤其当回转阀壳体内的橡胶衬料及隔板磨损后，应当及时更换。

（4）物料潮湿堵塞。一般回转锁风阀在设计时均考虑可以在壳体夹层中通热风，使湿物料不易粘在壳体上。

790. 控制立磨对渣量有何意义

对于正常运行的立磨，吐渣量可以反映其各种运转参数的平衡状态。在磨辊与磨盘间隙、磨盘与通风环间隙合理的条件下，吐渣量过大，说明磨机已有不正常的隐患存在，或排风负压不足，或磨辊液压不足，或喂料过大过多，或原料含铁等杂质多，或辊盘磨损严重等。如果吐渣量越来越大，则说明吐渣本身已经导致进风口水平处风速过低，使积料加多，导致立磨通风更加不畅，进一步加剧了吐渣量，成了恶性循环。

791. 如何控制立磨吐渣量

（1）为了保证吐渣量不能过大，开磨前应检查、调整如下两个间隙：①磨辊与磨盘之间间隙保持 5～10mm，大于该尺寸的石块和金属从磨盘打落到强制鼓入的热风系统中，并被回转刮板通过能锁住漏风的溜子刮出。②磨盘与通风环之间间隙应不超过 10mm，否则穿过通风环所需要的气流速度就要大于 25m/s。

（2）正确控制磨机总排风与功率、磨辊压力及磨盘挡料环。对于大排风、高挡环，磨盘上的料层偏薄，其中大部分受负压作用在磨机内循环，不会成为溢出料，使溢出的物料量变少。

（3）严格控制系统漏风。

（4）做好原料中的清除金属异物工作。

（5）使用自动化专家控制系统。不仅能优化操作，避免误操作，而且可以稳定料层高度，减轻振动，提高产量。

792. 如何减小立磨外循环提升机的故障率

（1）合理控制立磨的排渣量。为了降低立磨能耗，操作者常常要采取降低排风量，加大排渣量的途径，但这要有极限，如果排渣量超过提升机的负荷，提升机会出现重大故障而停机。

（2）合理控制挡环高度及液压压力，保持磨盘上料层的厚度合理。

（3）料渣排出皮带端部的除铁设备可靠，确保不要有大的铁件进入斗提。

（4）将提升机入料口与提升机的外壳相交处的尖角改装为圆角，可以减少渣料中大块在进入斗子之前被卡在此角上的现象，避免料斗变形和料斗螺栓断裂，甚至酿成斗提传动机械损坏的后患。

793. 立磨系统漏风有哪些表现形式

（1）喂料锁风阀不带内套，经一定时间外壳磨蚀后，内表面已不圆，使漏风成为必然。

（2）溢出料溜子防止漏风是设计时必须考虑的，但在操作中往往将起密闭作用的翻板阀拆除。

（3）为了煤粉立磨的安全运行，有意漏风进入冷空气，以降低温度。

（4）进磨机的热风处设置的冷风阀处于常开状态，人为地漏入冷空气，使进入磨机的热风仅200℃，造成磨机的烘干能力不足，入窑煤粉水分含量高达5%，严重影响窑的产量与热耗。

794. 如何改善对立磨喷水量的控制

立磨磨内喷水是操作中为控制立磨振动的重要手段，当物料较干燥或较细时，为保证粉磨料层的稳定，改善物料在磨内的流动状态就需要喷水。但这种操作完全可以优化，其目的是以尽可能少的磨内喷水，甚至不喷水，也能确保立磨的稳定运行，这就需要让进磨的石灰石等原料不要太干燥，甚至在堆场喷水。这样做有如下的好处。

（1）物料含水分均匀，有利于稳定立磨系统，也避免了将水喷到磨辊与磨盘上，影响其运转寿命。

（2）提高生料的显热，可以使入库的物料含水量进一步降低，增加入窑热生料所带显热，降低熟料热耗。

（3）控制出磨气体温度为（100±5）℃，减少蒸发的水汽作为废气所占的排风量。

（4）减少对喷头等供水部件的磨损。

795. 立磨停机时要做哪些工艺调整

（1）挡料环的调整：当磨辊辊皮及磨盘衬板磨损后，尤其是超出合理磨损范围时，如果挡料环高度不变，则它与磨盘衬板的高度差相应增大较多，于是增加了物料向磨盘边沿移动的阻力，使物料在磨盘上的停留时间增加，相对电耗也要增加。因此，利用停磨机会将挡料环的高度降低是必须要进行的。

（2）喷口环压板：如果磨机喷口环处风速快、风量小，磨内循环量大，差压过高，不利于提高台时产量。适当将压板宽度调整变小，而且压板与磨盘之间的间隙要小于 10mm，磨机通风状况得到改善，磨机台产量可提高 5%左右。

（3）检查喷口环压板、空气导向锥、喷口环导风板等部件，如果有脱落应及时补充，如果有磨损应及时补焊。

796. 中卸烘干磨的操作有什么特点

（1）在利用与调整热风的操作上有其一定特点，它将直接影响产、质量及消耗指标的高低。

实践总结的用风原则是小风养料、大风拉粉。这就是说，出磨排风风门不要开大，有利于磨内物料的细磨；否则，就会使出磨的物料中细粉越来越少，物料的流动性越来越差，最后导致堵磨；循环风门开大些，以提高选粉机的效率。

（2）若想稳定磨机产量，就要根据入料粒度变化合理调整分料阀位置，以平衡粗粉仓与细粉仓能力。对于破碎粒径范围较宽的物料，经过料仓时就会有严重离析现象，导致仓满至仓空的过程会有小粒径向大粒径转变的过程，此时，如不能及时调整分料阀，让回磨粗粉进入细粉仓的比率变大，就会使粗粉仓负荷加重，直到粗粉仓涨磨，使提升机电流下降，甚至接近空载电流。

（3）北方冬季开停车时，都应提前 1h 通热风或关热风，使系统温度有一个渐进的过程，对设备空轴和筒体都有好处。

（4）慎重使用高铬球，因为温度的急剧变化会使高铬球炸裂，尤其是直径偏大的钢球。

797. 如何对中卸磨的钢球级配进行判断

由于中卸磨的出磨细度是粗磨仓和细磨仓两仓出来的混合细度，此细度虽然能反映磨机钢球级配变化的部分情况，但是具体是粗磨仓还是细磨仓发生变化，并不容易判断。如细磨仓粉磨能力不够，或粗磨仓破碎能力偏大，都同样会导致出磨细度变粗。这时就需要像其他类型的球磨机一样，借助磨声、磨机电流或提升机电流等因素的变化帮助判断。如果此时能将粗磨仓和细磨仓的出仓物料分别取出，进行筛分，则很容易判断配球的问题所在。

798. 立磨风量控制

（1）出磨气体中的含尘（成品）浓度应在 550～800g/m^3。

（2）出磨管道风速一般要大于 20m/s，避免水平布置。

（3）喷口环处的标准风速为 90m/s。

（4）当物料的易磨性不好，磨机的产量低，喷口环风速较低时，根据需要用铁板挡上磨辊后喷口环的风孔，减少通风面积，增加风速。挡多少个孔，要通过平衡计算确定。

（5）根据具体情况通风量可在70%～105%范围内调整，但窑磨串联的系统应不影响窑系统的操作。

799. 立磨的风温控制

（1）生料磨出磨风温不应超过120℃，否则软连接受损，旋风筒分格轮可能膨胀卡停，磨机容易产生振动；煤磨出磨风温视煤质情况而定，挥发分高则出磨风温要低；反之可以高些。一般控制在100℃以下，以免发生燃烧、爆炸等现象。

（2）烘磨时入口风温不能超过200℃，以免使磨辊内润滑油变质。

800. 立磨磨辊压力控制

液压系统是碾压粉磨至关重要的部件之一，磨辊由液压装置提供粉磨力，液压缸的上缸室油在选定的工作压力下，将活塞向下压，活塞连杆便通过摇臂将磨辊紧紧地压在物料面上，形成比磨辊的重力大得多的碾压力，一般控制在1000kN左右。当碾过较大块物料时，磨辊会被抬起，液压缸中的活塞也会随连杆上移，并将上缸室的油排入氮气蓄能器，将氮气囊压缩，压缩的氮气囊与弹簧的性质一样，既能储备能量，又可以通过活塞和摇臂反作用于磨辊，压缩得越多，反弹力越大，因此，大颗粒物料也能获得较大的碾压力。

当提高液压装置的工作压力时，磨辊压力相应变大，磨机的粉磨能力提高，但同时磨损、振动和主电动机电流也相应增大。如果液压缸的设定压力过高，只会增加驱动力，加快附件磨损，并不能按比例提高粉磨能力。当液压装置的工作压力降低时，磨辊压力变小，粉磨能力相应降低，但会增加磨盘的料层厚度和排渣量。因此，要根据具体情况和经验来调整磨辊压力及相适应的蓄能器压力。

801. 立磨喂料量及振动的控制

立式辊磨属于料床式粉磨，磨辊压力很大，这就要求磨机的喂料量和物料粒度波动小，要连续、稳定喂料，且不能有金属等异物；否则，磨机就不能安全、高效地运行。磨机的喂料量可通过压差来控制，当喂料量增大时，进出口压差就大；反之就小。如果喂料量和物料粒度有较大变化，会引起磨机剧烈振动，加剧磨机和选粉机传动部件的损坏，影响设备使用寿命，同时还会增加不稳定的传动负荷。

磨机产生振动的主要原因：喂料量不稳、粒度波动大、液压装置的压力调整不当或与蓄能器压力不相适应、入磨物料水分含量偏高或磨内喷水量过多等。解决振动问题，首先应合理调整运行参数，稳定喂料量，严格控制入磨物料粒度、水分含量及磨内喷水量，尽量提高入磨物料的均匀性，稳定料层厚度，调整好磨辊压力。

802. 立磨挡料圈的高度调整

挡料圈的高度决定磨盘料层的厚度，挡料圈越高，料层越厚，如果料层过厚，会增大驱动动力的消耗，并不能提高粉磨效果；但挡料圈过低，物料就会溢至磨盘外，吐渣量增多，磨机的振动值增加。在喂料量和研磨压力一定的情况下，磨盘上的料层厚度，靠增减调整板的厚度来调整挡料圈高度。挡料圈的高度主要根据物料的易磨性、入磨粒度和出磨产品细度来调整。

803. 立磨出磨气体温度和气流量

根据磨内温度的高低及物料水分的含量来调节喷水量，如喷水量太多，易形成料饼，导致磨内工况恶化；喷水量太少，则温度降不下来。为保持磨机出口温度的稳定，一定要控制好磨内喷水量。磨机出口温度还可以用循环风量来调节，如果出口温度高，可增大循环风量，减少进磨热风量，循环风阀门的开度一般控制在95%左右。

磨机的通风量，可根据需要通过调节风机闸板来实现。气流量加大，必然会引起磨机压差的增大；气流量太小，磨细的生料不能及时排出，导致料床增厚，排渣量增多，产量降低。

804. 辊压机终粉磨工艺流程

从配料站来的混合物料由皮带输送至粉磨系统，皮带上挂有除铁器，将物料中混入的铁件除去，同时皮带上装有金属探测仪，发现有金属后气动三通换向，把混有金属的物料由旁路排出，以保证辊压机的安全正常运行。不含金属的物料由气动三通经重锤锁风阀喂入V形选粉机，在V形选粉机中预烘干后，通过提升机提升进入恒重仓内，该恒重仓设有荷重传感器以检测仓内料位，物料从恒重仓过饱和喂入辊压机中进行挤压，挤压后的料饼通过提升机提升后入V形选粉机中进行烘干、打散、分级，细小颗粒被热风选出来，粗颗粒与新喂入的混合料一同进入循环挤压过程。

V形选粉机分选出来的细颗粒被热风带至热风管道内，继续烘干后进入动态选粉机，通过分选，粗粉通过锁风阀卸至恒重仓后继续挤压。选出的生料成品通过旋风除尘器料气分离后，通过锁风阀卸入生料成品输送斜槽，进生料库。生料烘干热源来自窑尾废气，通过热风阀的开度控制窑尾热风量，冷风阀的开度控制掺入的冷风量，以保证V形选粉机的热风温度。生料系统含尘废气由旋风筒经循环风机排出后，一部分经调节阀循环回V形选粉机进风管，大部分进入窑尾袋收尘，净化后由尾排风机排入大气。循环风机设有进口调节阀以调节烘干用风量。

805. 辊压机称重稳流仓的控制要求

（1）恒重仓必须保证仓重70%时，方可开气动阀投料；若仓位不够，需先补仓。

（2）恒重仓保持一定的料位，使稳流仓下料口与辊压机进料口之间的垂直溜子始终保持充满状态，物料以料柱形式进入辊压机。

（3）恒重仓必须定期进行清理，保证每周不少于一次。

806. 辊压机控制注意事项

（1）辊压机入料温度不可超过 100℃（以 V 形选粉机出口风温来判断物料温度），超过 120℃时，停止喂料。

（2）辊压机处理量通过调节进料装置上的电动插板来控制入辊压机的进料量，严禁通过棒条闸板调节喂料量、生产时必须保证棒条阀门全开。

（3）辊压机的工作辊缝由辊压机的处理量来确定，料饼厚度过厚或过薄，对挤压效果和设备本身都会产生不良的影响。

（4）停车时待辊压机内物料走完，液压油站压力回到预加压力值，辊缝回到原始辊缝时才能停止主电动机。主电动机停下 40min 以后再停减速机稀油站。低温季节开车时，要提前开稀油站加热器，保证不低于 25℃，并间歇性开启稀油站保证油路循环畅通。

807. 辊压机液压系统压力控制

实际操作中，在满足挤压物料的工艺性能的前提下，尽量降低其工作压力，这样对系统的安全运行有好处。一般来说，物料的硬度高、粒度较大，液压压力要高。如果压力过低，料饼成品含量减少，系统产量降低；若压力过高，能耗就高，辊面磨损快，液压系统寿命缩短。通过实践摸索，压力控制在（75～85）$\times 10^5$Pa，辊压机运行电流在 100～115A 时，效果较好。

808. 如何根据料饼厚度调节辊缝

根据料饼实际厚度，调节辊压机辊缝。调节电动推杆，使滑动闸板下部开口增大，辊压机辊隙增大，料饼变厚；反之变薄。在滑动闸板下部开口不变的情况下，喂料粒度大，辊压机辊隙增大，料饼变厚；反之变薄。一般控制辊缝为 50mm。

809. 怎样控制辊压机系统风量

通过电动阀门控制热风量，冷风阀控制冷风量。达到控制入 V 形选粉机的热风温度时，最高温度不超过 200℃，出口风温应当控制在 80℃以下。适当多用系统内的循环风，少掺冷风，减小系统负荷。日常操作中主要针对系统的负压（循环风机入口、旋风除尘器入口、V 形选粉机入口）及温度进行合理控制。

810. 影响辊压机振动的因素

影响辊压机振动的因素，常见的有压差、电流差、辊缝差、温度超限及机械磨损等故障。物料下料不畅、下料偏料、入磨物料颗粒粗、细粉多、含水量高、金属的进入等都有可能引起振动。

811. V 形选粉机的调节

V 形选粉机是依靠重力打散、靠风力分选的静态选粉机，用于分离无黏性、低水分含量的物料。进入V形选粉机的物料最高温度不超过200℃，通入的热风最高温度不超过200℃。进入V形选粉机的物料最大粒度不超过35mm，分选的颗粒粒径一般小于0.2mm，通过调整风量和叶片角度来调整物料细度，严格控制循环系统的风量，减少进料口和回料口漏风，保证喂料装置均匀进料。V形选粉机要严格控制循环系统的风力，减少进料口和回料口的漏风。

812. 寿力固定式螺杆压缩机在转子旋转吸入气体时，大量的润滑油被喷入压缩机体内，与气体直接混合。这里油主要起什么作用

（1）冷却：带走压缩过程中产生的热量，可有效地控制压缩放热引起的温升；

（2）密封：填补了转子与壳体及转子与转子之间的泄漏间隙，减少了内泄漏；

（3）润滑：在转子之间形成润滑油膜，以使阳转子得以直接驱动阴转子。油气混合物流经分离器后，油与空气分离，空气进入供气管路，油被冷却后再次喷入压缩机。

（4）油还作为耐磨轴承和传动齿轮的润滑剂。

813. 寿力固定式螺杆压缩机的运行模式

压缩机的运行模式有手动及自动运行模式。

手动运行模式：在按I键的情况下是手动运行模式，如果处于手动运行状态，按I键可消除报警信号、熄灭指示灯；

若要关机可按O键，如果已经关机，按O键可消除报警信号、熄灭指示灯；无论压缩机处于什么状态，按O键都将使监控器执行停机；在遥控状态时，按I键为遥控准备状态，当执行启动时，机组启动。

在遥控状态时，按I键为遥控备妥状态。

自动运行模式：即顺序控制模式，机组停止运行（SEQ STOP），当满足顺序控制条件时机组将重新启动，随时都可能启动。

814. 如何对寿力固定式螺杆压缩机空气过滤器保养维护

空气滤清器使用一段时间之后，表面会被尘土履盖而使空气流阻增加。当滤芯前后的压差达到设定数值时，监控器的面板上会显示“需维护”的信号。这时，需拆下滤芯，进行除尘或更换。保养工作可按以下步骤进行：

（1）打开空滤器的后盖；

（2）拧下固定滤芯的螺母和垫圈组件，小心取出滤芯；

（3）保养滤芯的方法是用压力低于0.5MPa的压缩空气自内向外沿斜角方向吹气。吹口离滤芯内表面10mm左右，自上而下沿圆周进行。保养滤芯的另一方法是将滤芯垂直放在平台上，然后轻轻拍打滤芯的上端面，从而使滤芯表面的灰尘振掉；

（4）滤芯是纸质的，不能用水洗涤；

（5）滤芯的保养除了除尘之外，还应检查其是否破损。方法是在滤芯内部放一只点亮的灯泡，然后在外面仔细观察是否有透光现象。

815. 如何对寿力固定式螺杆压缩机油过滤器维修保养

在以下任何一种情况下必须维修油过滤器：

（1）每隔1000h。

（2）每六个月。

（3）油过滤器前后压差超过1.4bar（140kPa），监控器显示“报警”信号。

（4）每次更换润滑油（仅适用于Sullube油机型），油过滤器内的滤芯为寿力公司专用，不能用其他产品替换。

更换滤芯按照以下的步骤进行：

（1）使用带形扳手卸下旧的滤芯和垫片。

（2）清洁密封表面。

（3）在新垫圈上抹一层干净的压缩机油，手动扳紧新的滤芯。

（4）再次使用带形扳手紧1/2～3/4圈。

（5）开机，检查是否有泄漏。

816. 如何对寿力固定式螺杆压缩机油气分离器维修保养

每隔一年或ΔP_1数值超过0.7bar（70kPa），监控器发出“报警”信号时，须对分离器进行维护。

（1）释放油气分离器罐和管路中的压力。

（2）拆开与油气分离器压盖相连的所有管道。

（3）卸下油气分离器罐上的12个螺栓。

（4）取下油气分离器罐上的压盖。

（5）取下套在一起的油气分离器滤芯。

（6）清洁顶盖与罐体之间的密封表面——注意不要让杂物落入罐体中。

（7）检查容器内是否有铁锈灰尘。不要取下密封垫上的金属压钉，也不要试图将密封垫与油气分离器滤芯分开。否则损坏接地电路可能引起严重的事故。

（8）将新的油气分离器滤芯连同粘在上面的密封垫小心放入筒体内，不要与筒体碰撞。

（9）重新装上压盖，拧紧螺栓，拧紧力矩211N·m。

（10）重新装好管路。两根回油管要插到分离器滤芯底部，否则会影响回油。

（11）清洁回油管过滤器。

817. 寿力固定式螺杆压缩机常见故障及排除方法

（1）概述压缩机发生故障有多种因素：

在此，要强调系统地收集机组运行数据的重要性，根据这些数据，操作人员能发现机组性能的变化，检查出严重故障的隐患，如机组振动加剧可能是由于轴承过度磨损引起的；而机组运行温度偏高可能是热交换器堵塞引起的。

在修理或更换部件之前，对产生故障的各种可能做全面系统的分析。为避免压缩机无谓的损坏，仔细地外观检查是非常必要的，通常应牢记以下几点：

① 检查电线是否松落。

② 检查是否有损坏的管路。

③ 检查是否有因为过热或电路短路而产生的部件损伤，一般较明显的症状是变色或有一股焦味。

（2）故障分析与排除。

症 状	可 能 原 因	排 除 方 法
排气温度 T_1 过高	环境温度超过 40℃	改善通风条件
	温控阀失效	维修温控阀
	分离器罐油位过低	检查/添加润滑油
	油/汽冷却器翅片过脏（仅适用风冷）	清洁冷却器翅片
	风扇旋向不正确（仅适用风冷）	交换任意两根电动机接线
	用户外接通风管道气流压降过大（仅适用风冷）	①增大通风管道尺寸或减少风管弯头数量； ②在通风管道中增加一排风扇
	冷却水流量不足（仅适用水冷）	检查冷却水供应［流经机组压差不小于 1.4bar］(140kPa)
	冷却水温过高（仅适用水冷）	增加水流量，降低水温
	冷却器堵塞（仅适用于水冷）	清洗管道和壳程，确保提供清洁的冷却水
	热电阻温度传感器 RTD 失效	检查 RTD 接头，如果接头完好，更换温度传感器
	油过滤器堵塞，旁通阀失灵	检查、更换油过滤器
排气压力 P_1 过高	卸载零件（如放空阀、进气提升阀、选配的螺旋阀）失效	维修卸载元件
	压力调节器失效	检查压力调节器
	电磁阀失效	更换电磁阀
	控制气泄漏	堵漏
	控制气管路过滤器堵塞	维修过滤器组件
	油气分离器滤芯堵塞	更换油气分离器滤芯
	最小压力阀堵塞	检查/修理
油气分离器滤芯报警信号［$\Delta P_1 > 0.7$bar］(70kPa)	滤芯堵塞	更换油气分离器滤芯
	P_1 或 P_2 压力传感器损坏	更换压力传感器

续表

症 状	可 能 原 因	排 除 方 法
压缩机排气压力达不到额定压力	耗气量大于供气量	检查用户管道阀体是否开启或管道是否泄漏
	进气空气过滤器堵塞	检查监控器上的空气过滤器堵塞信号，检查或更换滤芯
	进气提升阀不能完全打开	检查进行提升阀的动作和压力调节器的设置
	压力传感器或连接故障	检查传感器接点，如果接头完好，更换压力传感器
	任选的螺旋阀打开	检查压力调节器
	油气分离器滤芯堵塞	检查油气分离器滤芯前后差是否超过0.7bar（70kPa）
	最小压力阀失效	检查、修理
管线压力高于卸载压力设定置	压力传感器 P_2 故障	检查传感器接头，如果接头完好，更换传感器
	卸载零件（如放空阀、进气提升阀、选配的螺旋阀）失效	维修卸载元件
	电磁阀失效	更换电磁阀的维修包
	控制气管道泄漏	堵漏
	控制气管道过滤器堵塞	维修过滤器组件
油耗过量	回油管过滤器或节流孔堵塞	清洗过滤器滤网和节流孔，如有必要用备件更换
	油气分离器滤芯或垫圈损坏	检查滤芯和垫圈，如果损坏必须更换
	润滑油系统泄漏	检查油管路系统
	油位太高	排出过量的润滑油
	泡沫过多	排放并更换润滑油
	运行压力太低	提高运行压力

818. 辊压机液压系统故障及排除方法

（1）液压系统压力打不上去或打上去后很短时间就降了下来，造成油泵频繁工作。

① 确定油泵电动机是否正常工作；

② 确定泵站溢流阀完好（液压泵站溢流阀失灵或未调好，应检修或更换）；

③ 确定油泵工作正常；

④ 电磁溢流阀阀芯未完全闭合。可启动闭合几次电磁阀，如不能排除故障

则应清洗或更换电磁溢流阀；

⑤ 系统中有外泄漏，应停机修复；

⑥ 电磁方向阀因堵塞或其他原因使其阀芯未到位，应按动几下电磁阀的按钮，清洗；

⑦ 系统中油缸密封圈过度磨损或电磁方向阀、主溢流阀的阀芯过度磨损造成内泄漏，此时应更换这些过度磨损的零部件；

⑧ 蓄能器皮囊破损（应更换蓄能器皮囊）。

（2）液压系统发生振荡：

① 压力控制阀，主要是组合阀中的电磁换向阀和锥阀中有杂质堵塞，使其不能动作到位。可启动几次电磁阀，若仍不能解除则应拆卸清洗这些阀，特别是电磁溢流阀；

② 由于液压系统工作压力与蓄能器充气压力相近，造成蓄能器的频繁启闭产生振动。

819. 辊压机润滑系统故障及排除方法

（1）润滑泵站溢流口溢流：

① 润滑泵站限压阀压力调得过低，适当增大所限压力；

② 安全片破裂，更换安全片；

③ 在润滑油路中，有油路被堵塞。应从分油器检查被堵塞的油路，清洗被阻塞的分油器、管路或进油口。发生此种情况，一般是因对所用油品管理不善，在给润滑泵充油时，未按要求使用充油，或者油泵出口的过滤网已经损坏；

④ 无论因何种原因发生溢流口溢流，都必须在处理完毕后，对限压阀重新进行调节，检查安全片和清洗过滤网。

（2）润滑正常工作，但分油器不动作。

① 由于润滑油泵储油筒空油，而空油报警装置失灵造成，重新充填润滑脂，检修报警系统；

② 因润滑泵活塞杆或活塞套过度磨损，失去功能，此时应更换润滑泵；

③ 装在机器内部的输送油管或管接头漏油。此时应仔细检查各油路和管接头，更换已损坏的油管和管接头。

820. 辊压机主传动系统故障及排除方法

（1）行星减速运转出现异常声响；

① 减速器内齿轮面过度磨损或折断，应拆卸减速器更换齿轮；

② 减速器内轴承损坏，应更换新轴承；

③ 十字轴断裂，更换十字轴；

④ 十字轴轴承断油，应补充润滑脂。

（2）扭矩支承工作异常：

① 关节轴承损坏，应更换；

② 轴套磨损过度或损坏，应更换。

(3) 主轴与减速器的输出轴产生相对转动。

① 在设备安装时未按规定要求进行，重新清理主轴轴颈和减速器输出轴，重新按规定安装。

② 若仍不能运动，则应与制造单位联系，商讨解决方案。

③ 轴承内部混入异物，应考虑清洗轴承，更换密封圈。

821. 辊压机如何更换液压系统零部件

液压管道的泄漏或设备出现故障都能引起液压系统的损坏，损坏的阀门、泵、蓄能器及油管不能修复，只得更换。

在液压系统所有零部件的检修更换前，必须首先清理周围的现场，扫除灰尘及杂物。

(1) 管接头及连接法兰密封圈的更换。当液压管接头及连接法兰处有明显泄漏，通过拧紧管接头或连接螺栓不起作用时则应拆卸检查其密封圈是否已经损坏。若已损坏，则按下列程序更换：

① 卸掉油压，拆下管接头或法兰螺栓。

② 取出密封圈。

③ 装好新的密封圈，注意，必须检查密封圈是否对位或脱落。

④ 安装好管接头或法兰螺栓。

(2) 液压缸的拆卸与检修：

① 卸掉液压系统的高压。

② 拆下主机架上横梁。

③ 松开球面座与移动辊轴承座连接的螺栓。

④ 拆除与液压缸连接的管路。

⑤ 缓慢拧松与立柱连接的四只螺栓，将主油缸缓慢吊出至拆卸位置。

⑥ 液压缸的拆卸与组装必须在空气干燥、无粉尘的地方进行。

⑦ 拆下球面头及前端盖。

⑧ 缓慢抽出活塞杆放置在干净的棉布上进行拆卸、清洗、更换密封圈。

⑨ 在安装所有密封圈和对其进行组装时，必须使所有的密封圈对位，安装时应缓慢，避免将密封圈挤伤。

822. 辊压机如何更换进料装置易损件

进料装置的易损件主要有调节插板和侧挡板。

(1) 调节插板的维修更换：

① 拆下插板架与上横梁的连接螺栓。

② 拆下调节手轮与插板架。

③ 抽出插板，进行检修更换。

④ 重新安装调节插板。

(2) 侧挡板的更换：

① 拆掉进料装置上方的软连接，将下一节进料管托起，并吊固好。

② 松开侧挡板弹性顶紧螺杆。

③ 抽出侧挡板，更换侧挡板。

④ 重新装好侧挡板，并调整其位置，按要求顶紧弹性顶紧螺杆。

823. 辊压机主轴承及J型密封如何更换

拆除轴承，必须首先拆除机架梁，然后才能吊出轴承，拆卸主轴承座及密封圈。

在拆卸旧轴承和更换新轴承时，要在干燥、无灰尘的地方进行，必须防止灰尘和水汽进入轴水密封腔内。为了正确拆卸旧轴承和密封圈，更换新轴承和密封圈，必须按以下步骤进行：

(1) 准备工件：

① 降低液压系统压力。

② 拆除传动系统、进料系统、辊罩及上横梁。

③ 拆除润滑系统软管、位移传感器及端面热电阻。

④ 拆下液压缸与移动辊轴承座连接的球面座。

⑤ 轴系可由上部吊起放置检修位置，也可以水平吊起放置检修位置，但此时应先将无液压装置的立柱拆掉，由此端水平吊出机架内腔。

⑥ 拧松轴承内外端盖的连接螺栓。

(2) 拆卸旧轴承及J型密封圈：

① 拆下轴承轴向定位环。

② 安装好超高压油泵接管和接头。

③ 摇动超高压手柄，将油脂打入轴承内圈与轴颈的接合面，用油膜来消除金属的接触，这样不需另加力就可使轴承卸下，对轴承进行检修更换。

④ 可将轴承座内侧的密封端盖拆下，对其J型密封圈进行更换。

⑤ 将轴承从轴承座中拆出，即可更换新轴承。

(3) 安装新轴承及J型密封圈。

824. 辊压机万向节传动轴及行星减速器零部件如何更换

(1) 万向节传动轴的更换［如传动轴有退让空间则 (1)、(3) 省略］

① 松开主电动机的地脚螺栓。

② 拆卸主电动机与万向传动轴连接法兰的螺栓。

③ 将主电动机沿轴线向后退 15mm 左右，使连接法兰的端面脱开。

④ 拆下万向节传动与减速器输入连接法兰的螺栓，即可拆下万向节传动轴。

⑤ 安装新的万向节传动轴，可按万向节传动轴的安装过程进行。

（2）行星减速器的检修：

① 按上述程序拆下万向节传动轴。

② 按前述程序拆下扭矩支承装置。

③ 用车吊好减速器的吊钩。

④ 松开缩套联轴器的缩紧螺栓。

⑤ 缓慢向外抽出减速器的输出空芯轴。

⑥ 在拆卸时应注意防止缩套联轴器滑落，以避免造成人员设备损伤。

⑦ 重新安装检修好的减速器。

825. 辊压机如何更换扭矩支撑中的零部件

关节轴承及轴套的更换：

（1）拆下两个下铰链，抽出销轴，即可更换两个下铰链的关节轴承和轴套。

（2）拆卸两个上铰链，更换两个上铰链的关节轴承和轴套。

（3）重新安装扭矩支承。

826. 袋式除尘器选择滤袋注意事项

（1）选择滤料一定要了解生产厂家的生产工艺是否完备，技术来源是否可靠，产品质量与检测手段是否有保证，缝制工艺是否合理，售后服务是否及时周到，总之要选择质量可靠的产品。

（2）要看使用条件，除了常规的含尘浓度、粉尘细度、烟气温度、水分含量、排放要求、滤料的强度特性之外，还需考虑如抗酸、抗碱、抗水解等化学稳定性。目前还没有一种万能的、物美价廉的滤料。如美塔斯（ METMAX），用于水泥熟料冷却机除尘是一种很好的过滤材料。

（3）过滤风速是决定除尘器性能的一个很重要的参数，它的大小取值与滤料的效果、使用寿命有直接关系。至今还没有一个公式来描述它与诸因素之间的关系，但它与粉尘、烟气的特性有关，与清灰方式有关，与滤料的材质、织物结构有关，与投资大小以及运行的经济性有关，因此需要慎重选择。

（4）除了技术特性外，还要综合评价其经济性，在技术可靠、满足使用要求的前提下，再考虑价格问题。滤料的价格，既要考虑初投资，也要考虑运行的经济性。如覆膜针刺毡，与普通针刺毡相比，价格提高了好几倍，但在同等使用条件下，运行阻力可降低 1/2，节省了运行电耗；同时由于阻力降低，工艺过程通风改善，可以提高主机产量，经济效益可观。旧设备的改造，优选方案是将原有的普通滤料改为覆膜滤料，不用增加过滤面积，不扩大设备，不动用土建。

827. 国内几种滤袋的技术性能

（1）低温类适用于生料磨、水泥磨、库顶库底等局部扬尘点袋式除尘器使用，而用于高湿含量条件下还需对其表面采用拒油防水处理剂进行表面处理。

（2）高温类适用于、旋窑窑尾、冷却机、烘干机等高温废气处理的袋式除尘器，而用于高温、高湿含量条件下，还需对其表面采用拒油防水处理剂进行表面处理。

828. BFRS（P）系列大型反吹袋式除尘器结构

BFRS（P）系列袋式除尘器全部采用内滤、下进风形式，并可根据其应用的工艺系是正压操作或是负压操作设计成正压型或负压型。整个除尘器主要由壳体、灰斗、阀系统反吹清灰装置、压缩空气系统、测压系统及楼梯平台等部分组成。

该系列除尘器分为标准型和用户型两种形式。标准型在选用时，只需选取若干不同规格的单元进行组合，就可以满足不同工艺状况的需求，原则上每个标准单元在制造厂加工完成，整体发运至用户。用户型则是根据用户现场需要遵循一定规范设计，在现场组合安装，能接近用户的要求。

829. BFRS（P）系列大型反吹袋式除尘器的工作原理

工作时，提升阀打开，含尘气体由进气口进入，经灰斗一侧的手动蝶阀（常开）进入灰斗，其间含尘气体中颗粒较大的粉尘由于重力作用便落入灰斗底部，再由花板下部进入滤袋内，净化气体经提升阀进入出气口，最后排入大气。当滤袋内表面积灰到一定程度需要清灰时，先关闭提升阀，切断进入该收尘室的烟气使袋子处于松弛状态，再开启反吹风阀，反吹风机从袋收尘器的出口吸入干净热空气，经管道由上部进入袋室，使滤袋产生缩袋，滤袋上的粉尘在机械（缩袋）和反吹风作用下，从滤袋上脱落入灰斗，经过一定时间后，关闭反吹风阀，使滤袋又处于松弛状态，再开启反吹风阀，使滤袋又一次缩袋，如此重复三次，使滤袋上的积灰被清除。

830. BFRS（P）系列大型反吹袋式除尘器的技术特点

（1）技术先进，结构紧凑，使用范围广。BFRS（P）系列大型反吹袋式除尘器是引进美国 Fuller 公司的先进技术，其选型依据及选型参数来源于 Fuller 公司 70 多年袋式除尘设计应用的数据库，具有选型偏差小、命中率高的优势。该系列除尘器采用标准化模块结构，紧凑合理、通用性强，单位过滤面积钢耗比国内同类产品少 30%，选型时可依据工况条件，组合成数十种规格，以适应不同场合工况条件的需要。20 世纪 90 年代该系列除尘器的各项技术经济指标均达世界先进水平。

（2）除尘效率高，滤袋使用寿命长。BFRS（P）系列大型反吹袋式除尘器可根据不同的工况条件合理选择滤料，如用于高温场合，选择玻纤膨体纱滤料及后处理技术，这种滤料具有过滤效率高、耐高温（可达 280℃）、阻力小、耐腐蚀、无滑移渗透等特点，滤袋使用寿命达两年。

（3）设置特殊功能阀，使设备运行更加稳定可靠。BFRS（P）系列大型反吹袋式除尘器的阀系统全部采用盘式提升阀，该阀具有动作灵活、可靠、不受温度及其他条件影响的特点，具有很强的适应性。在阀系统中还设置有特殊功能阀，以确保设备运行更加稳定可靠，滤袋寿命更长。如清灰阀起到清管路、防止结露、保护反吹风机的作用；加压阀的设置具有在系统状态变换时减少对滤袋冲击的作用，以达到保护滤袋、延长滤袋寿命的目的。

① 先进的滤袋悬挂及张紧系统。滤袋伸长是滤袋的一种属性，为了使滤袋在设备使用中能够保持一定的张紧力，必须有相应的张紧及调整机构。BFRS（P）系列大型反吹袋式除尘器采用弹簧限位套、加阶梯调整块构成滤袋悬挂及张紧装置，使滤袋调整及张紧非常方便，并随时可调。

② 采用分室结构，不停机检修。BFRS（P）系列大型反吹袋式除尘器采用分室离线清灰结构，不仅有效地保证了清灰强度，且实现了不停机检修，检修换袋非常方便，保证了整机设备的长期、可靠、连续运行。

③ 反吹风系统采用闭路循环，有效防止结露。BFRS（P）系列大型反吹风袋式除尘器反吹风风源采用净化后的热空气，形成闭路循环，减少了反吹风和处理风之间的温差，有效地防止了滤袋结露。

831. 润滑的基本原理是什么

润滑的基本原理：两个互相接触的元件之间存在相对运动时就会产生摩擦，在摩擦的表面加注润滑剂，使摩擦面形成一层油膜，使两接触表面的直接接触变成两个元件分别与润滑剂分子之间的摩擦。润滑不仅能达到减少原接触表面磨损，延长元件使用寿命的目的，还可以降低元件运动的动力消耗。

832. 润滑油有哪些主要作用

润滑油的主要作用：①减小接触元件的摩擦与磨损。②通过降低摩擦系数，减少动力消耗。③防止被润滑表面的锈蚀。④有利于被润滑表面的散热，降低工作温度。⑤有的润滑油可以起到对气体密封的作用，减少气体的泄漏。⑥有的润滑油能起到传递动力的作用，现在的液压油就完全承担了这种角色。⑦使用润滑油后对元件原有的振动起到缓冲及降低振动的作用。⑧可以清洗元件上的污物，但这种润滑油必须有在线过滤或更换的设施。

833. 润滑油填加量的基本标准是什么

（1）齿轮传动为油润滑时，低速大齿轮的轮齿浸入油内的最低位置，应为齿高的 2～5 倍。当齿轮圆周速度大于 12m/s 时，齿轮浸在油里的深度不得超过齿高。

（2）圆锥齿轮为全齿浸入润滑油。

（3）齿轮箱内轴为水平时，润滑油的灌注高度不超过轴承下部滚珠或滚柱的中心。

（4）蜗轮、蜗杆传动，当蜗杆在蜗轮上部时，蜗轮浸入油内的深度，应使油将蜗轮下部的轮齿盖住。当蜗杆位于蜗轮下部时，润滑油应浸到蜗杆的螺纹处，不应超过滚动轴承下部滚珠或滚柱的中心。

（5）轴承润滑脂填充率应为油脂腔体的1/2～2/3，转速越高的轴承，装入油脂量应该越少。

（6）减速机润滑油填充量最大为油标上线，低于油标下线应补加润滑油。

（7）强制性润滑的润滑油填充量应严格控制在油标、油位范围内。

（8）液力耦合器、电动滚筒的加油，应严格按生产厂家产品说明书的要求进行；如无要求时，将加油孔转至于水平向上30°夹角，油溢出为止。

834. 正确的加油方法是什么

方法：①加油前应保证油品所涉及的部位绝对清洁。加油人员的服装、手套、帽子上无灰尘、杂物。②加油中应使用清洁的专用工具。③加油时不得吸烟。④加油后应将加油点盖好，保持清洁。

总之，在加油的过程中要保证润滑油的绝对清洁，然而，仅此一点，并不是所有企业都能严格做到的。

835. 设备润滑的“五定”指的是什么

润滑“五定”指的是定点、定质、定量、定期、定人。

（1）定点：确定每台设备的润滑部位和润滑点，保持其清洁与完好无损，实施定点给油。

（2）定质：按照润滑图表规定的油脂牌号用油，润滑材料及掺配油品必须经检验合格；润滑装置和加油器具保持清洁。

（3）定量：在保证良好润滑的基础上，实行日常耗油量定额和定量换油，做好废油回收退库工作，治理设备漏油现象，防止浪费。

（4）定期：按照润滑图表或卡片规定的周期加油，添油和清油，对储油量大的油箱，应按规定时间抽样化验，视油质状况确定清洗换油、循环过滤及抽验周期。

（5）定人：按润滑图表上的规定，明确操作工、维修工、润滑工对设备日常加油、添油和清洗换油的分工，各司其职，互相监督，并确定取样送检人员。

836. 选择润滑油应该考虑哪些因素

设备说明书中有关润滑规范是设备选用油品的依据，若使用单位需自选油品，应考虑以下因素：

（1）设备运行速度。高速运行设备要用黏度较低的机油，而低速运行的设备一般选用油脂。

（2）设备的承载负荷。承载负荷高的设备要用黏度高、性能好的润滑油。

（3）工作温度，在高温下运行的设备，应选用黏度高、闪点高、油性和氧化安定性好、含相应添加剂的润滑油。例如，窑传动开式齿轮的温度比磨传动开式齿轮要高得多，要用黏度高的润滑油。

（4）工作环境，室外设备没有保温时，应该按照季节选用更换，同一设备在夏季时要选黏度高的油，冬季时要选黏度较低的润滑油。

（5）摩擦副的表面硬度、精度与间隙。一般来讲，表面硬度高、精度高、间隙小的摩擦副，用油黏度要低。

（6）摩擦副的位置，如开式齿轮比齿轮箱中的摩擦副用油的黏度要高。

（7）润滑方式。有润滑站的设备润滑油，有冷却水保持润滑温度时，一般是用机械加润滑油；还有手工、滴油、浴油、循环式、喷雾式及喷射式等方式。

837. 更换润滑油的几个关键环节中要分别注意什么

更换润滑油过程中共有 5 个环节，每个环节的关键都是要求做到洁净卫生。

（1）放油：将原油箱中的旧油放出时，应该观察旧油的质量变化，从中可以找出变质的原因，掌握被润滑的设备状态；同时要注意对旧油的回收。

（2）清洗：用干净的柴油清洗，清洗后用面团擦拭干净。

（3）检查：对清洗后的油箱，要检查不能有任何杂物存留在箱内，千万不能有棉丝之类的异物，它们会成为堵塞油路的根源。

（4）加油：按规定的油类型号、油量加入合格的油。加油过程中必须重视润滑油的洁净，不允许带进脏物。

（5）擦拭：擦干加油时造成的油污，并观察是否有漏油的位置与迹象。

838. 润滑的“三过滤”具体含义是什么

润滑的“三过滤”也称“三级过滤”，是为了减少油液中的杂质含量，防止尘屑等杂质随油进入设备而采取的措施，它包括入库过滤、发放过滤和加油过滤。

（1）入库过滤：油液经过运输入库泵准确入油罐储存时要经过过滤。

（2）发放过滤：油液发放注入润滑容器时要经过过滤。

（3）加油过滤：油液加入设备储油部位时要经过过滤。

对油质的过滤本意是为了润滑油的洁净，但如果过滤器具本身就不洁净，反而失去了过滤意义。因此，在执行此要求时，如果油脂在入库前没有受到污染，在发放过程中也没有受到污染，那么这种过滤就失去意义，可以省去。否则必须认真操作用滤油机履行此手续。

839. 什么是润滑油的黏度，影响黏度的因素有哪些

润滑油黏度是指在一定温度下的润滑油在流动时都会有一种内部阻力存在，对其大小进行测定的数值，就称为黏稠程度。它是润滑油的一项主要性能，我国常用的运动黏度单位为厘斯（cSt），1 厘斯 $=1mm^2/s$；有时也用“恩氏黏度”（E）。

影响黏度的因素：①温度：润滑油的黏度随温度的升高而降低（稀），随温度的降低而增高（稠）。②压力：润滑油的黏度在外部压力下也会发生变化，当

压力升高时，油分子间的距离缩短，分子间的引力增大，黏度便增高；反之降低。

840. 什么是油液分析技术，有何重要意义

油液分析技术，是指将运行设备中取得的有代表性的润滑油样，通过先进的仪器进行检测和分析，从中及时了解润滑油性能指标、油中磨损物、变质和污染物含量等的变化，通过对润滑油黏度、水分、机械杂质、闪点与燃点、酸质、灰分、残炭、凝固点、腐蚀性、抗乳化速度等项目的一系列检查、分析，及时判断出设备的磨损状况或诊断设备的相关故障。

润滑油在使用过程中，其组成、结构和性能上受设备工况变化的影响和环境因素的作用，会发生一系列的变化。如运行中出现的高温作用、相对运动表面的高剪切作用，均可导致润滑油发生氧化变质，并产生变质物，这种氧化不但不能保持润滑油膜的固有特性，而且油品的黏度发生显著变化，使摩擦副的润滑状况恶化。另外，如果来自环境或冷却系统泄漏的水分混入润滑油中达到一定量时，润滑油就会乳化，失去原有润滑性能。如果油品中含有尘埃、砂粒、金属粒、油泥、纤维及某些有害气体，都会对机械系统产生恶劣影响，甚至直接介入摩擦表面引起磨损，或阻塞油路，或引起油品性能改变而严重变质。所以，通过油液分析及时掌握设备工况的变化，及早发现并排除可能的故障隐患，是十分有意义的事情。

抽取油样时应做到：在设备工作期间抽样；取样容器要干净、干燥、中性，从油箱上、中、底部取等量油混合作为试样；取样前不要给油箱补充新油。

应该明确，油液分析方法是传统的温度检测及振动检测的有力补充。

（1）比测温度能更及时地暴露隐患。因为在润滑状态良好时，即使元件发生一般磨损或初始断裂，轴承温升并不显著，除非轴承被拉垮。

（2）某些不易测得温度和振动的轴承，如立磨行星减速机中行星轮的轴承，很难测定某个轴承的温度和振动，此时油液分析方法就更显必要。

（3）在破碎或粉磨系统中振动信号的检测会受到更多振源变化的干扰，可靠性大为降低。

因此，油液分析技术不能只认为是对润滑状态进行监测而已，它在对设备运行状态监督方面将会起着越来越必不可少的作用。

841. 滚动轴承内润滑脂的填加量以多少为宜，为什么

滚动轴承润滑脂填充率应为油脂腔体的1/2～2/3，转速越高装脂量应越取低值。因为低于此下限会造成润滑状态不良，缺乏油膜保护而使轴承磨损，但高于此上限，润滑腔内没有空间，润滑油没有散热环境，反而会引起润滑油自身及被润滑的轴承发热。

842. 如何改进某些轴承座的润滑困难问题

轴承座润滑常采用侧加油挤压润滑，即在两侧轴承端盖的上部设置配压弹簧式注油孔，用油枪加注润滑脂。但常常有这种情况发生：主传动一侧因有较大的传动皮带轮及防护罩，使注油困难，勉强在轴承座外侧注油，内侧无法加油；而且因为轴承座处温度偏高时，这种侧面挤压润滑油量无法充足。

如果改为从中部润滑，操作及润滑效果都会改进。具体做法是，在原轴承座吊装螺栓孔内钻一个 ϕ10mm 的孔，将轴承座钻透该孔恰好与轴承的中间槽对齐，然后做一个连接件，中间钻 ϕ8mm 的通孔，一端设计丝扣与吊装螺栓孔丝扣一样，另一端做一个止退扣，与胶管配合。将胶管引接至方便注油的位置焊接一螺旋式加油杯。

843. 管磨机的电气控制元件组成

管磨机的电气控制包括电力拖动设备和检测仪表；拖动设备主要是由绕线式异步电动机及其启动控制回路组成，检测仪表主要是用于监控电动机和磨机的运行参数，包括电动机的传动轴承温度、电动机的绕组温度、磨机的轴瓦温度、磨机减速机的轴承温度等。

844. 管磨机二次控制系统组成

管磨机的二次控制系统组成包括逻辑控制部分、输入采样部分和输出执行部分；输入采样部分是指控制系统中的按钮、中间继电器等接收、检测元件，将各油站和部件的状态送入 PLC 中。逻辑控制主要依靠 PLC 来进行，PLC 将输入、输出状态按编定好的控制逻辑进行运算输出。输出执行部分是将 PLC 的运算结果输出到磨机的各个控制部件。

845. 辊压机的电气控制元件组成

辊压机的电气控制元件与管磨机基本相同，都包括电力拖动设备和检测仪表，主要区别在于辊压机拖动部分包含两台电动机及控制回路。检测仪表用于检测电动机、减速机和辊子的相关参数，包括电动机的轴承温度、绕组温度、工作压力、辊缝大小等。

846. 辊压机的二次控制系统和仪表的工作原理

辊压机控制柜控制相对比较复杂，根据压力传感器、位移传感器、温度传感器检测数据，系统能自动调整运行工况，达到控制的目的。

辊压机压力传感器的类型一般选用压阻式压力传感器，即金属电阻应变片在受压时产生电阻的变化从而算得压力的大小。位移传感器也多采用电阻型位移传感器，用来检测辊缝的间隙。

847. 立磨的电气控制系统组成

立磨的电气控制系统包括拖动系统和检测仪表。拖动系统包括电动机等驱动装置；检测仪表包括各部件压力、温度、差压、位移、振动等。

848. 立磨的二次控制系统的组成和工作原理

立磨的二次控制系统比管磨机和辊压机复杂，包括磨辊的润滑系统、液压系统、减速机润滑系统。磨辊润滑系统的作用是给磨辊轴承提供润滑、冷却的工作系统；液压系统的作用是调整料层、提供研磨压力；减速机润滑系统的作用是给减速机齿轮、轴承、推力瓦提供润滑和冷却。

润滑系统包括油箱的油温控制、油位控制、供油压力、回油压力控制；液压系统包括油箱油位控制、油温控制、压力控制、磨辊的升降控制；减速机油滑系统包括油箱的油温控制、油压控制。

849. 皮带秤的电气工作原理和结构组成

电子皮带秤系统的工作原理是电子皮带秤将经过皮带上的物料，通过称重秤架下的称重传感器检测质量，以确定皮带上的物料质量；装在尾部滚筒或旋转设备上的数字式测速传感器，连续测量给料速度，该速度传感器的脉冲输出正比于皮带速度；速度信号与质量信号一起送入皮带给料机控制器，产生并显示累计量/瞬时流量。给料控制器将该流量与设定流量进行比较，由控制器输出信号控制变频器调速，实现定量给料的要求。

电子皮带秤系统主要包括秤架（包括安装支架）、称重传感器、速度传感器、手动挂码校验装置、防跑偏措施、头部刮板、内清扫、拉紧装置、配料秤的密封罩、支撑架、胶带、托辊、辊筒、结构件（卸料端带有衬板的卸料漏斗、拖料端带拖料漏斗及手动调节门等）、变频调速电动机、接线盒及连接电缆（称重传感器之间）、通信连接设施（电子皮带秤系统）、数字显示表、标定及调校设施、成套仪表盘等。电子皮带秤的核心部分是皮带秤。皮带秤的主要组成由秤架、积算仪和速度传感器组成；而电子皮带秤系统的结构特点和精度主要由皮带秤的设计结构决定。

850. 皮带秤的标定方法

电子皮带秤的标定方法一般分为实物标定、链码标定和挂码标定。

实物标定一般是输送一定量的实物物料，然后与皮带秤本身的累计量进行比对，调整计量系数来完成标定。链码标定是将链码固定在电子皮带秤的计量段上，运行皮带时滚轮跟着皮带旋转，模拟物料运行状态，把通过算法得出的数据与标准链码的真实质量对比进行校验。挂码标定是将标准质量的砝码悬挂于皮带秤托辊或称重桥架之上，模拟物料运行时的质量数据，通过皮带的运行速度计算皮带秤的瞬时流量，与皮带秤显示流量进行对比来调整计量系数。

851. 铰刀秤的电气工作原理和结构组成

铰刀秤的工作原理是通过调整给料机构，使用计量铰刀上的称重传感器，来感应铰刀内的物料质量，通过速度传感器来感应铰刀转速输入计量控制器中，由计量控制器计算产生并显示累计量/瞬时流量。

铰刀秤系统主要包括计量铰刀、给料装置（铰刀或分格轮）、称重传感器、速度传感器、计量控制器、软性连接部件等。

852. 铰刀秤的标定方法

铰刀秤的标定方法有实物标定和挂码标定两种。

实物标定一般是输送一定量的实物物料，然后与皮带秤本身的累计量进行比对，调整计量系数来完成标定。挂码标定是将标准质量的砝码悬挂于铰刀秤计量铰刀之上，模拟物料运行时的质量数据，通过计算铰刀秤的瞬时流量，与铰刀秤显示流量进行对比来调整计量系数。

853. 物料仓计量标定方法

物料仓的标定主要是标定称重仪表的量程和线性，方法有实物标定和模拟信号标定两种。

实物标定是根据物料仓真实加载的质量进行标定，一般仓的吨位较小时采用满量程标定；仓的吨位较大时一般采用5%～30%实物加载进行仓重标定，标定后延伸到满量程。模拟信号标定是根据理论计算的传感器输出毫伏信号值代替实物标定产生的信号来标定仪表量程。

854. 料位测量仪表的种类

水泥企业料位测量仪表多采用超声波式、雷达式、重锤式、射频导纳料位计。

855. 各类料位测量仪表的工作原理

超声波料位计是依靠超声波发射接收反射波，通过测定声波飞行时间，通过计算机软件来计算物料（高度）距离，其公式为：

$$D=TV/2$$

式中 D——探头到物料的距离；

T——声波飞行时间；

V——声波速度。

雷达料位计利用了电磁波的特殊性能来进行料位检测。电磁波的物理特性与可见光相似，传播速度相当于光速。其频率为300MHz～3000GHz。电磁波可以穿透空间蒸汽、粉尘等干扰源，遇到障碍物易于被反射，被测介质导电性越好或介电常数越大，回波信号的反射效果越好。发射—反射—接收是雷达式料位计工作的基本原理。雷达传感器的天线以波束的形式发射最小5.8GHz的雷达信号。反射回来的信号仍由天线接收，雷达料位计的雷达脉冲信号从发射到接收的运行时间与传感器到介质表面的距离以及物位呈比例。

即

$$h=H-vt/2$$

式中 h——料位；

H——槽高；

v——雷达波速度；

t——雷达波发射到接收的间隔时间。

射频导纳料位计产品的结构分为主电极和补偿电极两部分。在主电极与补偿电极间分别施加一组 RF 射频信号，因而具有很好的抗粘料、挂料特性，是取代电容料位开关的新型物/液位测量产品。由于保护电极的存在，检测电路将检测电极和保护电极的信号进行比较，从而实现克服物料黏附对物位测量的影响。

重锤式料位计的先进电子器件采用智能电动机控制。每个测量周期均以测锤/钢缆组件降至容器内部的方式启动。钢缆下降/提升的量等于在安装点下方自测量起始点至物料表面之间的无料空间距离。该距离使用霍尔效应探测技术和微控制器计时器电路进行测量，测量分辨率在 0.045″之内。在探测与物料表面接触时还采用了磁技术。测量数据刷新后，电动机反向运行，测锤/钢缆返回至初始位置。达到介质可视化、过程自动化的目的。在上升过程中对距离进行测量和校验。

重锤式料位计的智能电动机传动系统控制着系在不锈钢钢缆上的重锤向下降，重锤接触介质表面的瞬间停止下降，而后重锤式料位计改变电动机的转动方向将重锤收回。测量过程中，重锤式料位计通过专利的双光学传感器的精确计量，获取料位信号，并将料位信号变送为 4～20mA 模拟量信号、RS485 信号或脉冲信号输出。

856. 阀门电动执行机构的构成和工作原理

电动执行机构主要由位置定位器、电动机、减速器、力矩行程限制器、开关控制箱、手轮和机械限位装置以及位置发送器等组成。

电动执行机构是以交流伺服电动机为驱动装置的位置伺服机构，由配接的位置定位器控制板接受调节系统的 4～20mA 直流控制信号，与位置发送器的位置反馈信号进行比较，比较后的信号偏差经过放大使功率级导通，电动机旋转驱动执行机构的输出件朝着减小偏差的方向移动（位置发送器不断将输出件的实际位置转变为电信号-位置反馈信号送至位置定位器），直到偏差信号小于设定值为止。此时执行机构的输出件就稳定在与输入信号相对应的位置上。

857. 电动执行机构的使用和维护

良好的维护管理能提高电动执行机构的可靠性和有效性。

（1）加强润滑油的清洁度管理。电动执行机构的最大特点是需要使用润滑油，其黏度随油温变化。黏度过低，蜗轮蜗杆及齿轮等传动部件的磨损会增大，使传动精度下降；黏度过高，动作不良。而润滑油脂的清洁度管理更困难，蜗轮蜗杆及齿轮等传动部件磨损、老化产生的杂质与水分的渗入，内部涂层的脱落、锈蚀等都会影响润滑油的清洁度。

（2）及时消除润滑油脂泄漏。由于电动执行机构动作频率高、速度快，难以避免受冲击，这是导致润滑油脂泄漏的一个重要原因，一旦润滑油脂泄漏，需要及时加以解决。

（3）改善电动执行机构的工作环境和使用条件。电动执行机构的可靠性和寿命与它的使用情况、所处的环境、人员知识等因素有直接的关系。只有在维护管理上改善其工作环境与使用条件，以人为本，才可能延长使用寿命。

（4）故障初期特别要加强维护。在电动执行机构的所有故障中，初期故障的比率一般都比较高。初期故障大多是由于设计、制造、安装上的初步误差而引起的，这些初期故障的发现需要花费一定的功夫，解决也需要时间。因此，初期故障期间要特别加强维护管理。

（5）做好数据管理以防偶发故障。电动执行机构的偶发故障一般较难预测。为了防止偶发故障，要定期检查和保养，掌握某阶段维护资料和历史档案数据，这对于准确实施故障判断和日常维护是十分重要的。

（6）提高运行维护人员的专业知识。运行维护人员专业知识的掌握程度直接影响维护管理的水平。

858. 什么是颗粒效应

颗粒效应是指样品粉末的颗粒粒度、颗粒分布、颗粒形状以及颗粒内部不均匀性引起的物理效应。实验证明，这种颗粒效应对 SiO_2、CaO 的测定结果影响较大，就样品种类而言，窑灰比生料更严重。消除的方法通常是充分粉磨或熔融。

859. 什么是元素间效应

元素间效应确切地说是元素间的吸收-增强效应。它是指元素的荧光 X 射线不仅依赖本身的含量，还依赖试样中存在的其他元素或者基体元素的性质和含量。

3 安全、环保与法律法规相关知识

860. 什么是绿色矿山

在矿产资源开发全过程中，实施科学有序开采，将对矿区及周边生态环境的扰动控制在可控范围内，实现矿区环境生态化、开采方式科学化、资源利用高效化、管理信息数字化和矿区社区和谐化的矿山。

861. 绿色矿山矿区的基本要求

（1）矿区功能分区布局合理，矿区应绿化、美化，整体环境整洁美观。

（2）生产、运输、储存等管理规范有序。

862. 绿色矿山矿区的绿化标准

（1）矿区绿化应与周边自然环境和景观相协调，绿化植物搭配合理，矿区绿化覆盖率应达到100％。

（2）矿山开采应科学确定采矿工作面推进方向，采取延缓外侧山体开采等措施，减轻对可视景观的不利影响。

（3）应对露天开采矿山的排土场进行复垦及绿化，矿区专用道路两侧因地制宜设置隔离绿化带。

863. 绿色矿山资源开发方式的基本要求

（1）资源开发应与城乡建设、环境保护、资源保护相协调，最大限度减少对自然环境的扰动和破坏，选择资源节约型、环境友好型开发方式。

（2）根据矿区资源赋存状况、生态环境特征等条件，因地制宜选择开采工艺。

（3）应贯彻“边开采、边恢复”的原则，及时治理恢复矿山地质环境，复垦矿山占用土地和损毁土地。治理率和复垦率应达到“矿山地质环境治理恢复方案与土地复垦方案”的要求。

（4）应遵守《中华人民共和国矿山安全法》，符合《金属非金属矿山安全规程》（GB 16423—2006）和水泥行业相关安全规范要求。

（5）根据矿体赋存和矿区生态等特征，应选择合理的开采规模、开采顺序、开采工艺和设备。

（6）矿山开采过程中不得污染矿区周围环境、水体、地表径流等，应对环境进行保护。

864. 建设数字化矿山的要求

要求：①应建立矿山生产自动化系统，实现生产、监测监控等子系统的集中管控和信息联动。②建立数字化资源储量模型与经济模型，进行矿产资源储量动态管理和经济评价，实现地质矿产资源的精准化管理。③应建立安全监测监控系统，保障安全生产。④宜推进机械化减人、自动化换人，实现矿山开采机械化。⑤宜采用计算机和智能控制等技术建设智能化矿山，实现信息化和工业化的深度融合。

865. 结合实际简述绿色矿山建设规划任务

任务：①矿山应遵守国家法律法规和相关产业政策，依法办矿。②矿山应贯彻创新、协调、绿色、开放、共享的发展理念。遵循因矿制宜的原则，实现矿产资源开发全过程的资源利用、节能减排、环境保护、土地复垦、企业文化和企地和谐等统筹兼顾与全面发展。③矿山应执行环境影响评价和安全、环保“三同时”制度，认真落实各项污染防治措施。④矿山应以人为本，保护职工身体健康，预防、控制和消除职业危害。⑤新建、改扩建矿山应根据本标准建设；生产矿山应依据相关标准进行升级改造。绿色矿山建设应贯穿设计、建设、生产和闭坑全过程。

866. 绿色开采的基本要求

要求：①矿山应建立完善的组织管理机构，配备地质、测量等专业技术人员。②矿山生产工艺、技术和装备宜采用国家产业结构调整指导目录中的鼓励类生产工艺、技术和装备。③矿山应采用自上而下水平分层开采法，贯彻“采剥并举，剥离先行，贫富兼采”的方针，矿石回采率应达到95%以上。开拓运输方式应根据矿山赋存条件及地形地貌特征进行方案比较后确定，以期达到安全、高效、环保、节能的效果。开采台阶高度应小于20m，破碎系统在满足安全等各种规定要求下，宜靠近采区布置，破碎后矿石应优先采用胶带输送机运输。④矿山应采用中深孔微差爆破技术，有条件的矿山宜采用逐孔微差爆破技术；终了边坡宜采用预裂爆破、光面爆破等控制爆破技术手段，降低爆破危害，提高爆破效果，为后续边坡复绿创造条件。⑤ 应采用非电起爆网络；相关火工材料和爆破器材的管理、使用应符合《小型露天采石场安全管理与监督检查规定》和《民用爆炸物品安全管理条例》的要求。⑥应不断改进和优化工艺流程，淘汰落后工艺；推动科技进步，发展循环经济，提高矿山企业的社会、经济和环境效益。

867. 绿色矿山采矿工艺与装备的要求

(1) 应优先选择资源利用率高、废物产生量小，且对矿区生态破坏小的采矿工艺技术与装备。

(2) 对破碎、空压机等设备，通过消声、减振、隔振等措施进行消声处理；矿山主要采掘、运输设备应设有驾驶室，驾驶室内噪声指标应符合《土方机械噪声限值》(GB 16710—2010) 的相关规定。

（3）钻孔、爆破、铲装、运输、破碎及输送、堆存等生产工艺达到清洁生产要求。具体要求如下：

① 钻孔作业。应采用一体式钻机，宜优先采用干、湿式结合的凿岩作业。采用干式凿岩作业的，应采用具有专用捕尘装置的钻孔设备，粉尘排放浓度低于 $20mg/m^3$。

② 爆破作业。通过优化爆破参数、改善爆破方式、提高炸药爆能利用率等手段，控制原矿块度，降低粉矿产出率，抑制爆破粉尘产出；通过控制爆破药量、爆破方向，降低爆破产生的飞石、冲击波、振动、粉尘、噪声等因素对环境的影响；爆破大块率应控制在5%以内，矿石粒度级配应有利于提高铲装和破碎的效率。应采用机械破碎方式对爆破产生的大块矿石进行二次破碎。

③ 铲装作业。应采用液压挖掘机或轮式装载机进行铲装作业。有供电条件、采场条件的矿山宜采用电动挖掘机，液压挖掘机的完好率应不低于80%，实际产能应达到设计产能的90%以上；电动挖掘机的完好率应不低于80%，实际产能应达到设计产能的90%以上。

④ 运输作业。运输汽车的完好率应不低于80%，装满系数应不低于90%；应做好车辆保洁。车辆驶离矿区前应冲洗，做到车辆不带泥上路、途中物料不撒落。

⑤ 运输道路。矿山道路设计应符合《厂矿道路设计规范》（GBJ 22—1987）的有关规定，主要运矿道路应采用硬化路面，矿山道路的完好率应达到85%以上，矿山应配备道路养护设备及人员；应对运输道路两边可绿化区域进行绿化，构建防尘、滞尘绿色屏障；沿路应配备雾化喷淋装置或配备洒水车定期洒水，根据气温和蒸发情况确定喷淋和洒水频次，使路面处于清洁状态。

⑥ 破碎及输送作业。破碎系统应根据岩石的可破性选择合适的高效破碎机；破碎车间应根据周边环境采取封闭措施；破碎及输送设备应配备收尘设施，输送廊道应进行全封闭；破碎、输送系统靠近居民区的，应采取降噪措施并合理安排运行时间，减少噪声扰民。

⑦ 堆存。堆存应有专用储存、处置场所，其设计应符合《一般工业固体废物贮存、处置场污染控制标准》（GB 18599—2001）的规定。

868. 清洁生产的定义

清洁生产指不断采取改进设计、使用清洁的能源和原料、采用先进的工艺技术与设备、改善管理、综合利用等措施，从源头削减污染，提高资源利用效率，减少或者避免生产、服务和产品使用过程中污染物的产生和排放，以减轻或者消除对人类健康和环境的危害。

869. 水泥工业生产过程清洁生产水平的三级技术指标

一级：国际清洁生产先进水平。

二级：国内清洁生产先进水平。

三级：国内清洁生产基本水平。

870. 水泥工业清洁生产指标要求对生料粉磨系统装备要求的一、二、三级标准

一级：立式磨，袋收尘或电收尘。

二级：磨机直径≥4.6m圈流球磨机，袋收尘或电收尘。

三级：产业政策允许的其他磨机，袋收尘或电收尘。

871. 水泥工业清洁生产指标要求对矿山开采环节要求的一、二级标准

一级：采用矿山计算机模型软件技术；采用自上而下分水平开采方式；在矿山地形和矿体赋存条件许可的情况下，采用横向采掘开采法；中径深孔爆破技术；采用自带空压机的穿孔设备、液压挖掘机或轮式装载机；有供电条件的采用电动挖掘机。

二级：采用自上而下分水平开采方式；在矿山地形和矿体赋存条件许可的情况下，采用横向采掘开采法；中径深孔爆破技术；采用自带空压机的穿孔设备、液压挖掘机或轮式装载机；有供电条件的采用电动挖掘机。

872. 水泥工业清洁生产指标要求对破碎环节要求的一、二级标准

一级：单段破碎系统工程，袋收尘。

二级：二段破碎系统，袋收尘。

873. 水泥工业清洁生产指标要求对输送环节要求的一、二级标准

一级：采用胶带输送机或溜井-胶带联合运输或汽车胶带联合运输等运输方式。各转运点配备除尘设施。

二级：采用矿用联合或非矿用汽车运输。各转运点配备除尘净化设施。

874. 水泥工业清洁生产指标要求对颗粒物、无组织排放控制环节要求的一、二级标准

一级：生产线的物料处理、输送、装卸、储存过程应封闭，所有物料均不得露天堆放，对粉尘、无组织排放进行控制并定期监测，其中窑系统须安装并实施连续在线监测装置；同时对块石、黏湿物料、冻料以及车船装卸料过程进行有效的控制。建立污染事故应急程序。

二级：生产线对干粉料的处理、输送、装卸、储存过程应封闭，对粉尘、无组织排放进行控制。露天储料场应当采取防起尘、防雨水冲刷流失的措施，装、卸料时，采取有效措施防止扬尘。

875. 配料站区域危险源、防护措施及应急救援措施

区域	危险源	事故类型	风险等级
配料站	作业未系好五点式双挂钩安全带、安全绳，未确认爬梯牢固可靠，未保持足够照明	坍塌、高处坠落、物体打击、中毒窒息及其他伤害	一级
	清除仓壁结料，下料溜子清堵时，挂壁积料大面积脱落。物料松软，未将站立处物料清理，未铺设木板或跳板等	高处坠落、中毒窒息及其他伤害	一级
	物料外放，开启库底棒阀	物体打击、坍塌	一级
	皮带铺设时，皮带校正人员与皮带操作人员配合不当	机械伤害	三级
	皮带吊运时，吊装作业规程落实不到位、作业人员配合不当、站位不合适	起重伤害	三级
	皮带机更换、修补皮带作业，设备未停电、停机及锁闭	机械伤害	三级
	下料溜子清堵时，挂壁积料大面积脱落，使用工具不当	坍塌、物体打击、机械伤害	三级

安全防护措施

1. 清仓作业应在白天进行，禁止在夜间和在大风、雨、雪天等恶劣气候条件下清库。
2. 应在清仓作业现场设置警戒区域和安全标志。
3. 清仓期间，相关的指挥人员、管理人员、技术人员及生产负责人应保持通信畅通。
4. 清仓前，应关闭库顶所有进料设备及闸板，将库内料位放至最低限度，关闭库底卸料口及充气设备，不得进料和放料。
5. 清仓前，应测量库内温度和氧气浓度。当库内环境温度超过 35℃时，应采取局部降温和综合防暑措施，并应减少作业时间；当库内空气中氧含量低于 19.5%时，必须采取通风换气措施，保证库内空气中氧含量高于 19.5%。
6. 清仓前，关闭库顶收尘器排灰装置，启动库顶收尘器的引风机。当库底堆积物料的料面低于库侧门下缘时，打开库侧门，并在库侧门附近设置警示标志，加强现场监护。
7. 清仓人员每次入库连续作业时间不得超过 1h。
8. 清仓所用的机具和安全防护用品必须定期检查，并符合使用规定。
9. 皮带更换作业过程中，皮带操作采用点动，采用多次点动、缓慢前进的方式，作业人员之间相互配合和提醒，非本岗位人员不得操作皮带机。
10. 汽车吊装作业应办理吊装作业工作票，并做好现场警戒及监护。
11. 溜子内清堵作业前确认积料淤积情况，明确逃生路线，检查清堵工具完好无缺陷。

续表

应急救援措施

1. 触电：立即切断电源，对伤者进行急救。

2. 当出现物体打击、高处坠落或机械伤害时，应立即将伤员撤离到安全地带，用干净纱布或衣物对伤口进行压迫止血和简单包扎，并密切观察伤员生命体征（呼吸、脉搏），然后尽快转送医院或拨打120急救电话。

3. 窒息：首先立即使伤者脱离窒息环境；查看伤者是否有无呼吸和脉搏；及时采取如人工呼吸等急救措施。

876. 空压机房危险源、防护措施及应急救援措施

区域	危险源	事故类型	风险等级
空压机房	防爆卸压装置异常	容器爆炸	三级
	空压机维修未办理停送电手续	机械伤害	三级

安全防护措施

1. 作业时必须正确佩戴和使用劳动防护用品，必须佩戴护耳器。
2. 必须严格遵守安全操作规程和各项安全管理制度。
3. 特种作业必须持证上岗。
4. 保证作业场所清洁和作业人员个人卫生。
5. 保持防爆泄压装置完好有效。
6. 保证空压机、电动机温度、声音及水冷却系统正常。
7. 设备检修或维护空压机时，严格办理停电签字手续，并确认水、汽、油已排空泄压。

应急救援措施

1. 当出现物体打击或机械伤害时，应立即将伤员撤离到安全地带，用干净纱布或衣物对伤口进行压迫止血和简单包扎，并密切观察伤员生命体征（呼吸、脉搏），然后尽快转送医院或拨打120急救电话。

2. 当出现爆炸时，当立即拨打119火警和120急救电话，将伤员撤离到安全地带，用干净纱布或衣物对伤口进行压迫止血和简单包扎，并密切观察伤员生命体征（呼吸、脉搏），如心跳、呼吸停止，现场救援人员立即进行心肺复苏，然后紧急转送医院或拨打120急救电话。

877. 原料磨区域危险源、防护措施及应急救援措施

区域	危险源	事故类型	风险等级
原料磨	未落实有限空间作业许可	中毒和窒息	二级
	机头、机尾、托辊等转动部分防护缺失	机械伤害	三级
	检修作业，防护栏杆撤除后未及时恢复	高处坠落	三级
	带式输送机在巡检通道一侧或两侧设置拉绳开关设备不规范；机旁急停开关有松动现象，按下、弹起不顺畅	机械伤害	三级
	电动机及减速机异常振动、有杂声；润滑油量异常；结构零部件缺失，部分螺栓异常松动	物体打击、灼烫、触电	三级
	设备运转时，清理运转设备附近积料	机械伤害	三级

安全防护措施

1. 作业时必须正确佩戴和使用劳动防护用品，高处作业必须正确佩戴安全带。
2. 必须严格遵守安全操作规程和各项安全管理制度。
3. 进入磨体进行检修和维护前，必须严格办理有限空间作业工作票和停电挂牌手续，并将机旁钥匙开关拨至零位，必须关闭所有热风阀门，注意通风。
4. 进入磨内作业时，外部必须设专人进行监护。
5. 设备检修与维护工作完成后，应对现场进行严格检查，恢复临时拆除的安全防护设施，必须严格办理安全防护设施拆除审批手续。
6. 螺母紧固，防止拉绳松弛；带式输送机在巡检通道一侧或两侧设置拉绳开关，拉绳开关按标准设置。
7. 定期开展隐患检查及教育培训工作，规范员工安全作业行为。设备运转时，禁止在转动部位从事检修、清理等工作；检修作业完成后，各类防护设施应及时恢复。
8. 强化设备巡检专业知识培训，使员工掌握相关技能；定期对水泥磨磨体进行检查，发现问题及时采取措施。

应急救援措施

1. 当出现物体打击或机械伤害时，应立即将伤员撤离到安全地带，用干净纱布或衣物对伤口进行压迫止血和简单包扎，并密切观察伤员生命体征（呼吸、脉搏），然后尽快转送医院或拨打 120 急救电话。
2. 当出现高处坠落时，应立即将伤员撤离到安全地带，用干净纱布或衣物对伤口进行压迫止血和简单包扎，并密切观察伤员生命体征（呼吸、脉搏），然后尽快转送医院或拨打 120 急救电话。
3. 窒息：首先立即使伤者脱离窒息环境；查看伤者是否有无呼吸和脉搏；及时采取如人工呼吸等急救措施。
4. 触电：立即切断电源，对伤者进行急救。
5. 灼烫：当出现烫伤时，面积较小的烫伤可用大量冷水冲洗至少 30min，保护好烫伤创面，尽量避免污染；面积较大或程度较深的烫伤应用干净的纱布敷盖在患部或做简单包扎，尽快转送医院或拨打 120 急救电话。

878. 水泥窑协同处置过程中不能协同处置的废弃物

（1）放射性废物；

（2）具有传染性、爆炸性及反应性废物；

（3）未经拆解的废电池、废家用电器和电子产品；

（4）含汞的温度计、血压计、荧光灯管和开关；

（5）含钙焙烧工艺生产铬盐过程中产生的铬渣；

（6）石棉类废物；

（7）未知特性和未经鉴定的固体废物。

879. 水泥窑协同处置过程中的固体废物的输送要求

在生产处置厂区内可采用机械、气力等输送装备或者车辆输送、转运固体废物。固体废物的输送、转送要有防尘、防异味发散、防泄漏等技术措施。对于有挥发性或者化工恶臭的固体废物，应在密闭或者负压条件下进行输送、转运，产生的废气应导入水泥窑中或者通过空气过滤装置后达标排放；输送、转运管道应有防爆等技术措施。

880. 水泥协同处置厂区内固体废弃物的预处理工艺及要求

为适应水泥窑处置的要求，应在生产处置厂区内对固体废弃物进行预处理，包括化学处理，如酸碱中和；物理处理，如分选、水洗、破碎、粉磨、烘干等。预处理工艺过程要有防扬尘、防异味散发、防泄漏等技术措施。对于有挥发性或化工恶臭的固体废物，应在密闭或者负压条件下进行预处理。预处理过程中产生的废渣、废气和废液，应根据各自的性质，按照国家相关标准和文件进行处理达标后排放。

参 考 文 献

[1] 胡佳山．水泥生产工[M]. 北京：中国建材工业出版社，2013.

[2] 贾华平．水泥生产的中庸之道[M]. 北京：中国建材工业出版社，2014.

[3] 周正立，周君玉．水泥矿山开采问答[M]. 北京：化学工业出版社，2009.

[4] 肖争鸣．水泥工艺技术[M]. 2版．北京：化学工业出版社，2015.

[5] 李海涛．新型干法水泥生产技术与设备[M]. 北京：化学工业出版社，2013.

[6] 王仲春．水泥工业粉磨工艺技术(修订版)[M]. 北京：中国建材工业出版社，2014.

[7] 谢克平．新型干法水泥生产问答千例(操作篇)[M]. 北京：化学工业出版社，2009.

[8] 谢克平．新型干法水泥生产问答千例(管理篇)[M]. 北京：化学工业出版社，2009.

[9] 彭宝利．图解新型干法水泥生产工艺及设备[M]. 北京：化学工业出版社，2015.

[10] 自然资源部．水泥灰岩绿色矿山建设规范：DZ/T 0318—2018[S]. 北京：中国标准出版社，2018.

[11] 中华人民共和国国家质量监督检验检疫总局．水泥窑协同处置固体废物技术规范：GB 30760—2014[S]. 北京：中国标准出版社，2015.